集成电路科学与工程丛书

SystemVerilog 入门指南

［日］篠塚一也　著
黄　海　刘志伟　张　冰　等译

机械工业出版社

本书是一本全面介绍 SystemVerilog 基础知识，并使每位读者都可以毫无误解地理解 SystemVerilog 的入门读物。本书通过大量浅显易懂的示例，透彻讲解了 SystemVerilog 的基本功能，并对难以理解、容易混淆的功能进行了详细介绍，为读者进行 SystemVerilog 实践提供全面的知识准备。

　全书由 24 章构成，全面、详细介绍了 SystemVerilog 语言。在概述 SystemVerilog 的概况和发展历史的基础上，分别介绍了用于设计和验证的构建块，数据类型，类，进程，赋值语句，运算符和表达式，执行语句，任务和函数，时钟块，进程同步和通信，检查器，程序，接口，包，模块，系统任务和系统函数，基于约束的随机激励生成，SystemVerilog 的验证功能，硬件建模和验证，UVM，编译器预处理指令，仿真执行模型。

　本书可作为广大从事硬件设计、验证的技术人员，特别是正在入门的初学人员的学习教材和技术参考书，也可作为高校集成电路、电子技术、计算机等专业的课程教材。

Original Japanese title: SystemVerilog 入門
Copyright © 2020 篠塚一也
Original Japanese edition published by Kyoritsu Shuppan Co., Ltd.

No part of this book may be reproduced or transmitted in any form or by any means, electronic or mechanical, including photocopying, recording or by any information storage retrieval system, without permission from Kyoritsu Shuppan Co., Ltd.

Simplified Chinese translation rights arranged with Kyoritsu Shuppan Co., Ltd.
through The English Agency (Japan) Ltd. and Shanghai To-Asia Culture Co., Ltd.

　此版本仅限在中国大陆地区（不包括香港、澳门特别行政区及台湾地区）销售。未经出版者书面许可，不得以任何方式抄袭、复制或节录本书中的任何部分。

　北京市版权局著作权合同登记　图字：01-2023-1022 号。

图书在版编目（CIP）数据

SystemVerilog 入门指南 /（日）篠塚一也著；黄海等译. -- 北京：机械工业出版社，2025. 7. --（集成电路科学与工程丛书）. -- ISBN 978-7-111-78768-6

Ⅰ. TP312-62

中国国家版本馆 CIP 数据核字第 2025CE7477 号

机械工业出版社（北京市百万庄大街 22 号　邮政编码 100037）
策划编辑：刘星宁　　　　　责任编辑：刘星宁　闫洪庆
责任校对：李　杉　张　征　封面设计：马精明
责任印制：张　博
北京建宏印刷有限公司印刷
2025 年 8 月第 1 版第 1 次印刷
184mm×240mm · 27 印张 · 652 千字
标准书号：ISBN 978-7-111-78768-6
定价：119.00 元

电话服务　　　　　　　　　　网络服务
客服电话：010-88361066　机　工　官　网：www.cmpbook.com
　　　　　010-88379833　机　工　官　博：weibo.com/cmp1952
　　　　　010-68326294　金　　书　　网：www.golden-book.com
封底无防伪标均为盗版　　机工教育服务网：www.cmpedu.com

译者序

半导体集成电路是一项颠覆性的技术创新，其高集成度、高性能、低功耗和低成本的特点，为现代信息化社会发展奠定了物质基础。在大国博弈、科技封锁的当下，以集成电路为核心的半导体技术已经成为我国重点关注和发展的关键技术，对社会经济和技术发展具有重大意义。因此，作为集成电路设计和验证的 SystemVerilog，无疑有着非常重要的现实意义，这也正是本书翻译出版的意义所在。

SystemVerilog 简称 SV 语言，是建立在 Verilog 语言的基础之上，兼容 Verilog 2001 的新一代集成电路设计语言，是 IEEE Std 1364-2001 标准的扩展增强，并发布为 IEEE 1800-2017 标准。SystemVerilog 融合了 Verilog、VHDL、C++ 的概念，引入了验证和断言语言，实现了 HDL（硬件描述语言）与 HVL（硬件验证语言）的结合，成为当今广泛应用的硬件设计和验证语言，受到高度复杂电路设计和验证工程师的极大青睐。

SystemVerilog 在一个更高的抽象层次上提高了设计建模的能力，主要定位于芯片的实现和验证流程，拥有芯片设计及验证所需的全部功能，集成了面向对象编程、动态线程和线程间通信等特性。作为一种工业标准语言，全面综合了 RTL（寄存器传输级）设计、测试平台、断言和覆盖，可以大大增强模块复用性，提高芯片开发效率，缩短芯片开发周期，为系统级的设计及验证提供了强大的支撑作用。

Verilog 适合系统级、算法级、寄存器级、逻辑级、门级和电路开关级的设计，System Verilog 是 Verilog 语言的拓展和延伸。而 SystemVerilog 支持诸如信号、事件、接口和面向对象的概念，对于 RTL、抽象模型和先进验证平台的开发来说最具效率，更适合于可重用的可综合 IP（知识产权）和可重用的验证用 IP 设计，以及特大型基于 IP 的系统级设计和验证。SystemVerilog 具备了执行系统级设计和验证任务所需的诸如随机激励的约束生成、功能覆盖和断言等基础功能和架构，是描述 RTL 设计的首选语言，具有描述真实硬件和断言能力的工具和支持。

正如本书作者所言，SystemVerilog 不仅消除了 Verilog 所存在的一些模糊性，还增加了 Verilog 所没有的许多新功能，从而能够提高设计和验证领域的生产力和质量。特别是 SystemVerilog 中的类，可提高验证技术的可重用性。一方面，SystemVerilog 作为标准和规范，是所有从事硬件设计、验证的技术人员必须通读的语言规范；另一方面，由于 SystemVerilog 语言描述严密性的需要，其表述也必须具有足够的严密性，加上 SystemVerilog 的 LRM（语言参考手册）是一部长达 1300 页的巨著，因此也是很难理解和难以阅读的语言说明书。在这种情况下，广大从事硬件设计、验证的技术人员，特别是正在入门的初学人员，迫切需要一本通俗、全面的学习教材。本书正是一本能够全面介绍基础知识，并使每位读者都可以毫无误解地理解 SystemVerilog 的入门读物。其重点在于，通过大量浅显易懂的示例透彻讲解了 SystemVerilog 的基本功能，并对难以理解、容易混淆的功能进行了详细介绍，为读者进行 SystemVerilog 实践提供全面的知识准备。

全书由 24 章构成，全面、详细介绍了 SystemVerilog 语言。第 1 章概述，介绍了 SystemVerilog 的概况和发展历史，本书的语法描述和标记方法等。第 2 章用于设计和验证的构建块，介绍了模块、程序、接口、检查器、包等设计要素。第 3 章数据类型，介绍了 logic、线网、变量、常量和引用指针等 SystemVerilog 数据类型和数据对象。第 4 章由多个元素组成的数据类型，详细介绍了结构体、共用体、数组、队列等复合数据类型及其操作方法。第 5 章类，详细介绍了类的概述、语法、类对象、类属性和方法等。第 6 章进程，介绍了 initial、always 等仿真过程，begin-end、fork-join 等语句块、延时、边缘敏感事件、赋值定时等执行控制和进程控制。第 7 章赋值语句，介绍了连续赋值、行为赋值、阻塞赋值等赋值语句。第 8 章运算符和表达式，介绍了赋值、比较、移位等运算符，以及部分选择、非紧凑数组等操作数。第 9 章执行语句，介绍了 if、case 等分支执行语句，for、repeat 等循环执行语句，以及 return、break 和 continue 执行控制语句。第 10 章任务和函数，介绍了任务和函数的端口信号列表和内部描述，函数的递归调用、导入和导出等。第 11 章时钟块，介绍了时钟块的偏移、时钟事件和 Observed 区域等。第 12 章进程同步和通信，介绍了旗语、信箱等进程同步和通信方法。第 13 章检查器，介绍了检查器的实例化、检查器中的随机变量、DUT 输出采样等。第 14 章程序，介绍了程序的语法、特点和程序控制等。第 15 章接口，介绍了接口的语法、modport、参数化接口和虚接口等。第 16 章包，介绍了包的语法、定义、使用和 std 包等。第 17 章模块，介绍了模块的定义、端口信号列表、端口信号方向的规则等。第 18 章系统任务和系统函数，介绍了 $display 和 $write 以及仿真时间获取、错误处理等系统任务和函数。第 19 章基于约束的随机激励生成，介绍了随机变量、随机数生成函数、约束条件、约束定义等。第 20 章 SystemVerilog 的验证功能，介绍了功能覆盖率、断言的概念及应用。第 21 章硬件建模和验证，介绍了组合逻辑电路、时序逻辑电路以及 FSM 的描述和验证。第 22 章 UVM 概述，介绍了 UVM 的概念、UVM 类、UVM 的验证要素等。第 23 章编译器预处理指令，介绍了 \`include、\`define 等语句，以及常量定义、字符串中的参数展开等处理。第 24 章仿真执行模型，详细介绍了 SystemVerilog 的调度区域和 #0 延时效应。

本书由黄海、刘志伟、张冰等翻译，其中原书前言、第 1～14 章由黄海翻译，第 15～20 章由刘志伟翻译，第 21～24 章由张冰翻译。张振宇、徐倩、刘朝阳、刘东举、孟琳、何玉晶、杨博参与了本书的翻译工作。全书由王卫兵统稿，并最终定稿。在本书的翻译过程中，全体翻译人员为了尽可能准确地翻译原书的内容，对书中的相关内容进行了大量的查证和佐证分析，以求做到准确无误。为方便读者对相关文献的查找和引用，本书保留了所有参考文献的原文信息，对书中所应用的专业术语采用了中英文对照的形式。对于本书的翻译，全体翻译人员做出了巨大的努力，付出了艰辛的劳动，在此谨向他们表示诚挚的感谢。

鉴于本书较强的专业性，并且具有一定的深度和难度，因此，翻译中的不妥和失误之处在所难免，望广大读者予以批评指正。

黄海

2025 年 3 月于哈尔滨

原书前言

SystemVerilog 的最新技术规范已于 2018 年 2 月 21 日发布于 IEEE Std 1800-2017 标准中（详见参考文献 [1]），相应的 LRM 随后也被公开，事实上标志着 Verilog HDL（以下简称 Verilog）时代的终结，SystemVerilog 的时代已经到来。SystemVerilog 不仅消除了 Verilog 所存在的一些模糊性，还增加了 Verilog 所没有的许多新功能，从而能够提高设计和验证领域的生产力和质量。特别是 SystemVerilog 中的类，作为一种特殊的数据类型发挥着重要作用，可提高验证技术的可重用性。

SystemVerilog 的 LRM 是一部长达 1300 页的巨著，是许多研究人员和技术人员多年努力的结晶。由于 LRM 是 SystemVerilog 的标准和规范，所以也是所有从事硬件设计、验证的技术人员必须通读一遍的语言规范书。然而，尽管有这个必要性，但 LRM 绝不能说是可以用很容易理解的英文来撰述的。也许是由于 SystemVerilog 语言描述严密性的需要，导致 LRM 的表述也必须具有足够的严密性，因此其英文表述总的来说还是很难理解的，是一本难以阅读的语言说明书。一般来说，难懂的描述不仅难以理解，而且还潜藏着读者的理解差异，结果会造成很多混乱。另一方面，由于 SystemVerilog 的功能很复杂，因此其语言说明书也非常复杂。由此可以认为，这两种复杂性的叠加是妨碍日本国内 SystemVerilog 实践应用开展的主要原因之一。鉴于这种情况，本书全面提供了 SystemVerilog 基础知识，使每位读者都可以毫无误解地理解其 LRM 的介绍。也就是说，本书重点且透彻地解说了作为 SystemVerilog 根基的基本功能，以及被认为难以理解的功能，目的是全面确立 SystemVerilog 用于实践时所需的知识准备。

如前所述，SystemVerilog 增加了许多新功能，特别是 SystemVerilog 的丰富数据类型要求对验证工作进行实际改革。例如，SystemVerilog 的测试平台不是以往那种基于模块的测试，使用 SystemVerilog 类构建验证环境有助于提高生产率和可重用性，并允许将验证技术作为库进行存储。从这个意义上说，SystemVerilog 的使用需要有与以往不同的构思。

当前，从 Verilog 迁移到 SystemVerilog，或者将 SystemVerilog 作为设计和验证领域的主要语言，应该被视为时代的主流趋势。因此，对于硬件设计验证技术人员来说，掌握有关 System-Verilog 的实用知识，现在已成为不可避免的任务。但是，任何一本好书，并不是对每个人都适合。这是因为每个人在思维方式、经验、知识、需求等方面的差异，表现为理解程度的差异。特别是 SystemVerilog 是欧美人发明的语言，其概念在很多方面并不一定与日本人的思维方式一致。例如，LRM 对于接口类概念的描述就是如此。在 SystemVerilog 的 LRM 中，对于接口类的概念做了很多冗长的解释，但在日本人的思维中，接口类可以用"规范的标准化"一词进行说明。这样的解释对于日本人来说更容易理解。本书正是为了适应这种思维方式而进行了功能的解说。

从这个意义上说，本书不仅是 SystemVerilog 的说明书，而且是从基础上解说语言所具有的意义，重点是提供用于实践的知识。除验证功能之外，本书介绍了 LRM 中描述的所有重要章节，几乎包含了其全部内容（除功能覆盖和断言之外），因此也可能不是一本入门书。但是，由于撰述风格是针对初学者的，所以我认为初学者理解本书的内容并不困难。

本书的内容安排遵循 LRM 的结构，因此在阅读本书时参考 LRM 比较容易。虽然本书简明扼要地解释了 LRM 的本质，但参考原版 LRM 可以获得更详细的知识和信息。

本书由包括概述在内的 24 章构成，详细介绍了 SystemVerilog 语言。但是，关于上述的验证功能，只进行了概括性的介绍。本书以与 Verilog 的差异、设计和验证工作中必要的 SystemVerilog 的基本功能为中心进行介绍，并解说了随机静态激励的生成功能。在第 21 章中，解释了模块定义的方法和测试方法，并以代表性的电路为例，介绍了 SystemVerilog 的建模示例。这些示例包括组合逻辑电路、时序逻辑电路、FSM（有限状态机）等，使读者可以再次确认使用 SystemVerilog 语言功能进行建模的知识。除此之外，由于本书使用适当的 SystemVerilog 功能来验证其建模，所以这些验证例子也是说明 SystemVerilog 功能的最佳素材。总之，在阅读完本书后，读者已经完全掌握了 SystemVerilog 的基础知识。

本书是一本 SystemVerilog 入门书籍，因此省略了验证功能的详细说明以及近期受到关注的验证方法 UVM 的详细解析。UVM 是一个几乎利用了 SystemVerilog 所有功能所搭建的强大验证库。因此，理解 UVM 将有助于加深对 SystemVerilog 的理解。关于省略的 UVM 的详细内容，可参见本书参考文献，其中包含了相关的详细解释。

本书由很多章节构成，但在依次阅读前 5 章内容后，即可选择其他章节进行学习。可根据阅读目的和需求选择主题，进行有效的学习。

最后，本书是一本独一无二的 SystemVerilog 入门学习用书，详细介绍了 SystemVerilog 提供的功能。因此，关于 SystemVerilog 语法的解释、术语的解说、说明图、仿真结果的呈现等，本书的出版单位——共立出版社均分别给予了细微的周到安排。特别感谢共立出版社的营沼正裕先生，在本书出版中给予了大量的协助和支持。

篠塚一也

本书使用的缩略语一览表

缩略语	英文全称	中文
ALU	Arithmetic Logic Unit	算术逻辑单元
BNF	Backus-Naur Form	巴科斯范式
CRT	Constrained Random Test	约束随机测试
DDR	Double Data Rate	双倍数据速率
DMA	Direct Memory Access	直接存储器访问
DPI	Direct Programming Interface	直接编程接口
DT	Directed Test	定向测试
DUT	Design Under Test Device Under Test	待测设计 待测设备
EDA	Electronic Design Automation	电子设计自动化
FIFO	First In First Out	先进先出
FSM	Finite State Machine	有限状态机
HDL	Hardware Description Language	硬件描述语言
LHS	Left Hand Side	左侧
LRM	Language Reference Manual，即 IEEE Std 1800-2017	语言参考手册
LSB	Least Significant Bit	最低位
MOS	Metal-Oxide-Silicon Metal-Oxide-Semiconductor	金属氧化物硅 金属氧化物半导体
MSB	Most Significant Bit	最高位
OOP	Object Oriented Programming	面向对象编程
RNG	Random Number Generator	随机数生成器
RTL	Register Transfer Level	寄存器传输级
TLM	Transaction Level Modeling	事务级建模
UDP	User-Defined Primitive	用户自定义原语
UVM	Universal Verification Methodology	通用验证方法学
VCD	Value Change Dump	值变化转储

目 录

译者序

原书前言

本书使用的缩略语一览表

第1章 概述 ………………………………………………………………………… 1
1.1 SystemVerilog 的历史 …………………………………………………… 1
1.2 SystemVerilog 概述 ……………………………………………………… 2
1.2.1 作为语言的 SystemVerilog ……………………………………… 2
1.2.2 作为设计语言的 SystemVerilog ………………………………… 3
1.2.3 作为验证语言的 SystemVerilog ………………………………… 3
1.3 本书的语法描述 …………………………………………………………… 4
1.4 SystemVerilog 的语法规则 ……………………………………………… 5
1.5 编译和细化 ………………………………………………………………… 6
1.6 声明和定义 ………………………………………………………………… 6
1.7 本书的对象和目的 ………………………………………………………… 7
1.8 本书的结构 ………………………………………………………………… 8
1.9 关于示例 …………………………………………………………………… 9
1.10 本书的标记法 ……………………………………………………………… 9

第2章 用于设计和验证的构建块 …………………………………………… 12
2.1 设计要素 …………………………………………………………………… 12
2.2 模块 ………………………………………………………………………… 12
2.3 程序 ………………………………………………………………………… 14
2.4 接口 ………………………………………………………………………… 15
2.5 检查器 ……………………………………………………………………… 16
2.6 包 …………………………………………………………………………… 17
2.7 门级和开关级建模 ………………………………………………………… 18
2.8 基本元件 …………………………………………………………………… 19
2.9 配置 ………………………………………………………………………… 20
2.10 编译单元 …………………………………………………………………… 20
2.11 `timescale 编译器指令 …………………………………………………… 21
2.12 垃圾回收 …………………………………………………………………… 22
2.12.1 automatic 变量 ………………………………………………… 23

2.12.2　static 变量 ·· 23

第 3 章　数据类型 ·· 24
3.1　数据类型和数据对象 ·· 24
3.2　logic 类型 ··· 25
3.3　线网（net）类型 ··· 26
3.4　变量 ··· 28
3.5　线网和变量 ··· 30
3.6　4-state 类型 ·· 31
3.7　2-state 类型 ·· 32
3.8　integral 类型 ··· 33
3.9　real、shortreal 和 realtime 类型 ·· 34
3.10　void 类型 ··· 34
3.11　chandle 类型 ··· 35
3.12　string 类型 ··· 35
3.13　event 类型 ·· 37
3.14　typedef 语句 ··· 39
3.15　enum 类型 ·· 40
3.16　常量 ·· 43
3.17　const 常量 ·· 47
3.18　cast 操作符 ··· 47
3.19　$cast 动态类型转换 ··· 48
3.20　便利的初始值设置 ··· 49
　　3.20.1　位值扩展 ··· 49
　　3.20.2　通过位号的设定 ··· 51
3.21　引用指针 ·· 51

第 4 章　由多个元素组成的数据类型 ·· 53
4.1　结构体 ··· 53
　　4.1.1　紧凑结构体 ·· 55
　　4.1.2　结构体的赋值 ·· 56
4.2　共用体 ··· 57
　　4.2.1　紧凑共用体 ·· 58
　　4.2.2　标记共用体 ·· 59
4.3　紧凑数组和非紧凑数组 ·· 60
　　4.3.1　紧凑数组 ··· 61
　　4.3.2　非紧凑数组 ·· 61
　　4.3.3　数组的引用 ·· 62

4.3.4 紧凑数组的引用 ··· 64
4.4 动态数组 ··· 64
4.4.1 适用于动态数组的方法 ·· 65
4.4.2 数组的复制 ··· 67
4.5 关联数组 ··· 69
4.5.1 关联数组概述 ··· 69
4.5.2 关联数组数据元素的添加及更新 ·· 70
4.5.3 适用于关联数组的方法 ·· 71
4.5.4 关联数组实量 ··· 71
4.6 队列 ·· 73
4.6.1 队列概述 ··· 73
4.6.2 队列的操作 ··· 74
4.6.3 适用于队列的方法 ··· 75
4.7 数组信息获取函数 ·· 76
4.8 数组操作方法 ·· 77
4.8.1 数组搜索方法 ··· 77
4.8.2 数组数据元素的排序方法 ·· 79
4.8.3 数组计算方法 ··· 81
4.9 数组扫描方法 ·· 82

第 5 章 类 ··· 84
5.1 类的概述 ··· 84
5.2 类的语法 ··· 85
5.3 类对象（类实例）··· 88
5.4 类属性和方法的访问 ··· 88
5.5 构造函数 ··· 89
5.6 指定类型的构造函数调用 ··· 90
5.7 static 类属性 ·· 90
5.8 static 类方法 ·· 92
5.9 this 句柄 ··· 93
5.10 句柄数组 ·· 93
5.11 类的复制 ·· 95
5.12 类继承和子类 ·· 97
5.13 $cast ·· 101
5.14 const 类属性 ·· 102
5.15 virtual 方法 ·· 103
5.16 抽象类和 pure virtual 方法 ··· 105

- 5.17 类作用域运算符 ··· 107
- 5.18 类成员的访问控制 ··· 109
- 5.19 如何在类外编写方法 ··· 110
- 5.20 通过参数进行的通用类定义 ··· 111
  - 5.20.1 概述 ··· 111
  - 5.20.2 通过参数进行的通用类实现 ··· 111
  - 5.20.3 使用参数实现通用类的步骤 ··· 113
- 5.21 类的前向声明 ··· 115
- 5.22 将类应用于测试平台 ··· 115
- 5.23 接口类 ··· 117
  - 5.23.1 概述 ··· 117
  - 5.23.2 功能 ··· 118

第 6 章 进程 ··· 121

- 6.1 仿真过程 ··· 121
  - 6.1.1 initial 过程 ·· 122
  - 6.1.2 always 过程 ··· 123
  - 6.1.3 final 过程 ··· 128
- 6.2 语句块 ··· 129
  - 6.2.1 begin-end 语句块 ·· 129
  - 6.2.2 fork-join 语句块 ·· 129
  - 6.2.3 语句块命名 ··· 134
  - 6.2.4 fork 语句块的有效利用 ··· 135
- 6.3 基于定时的执行控制 ··· 136
  - 6.3.1 基于定时的执行控制概述 ··· 136
  - 6.3.2 延时控制 ··· 137
  - 6.3.3 边缘敏感事件控制 ··· 137
  - 6.3.4 赋值定时控制 ··· 139
  - 6.3.5 事件等待控制 ··· 141
  - 6.3.6 事件控制和解除 ··· 141
- 6.4 进程控制 ··· 143
  - 6.4.1 wait 语句 ··· 143
  - 6.4.2 wait fork 语句 ··· 143
  - 6.4.3 disable fork 语句 ·· 144
  - 6.4.4 wait_order 语句 ·· 145
- 6.5 进程和 RNG ·· 147
- 6.6 特定的用户进程控制 ··· 148

第 7 章 赋值语句 ... 152
7.1 连续赋值语句 ... 153
7.2 行为赋值语句 ... 154
7.2.1 阻塞赋值语句 ... 155
7.2.2 非阻塞赋值语句 ... 156
7.3 模式赋值 ... 158

第 8 章 运算符和表达式 ... 160
8.1 运算符 ... 160
8.1.1 赋值运算符 ... 162
8.1.2 自增和自减运算符 ... 162
8.1.3 算术运算符 ... 163
8.1.4 比较运算符 ... 164
8.1.5 通配符比较运算符 ... 166
8.1.6 逻辑运算符 ... 167
8.1.7 位运算符 ... 168
8.1.8 单变量逻辑运算符 ... 168
8.1.9 移位运算符 ... 169
8.1.10 条件运算符 ... 170
8.1.11 拼接运算符 ... 171
8.1.12 inside 运算符 ... 172
8.1.13 比特流运算符 ... 173
8.2 操作数 ... 177
8.2.1 部分选择 ... 177
8.2.2 非紧凑数组 ... 178
8.3 带标记成员的操作 ... 178

第 9 章 执行语句 ... 180
9.1 if 语句 ... 180
9.1.1 所有条件的列举 ... 180
9.1.2 unique-if 语句和 unique0-if 语句 ... 181
9.1.3 priority-if 语句 ... 182
9.2 case 语句 ... 182
9.2.1 unique-case 语句和 unique0-case 语句 ... 184
9.2.2 priority-case 语句 ... 185
9.2.3 casez 和 casex ... 185
9.3 inside 运算符与 if 语句及 case 语句 ... 186

- 9.3.1 if 语句和 inside 运算符 186
- 9.3.2 case 语句和 inside 运算符 187
- 9.4 循环语句 188
  - 9.4.1 for 语句 189
  - 9.4.2 repeat 语句 190
  - 9.4.3 foreach 语句 191
  - 9.4.4 while 语句 194
  - 9.4.5 do-while 语句 194
  - 9.4.6 forever 语句 195
- 9.5 return 语句 195
- 9.6 break 语句 196
- 9.7 continue 语句 197

第 10 章 任务和函数 199
- 10.1 任务 199
  - 10.1.1 端口信号列表 199
  - 10.1.2 任务内的描述 200
- 10.2 函数 200
  - 10.2.1 函数的限制 201
  - 10.2.2 端口信号列表 201
  - 10.2.3 函数内的描述 202
- 10.3 参数默认值的设置方法 202
- 10.4 具有返回值函数的调用 204
- 10.5 递归调用 204
- 10.6 类方法和递归调用 205
- 10.7 方法内的变量初始化 206
- 10.8 作为参数的数组 208
- 10.9 导入和导出 209

第 11 章 时钟块 212
- 11.1 最简单的时钟块 212
- 11.2 时钟块的偏移 213
- 11.3 时钟事件和 Observed 区域 215
- 11.4 周期延时 217

第 12 章 进程同步和通信 220
- 12.1 旗语 220
- 12.2 信箱 223

12.3 参数化信箱	227
12.4 命名事件	227
12.4.1 概述	227
12.4.2 triggered 方法	230
12.4.3 作为参数的事件对象	232
12.4.4 事件资源的释放	233
12.4.5 比较事件	233
12.4.6 事件的别名	233

第 13 章　检查器 235

13.1 概述	235
13.2 检查器的实例化	236
13.3 检查器中的随机变量	238
13.4 DUT 输出采样	239

第 14 章　程序 242

14.1 语法	242
14.2 程序的特点	243
14.3 程序控制	245
14.4 仿真结束	246

第 15 章　接口 248

15.1 语法	248
15.2 接口功能概述	249
15.3 基于通用接口的连接	251
15.4 modport	251
15.5 参数化接口	252
15.6 虚接口	253

第 16 章　包 258

16.1 语法	258
16.2 包的定义	259
16.3 包的使用	260
16.4 std 包	263

第 17 章　模块 267

17.1 概述	267
17.2 模块的定义	268
17.3 端口信号列表	271
17.3.1 Verilog 风格和 SystemVerilog 风格	271

17.3.2	关于端口信号方向的规则	272
17.4	参数化模块	273
17.5	top 模块	275
17.6	模块实例	275
17.7	使用接口的模块描述	275
17.8	未定义模块的声明	277
17.9	层次结构名称	279

第 18 章 系统任务和系统函数 281

18.1	$display 和 $write 任务	281
18.2	$sformat 任务和 $sformatf 函数	283
18.3	$monitor	284
18.4	仿真时间获取函数	285
18.5	$printtimescale	286
18.6	数值转换	287
18.7	信息获取函数	287
18.8	vector 系统函数	290
18.9	用于序列采样值获取的系统函数	291
18.10	错误处理系统任务	293
18.11	随机化系统函数	294
18.12	仿真控制	295
18.13	其他系统任务和函数	295
18.14	命令行参数	296
18.15	VCD 文件	298
	18.15.1 VCD 文件的指定	298
	18.15.2 VCD 文件的记录	298
	18.15.3 VCD 文件记录的暂停和恢复	299
	18.15.4 VCD 文件创建示例	299

第 19 章 基于约束的随机激励生成 302

19.1	概述	302
19.2	随机变量	304
	19.2.1 随机变量概述	304
	19.2.2 关键字 rand	305
	19.2.3 关键字 randc	305
	19.2.4 随机变量定义示例	305
19.3	随机数生成函数	306
19.4	约束条件	308

XVI　SystemVerilog 入门指南

　　19.4.1　关键字 inside ……………………………………………………………………… 308
　　19.4.2　关键字 dist …………………………………………………………………………… 311
　　19.4.3　关键字 unique ……………………………………………………………………… 313
　　19.4.4　关键字 implication ………………………………………………………………… 314
　　19.4.5　运用 foreach 语句进行的约束 …………………………………………………… 315
　　19.4.6　随机变量生成顺序的约束 ………………………………………………………… 317
　19.5　测试过程中的约束定义 ………………………………………………………………… 318
　19.6　随机变量的启用和禁用 ………………………………………………………………… 319
　19.7　约束的启用和禁用 ……………………………………………………………………… 321
　19.8　使用 randomize() 方法进行的随机变量控制 ………………………………………… 322
　19.9　否定形式的约束条件描述 ……………………………………………………………… 324
　19.10　结构体的随机化 ………………………………………………………………………… 325
　19.11　队列的随机化 …………………………………………………………………………… 327
　19.12　以约束对数据进行的检查 …………………………………………………………… 328
　19.13　测试用例约束的单独指定 …………………………………………………………… 330
　19.14　在类外部进行的约束定义 …………………………………………………………… 332
　19.15　std::randomize() 函数 ………………………………………………………………… 333
　19.16　系统函数 ………………………………………………………………………………… 334

第 20 章　SystemVerilog 的验证功能　336
　20.1　功能覆盖率 ……………………………………………………………………………… 336
　　20.1.1　概述 …………………………………………………………………………………… 336
　　20.1.2　功能覆盖率计算 ……………………………………………………………………… 337
　　20.1.3　功能覆盖率计算示例 ………………………………………………………………… 338
　20.2　断言 ……………………………………………………………………………………… 343
　　20.2.1　概述 …………………………………………………………………………………… 343
　　20.2.2　断言的类型 …………………………………………………………………………… 344
　　20.2.3　断言表达式 …………………………………………………………………………… 345
　　20.2.4　断言描述示例 ………………………………………………………………………… 346

第 21 章　硬件建模和验证　350
　21.1　组合逻辑电路 …………………………………………………………………………… 351
　　21.1.1　组合逻辑电路的描述规则 …………………………………………………………… 351
　　21.1.2　验证组合逻辑电路的时机 …………………………………………………………… 352
　　21.1.3　译码器 ………………………………………………………………………………… 353
　　21.1.4　编码器 ………………………………………………………………………………… 355
　　21.1.5　ALU …………………………………………………………………………………… 357
　　21.1.6　比较器 ………………………………………………………………………………… 359

目 录 XVII

  21.1.7 将格雷码转换为二进制码的电路 ·················· 360
  21.1.8 筒式移位器（循环移位器） ·················· 362
  21.1.9 带符号整数的加减运算器 ·················· 364
 21.2 时序逻辑电路 ·················· 366
  21.2.1 时序逻辑电路描述规则 ·················· 367
  21.2.2 时序逻辑电路的验证 ·················· 367
  21.2.3 二进制计数器 ·················· 369
  21.2.4 JK 触发器 ·················· 370
  21.2.5 Johnson 计数器 ·················· 372
  21.2.6 通用移位寄存器 ·················· 374
  21.2.7 格雷计数器 ·················· 377
  21.2.8 环形计数器 ·················· 379
  21.2.9 门控时钟的描述示例 ·················· 380
 21.3 FSM ·················· 383
  21.3.1 概述 ·················· 383
  21.3.2 Moore 型 FSM 电路的建模 ·················· 384
  21.3.3 Mealy 型 FSM 电路的建模 ·················· 387
 21.4 采用 FSM 电路的比特序列模式识别 ·················· 390
  21.4.1 比特序列模式识别问题 ·················· 390
  21.4.2 Moore 型 FSM 电路的建模 ·················· 391
  21.4.3 Mealy 型 FSM 电路的建模 ·················· 393

第 22 章 UVM 概述 ·················· 395

 22.1 什么是 UVM ·················· 395
 22.2 验证技术的发展趋势与 UVM ·················· 395
 22.3 UVM 的验证要素 ·················· 397
  22.3.1 与事务和方案描述相关的 UVM 类 ·················· 397
  22.3.2 方法类 ·················· 397
 22.4 TLM ·················· 398
 22.5 UVM 仿真 ·················· 399
  22.5.1 仿真阶段 ·················· 399
  22.5.2 run_test() 方法 ·················· 400
 22.6 UVM 验证组件的开发 ·················· 400
 22.7 top 模块 ·················· 401

第 23 章 编译器预处理指令 ·················· 403

 23.1 `include 语句 ·················· 403
 23.2 `define 语句 ·················· 404

23.2.1 常量的定义 ·· 404
23.2.2 具有前缀和后缀的名称创建 ·· 405
23.3 字符串中的参数展开 ·· 406
23.4 `endif 语句 ··· 407
23.5 `__FILE__ 与 `__LINE__ 的使用示例 ··································· 407

第 24 章 仿真执行模型 ··· 409
24.1 调度区域 ··· 409
24.2 #0 延时效应 ··· 411

参考文献 ··· 413

第 1 章

概　　述

本章概述 SystemVerilog 所具有的功能，明确本书的目的和构成。首先，简单介绍 SystemVerilog 的发展历史。

1.1　SystemVerilog 的历史

SystemVerilog 是 Verilog HDL 的扩展语言，实际上也受到许多其他语言的影响。在设计领域，SystemVerilog 受到 SUPERLOG 和 C 的影响。在验证领域，SystemVerilog 受到 SUPERLOG、VERA C、C++、VHDL、OVA、PSL 等的影响。

SystemVerilog 语言规范的主要部分是由标准化组织 Accellera standard group 基于 SUPERLOG 开发的，并于 2002 年作为 SystemVerilog 3.0 发布。SystemVerilog 3.0 被定位为第三代 Verilog 语言。第一代是众所周知的 Verilog-1995，第二代是 Verilog-2001。

在 SystemVerilog 3.0 之后，通过 Accellera standard group 的 SystemVerilog 3.1，以及 SystemVerilog 3.1a 等修订版，于 2005 年 11 月正式发布为 IEEE Std 1800-2005。这是 SystemVerilog 语言规范的初始版本。

SystemVerilog 语言标准每隔几年进行一次修订，第二次发布的版本为 IEEE Std 1800-2012，当前的 SystemVerilog 语言标准是 2018 年 2 月 21 日发布的 IEEE Std 1800-2017（详见参考文献[1]）。本书的介绍是依据这一当前最新的标准。表 1-1 总结了 SystemVerilog 语言规范的变迁。

表 1-1　SystemVerilog 语言规范的变迁

年	语言规范
1995	Verilog-1995（IEEE Std 1364-1995）
2001	Verilog-2001（IEEE Std 1364-2001）
2002	SystemVerilog 3.0
2003	SystemVerilog 3.1
2004	SystemVerilog 3.1a
2005	IEEE Std 1800-2005
2012	IEEE Std 1800-2012
2018	IEEE Std 1800-2017

有关 SystemVerilog 历史的详细信息，请参阅参考文献[7]。

1.2 SystemVerilog 概述

1.2.1 作为语言的 SystemVerilog

SystemVerilog 是一种能够统一描述硬件设计、规范和验证的语言,如图 1-1 所示。它不仅仅是一种单纯的验证语言,其硬件规范描述功能在电路设计和电路验证之间起到了桥梁作用。在这里,设计是指以电路规范为基础所进行的电路功能的实现。

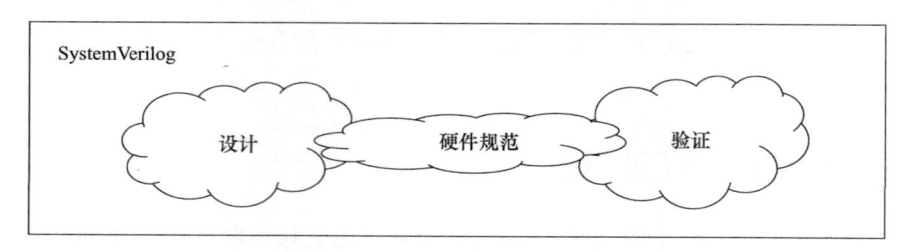

图 1-1 SystemVerilog 的功能范围

SystemVerilog 的断言和功能覆盖就是这种桥梁作用的良好示例。断言将确保所设计的电路行为和动作与电路规范相一致。功能覆盖在测试中记录电路的规范信息,以衡量验证中使用了多少这样的信息。如果所有规范信息都正确使用,则验证过程将正确进行。除此之外,SystemVerilog 还具有与 Verilog HDL 的兼容性,如图 1-2 所示。由于 SystemVerilog 包含了 Verilog HDL 的全部功能,因此传统的 Verilog 用户仍然可以在 SystemVerilog 的工具环境中继续工作。

图 1-2 SystemVerilog 与 Verilog HDL 的关系

为了能够准确且高效地进行设计验证，SystemVerilog 具备了描述硬件规范的功能。而且，为了支持验证时所需的各种数据结构，SystemVerilog 还提供了丰富的数据类型。除此之外，SystemVerilog 语言标准还具备断言、功能覆盖、随机激励生成等验证所需的功能。总的来说，SystemVerilog 包含了设计和验证所需的所有基本功能。

1.2.2　作为设计语言的 SystemVerilog

与 Verilog HDL 相比，SystemVerilog 增加了更多功能。特别是，它提供了更高效和准确的 RTL 描述功能。具体来说，添加了以下功能：

- 可简化模块之间以及测试平台与 DUT（Design Under Test，待测设计）之间通信的接口功能。
- 内存使用量和执行效率优异的 2-state 型数据类型（bit、byte、shortint、int、longint 等）。
- 字符串数据类型（string）。
- 不返回值的 void 函数。
- 用于定义用户数据类型的 typedef。
- 类似于 C/C++ 的结构化及复合型数据类型。
- 枚举数据类型。
- 包作用域。
- 便捷的复合运算符（++、--、+=、&= 等）。
- 促进逻辑综合的功能（always_comb、always_latch、always_ff、unique-if、priority-if、unique-case、priority-case 等）。
- 增强的编程功能（continue、break、return 语句等）。

这些扩展允许在短时间内实现高质量的 SystemVerilog RTL 设计。

1.2.3　作为验证语言的 SystemVerilog

在 Verilog HDL 中，无法进行系统验证，而在 SystemVerilog 中，添加了许多验证功能及验证所必要的辅助功能。具体而言，添加了以下功能：

- 多维数组。
- 数组类型（动态数组、关联数组、队列）。
- 类。
- 接口。
- 包。
- 测试平台功能（测试程序）。
- 进程间通信功能（mailbox、旗语等）。
- 进程控制功能（fork-join_any、fork-join_none）。
- 与时钟信号同步的信号管理（时钟块）。
- 随机激励生成功能。

- 功能覆盖功能。
- 断言功能。

这些扩展功能提高了验证工作的生产率，对验证技术的积累起到了重要作用。特别是类，是构建可重用验证环境所必不可少的功能。

1.3 本书的语法描述

在 SystemVerilog 的 LRM 中，使用标准的 BNF 范式进行语法描述。关于 BNF 范式的一般定义和介绍请参考与编程语言相关的书籍（例如参考文献 [10]）。本书中，将直接采用 SystemVerilog LRM 的语法描述，以原样的形式进行。例如，if 语句的语法可以表示为以下的形式（详见参考文献 [1]）。

```
conditional_statement ::=
  [ unique_priority ] if ( cond_predicate ) statement_or_null
  { else if ( cond_predicate ) statement_or_null }
  [ else statement_or_null ]

unique_priority ::= unique | unique0 | priority
```

表 1-2 列出了理解 SystemVerilog LRM 语法所需的一些说明。

表 1-2 SystemVerilog LRM 语法要素的意义

项目	示例	意义
黑体文字	**if** **else if** **( )**	SystemVerilog 的关键字和语言上的特殊字符，以原样使用
[]	[**else** statement_or_null]	[] 表示其中的描述可以省略。也就是说，在 if 语句中可以省略 else 子句
|	**unique** | **unique0** | **priority**	| 表示从其分开的元素中选择一个
{}	{ **else if** (cond_predicate) statement_or_null }	{} 内的描述表示可以零次或多次重复。也就是说，在 if 语句中可以指定多个 else if 子句。当然，也可以没有 else if 子句
以 _ 分隔的小写字母表示的名称	unique_priority	表示 BNF 的语法变量。也就是说，变量的定义在其他部分进行。unique_priority 之后会被定义为 unique、unique0 或 priority 中的一个
::=	unique_priority ::= **unique** | **unique0** | **priority**	左侧的意思由右侧定义

但是，如果 [ ]、|、{}、= 等符号以黑体表示时，则仅代表文字本身的字面意思，而不具有 BNF 范式中的作用。

对于复杂的语言规范或可能有多种用法的功能解说，本书会在进行相应的语法介绍之后，给出简单的使用示例。读者可参考语法介绍，尝试一些示例中未给出的其他语法描述，这对 SystemVerilog 语法知识的掌握是非常有效的。

1.4　SystemVerilog 的语法规则

在 SystemVerilog 中，字母是区分大小写的。注释的类型有两种，即行注释和块注释。行注释以连续的两个斜杠（//）为起始字符，一直到行末的字符串均被视为注释信息。块注释以 /* 为起始字符，以 */ 为结束字符，包含在起始字符和结束字符之间的字符串均为注释信息。注释不能嵌套，编译器指令（即所谓的宏）以符号 ` 为前缀。

对象和变量等名称的定义可以使用英文字母、数字、$、下划线（_）等字符，但首字母必须为英文字母或下划线。此外，不可将 SystemVerilog 的关键字定义为名称。以具有特定意义的特殊字符或字符串作为名称的起始字符（串）时，则需要进行转义序列的定义。转义序列以 \ 开始，后接任意字符，并以空白（空格、制表符、换行等）结束。其中，第一个 \ 和最后一个空白字符不包含在名称的字符中。

> **例 1-1　名称定义的示例**

如下所示，SystemVerilog 通常使用以英文字母或下划线开头的名称进行变量声明。在字符之间使用下划线，例如 carry_out，可以提高可读性。

```
module test;
wire  n10,
      n$1000,
      _out;
logic carry_out,
      error;

   initial begin
      error = 0;
      ...
   end

endmodule
```

> **例 1-2　转义序列定义的示例**

转义序列通常不会用于常规的名称定义，但在 SystemVerilog 与其他语言通过接口进行交互时，需要通过转义序列定义的名称进行，以引入其他语言规范允许的命名。如下所示，通过转义序列定义了一些非常规的名称。

```
module test;
logic  \busa+index ,
       \-clock ,
       \***error-condition*** ,
       \net1/\net2 ,
       \{a,b} ,
       \a*(b+c) ;

    initial begin
       \{a,b} = 0;
       ...
    end
endmodule
```

当使用以转义序列定义的名称时，必须在名称末尾指定空白字符。

1.5 编译和细化

编译是指读取 SystemVerilog 源代码，展开宏，进行语法检查、语义分析、一致性分析等过程。然而，上述所有任务并非都在一个单一过程中一次性完成。

例如，假设模块 A 调用了模块 B。在编译模块 A 时，如果模块 B 的编译尚未完成，则需要在所有模块编译完成后进行进一步的详细解析过程，此过程称为细化（elaboration）。换句话说，细化是对构成设计的所有要素（如模块、接口、程序、类、参数类型、参数、常量、信号等）进行声明和定义的合法性验证，并解析元素之间的调用关系。例如，层次结构名称 a.b.c 将在细化时被解析。

细化在所有源代码的语法检查完成后开始进行。细化完成后，设计仿真所需的信息也将准备就绪。

1.6 声明和定义

从严格的意义上来说，声明和定义是两个不同的概念。例如，在如下的代码示例中，第一行是变量 clk 的声明，第二行则是变量 index 的定义。

```
bit clk;
int index = 10;
```

声明通过指定目标元素的类型来明确其使用方法。定义除了声明之外，还通过分配目标元素的值来创建一个可使用的状态。但是，定义并不一定都是通过值的分配来完成的，有时是通过具体地提供声明元素的内容来完成的。

例如，在以下给出的对类 sample_t 进行定义的代码示例中，由于给出了类 sample_t 的内容，因此将其称为类 sample_t 的定义。在该类的定义中进行了函数 print() 的声明,然后在类之外给出了函数 print() 的内容,以此完成了函数 print() 的定义。

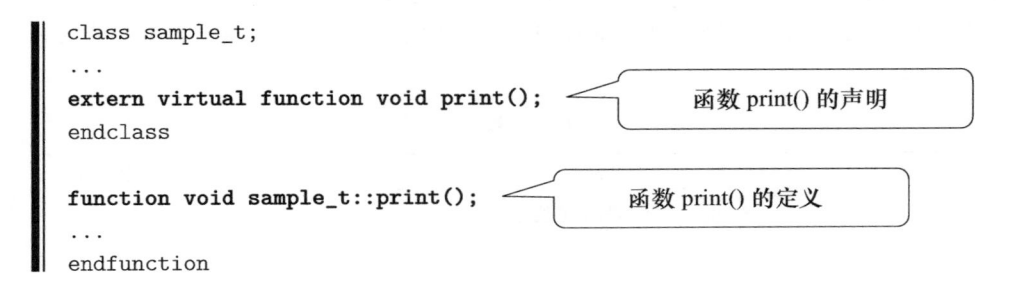

```
class sample_t;
...
extern virtual function void print();          ← 函数 print() 的声明
endclass

function void sample_t::print();              ← 函数 print() 的定义
...
endfunction
```

由此可见,定义表示目标元素的实体已经明确的状态。与此相对的,以下代码则是类 sample_t 的声明,也被称为前向声明。

```
typedef class sample_t;
```

如上所述,声明和定义是两个不同的概念,但为了避免过多的解释,在本书中并不严格区分这两个不同概念的使用。在这种情况下,需要根据上述说明进行适当的解释。

1.7 本书的对象和目的

本书针对不具备 SystemVerilog 知识的读者编写而成,并且不需要读者具有 Verilog HDL 的相关知识,但需要具有一定的编程语言的相关知识,特别是对面向对象编程(Object Oriented Programming,OOP)的了解是需要的。由于许多书籍或文献中已经给出了对 OOP 的解释,所以本书不再对 OOP 进行介绍。

本书是一本关于 SystemVerilog 的入门书籍,其结构遵循 SystemVerilog LRM(详见参考文献 [1])的内容,并选取了尽可能多的重要内容作为主题。因此,在阅读本书之后,读者将获得设计和验证工作所需的基本知识。本书的具体内容包括:

- 设计所需的 SystemVerilog 基础知识(Verilog HDL 的扩展功能、enum 枚举数据类型、接口、包、模块定义等)。
- 验证所需的 SystemVerilog 基础知识(在验证过程中使用的高级数据类型、并行处理功能、进程间通信功能、时钟块、虚接口等)。
- 验证所需的基本技术(随机激励生成、测试平台的创建方法等)。

本书旨在简明、清晰地介绍 SystemVerilog 的内容,以使读者能够全面、准确地理解 SystemVerilog。在贯穿全书的内容中,对于易于忽略的功能特点进行了特别详尽的解释和介绍。鉴于最近出现的 UVM 在理解 SystemVerilog 方面也起着重要作用,本书对 UVM 进行了概略性的介绍,但省略了详细解释,建议读者在阅读本书后进一步学习 UVM 的相关知识。

1.8 本书的结构

对于本书的大多数章节，都存在对应的 LRM（详见参考文献 [1]）章节。本书的章节安排以便于参考 LRM 的形式进行，以便借助 LRM 更加详细地学习本书的内容。本书的结构见表 1-3。

表 1-3 本书的结构

本书中的章	名称	LRM 中的章
2	用于设计和验证的构建块	3
3	数据类型	6
4	由多个元素组成的数据类型	7
5	类	8
6	进程	9
7	赋值语句	10
8	运算符和表达式	11
9	执行语句	12
10	任务和函数	13
11	时钟块	14
12	进程同步和通信	15
13	检查器	17
14	程序	24
15	接口	25
16	包	26
17	模块	23
18	系统任务和系统函数	20、21
19	基于约束的随机激励生成	18
20	SystemVerilog 的验证功能	16、19
21	硬件建模和验证	
22	UVM 概述	
23	编译器预处理指令	22
24	仿真执行模型	4

请参考表 1-3 给出的对照进行本书的学习。由于本书的内容安排遵循了 SystemVerilog LRM 的结构，因此在阅读本书后再进行 LRM 的阅读会变得相对容易。

由于 SystemVerilog 语言的复杂性，术语之间存在相互关联，因此按顺序进行介绍非常困难。例如，当解释一个术语时，如果需要使用示例，则必然会涉及一些未解释的术语。在这种情况下，建议读者继续阅读而不要停下来。这种现象在第 2～5 章之间尤为明显。因此，对于初学者来说，通过一次阅读就完全理解所有内容是困难的，需要多次阅读以加深理解。

总体上来说，按照章节的顺序逐一学习各章节的内容是理想的方法，但如果无法做到这一点，建议采用以下方法进行学习。

- 第 2～5 章按顺序进行阅读，并学习第 24 章的仿真执行模型。
- 然后，根据需要选择学习其他章节的内容。

1.9　关于示例

本书中给出的示例均已通过作者手头可用的设计验证工具进行了确认，但并不能保证绝对正确，因此需要在使用设计验证工具进行确认后应用于实践。

本书中介绍的示例是基于 SystemVerilog 语言规范的，但并不保证在所有的设计验证工具中都能运行。有些设计验证工具可能不支持示例中描述的功能，具体情况需要参阅设计验证工具供应商提供的手册加以确认。

对于示例，建议读者亲自录入并进行实验。通过录入，可以明确所使用功能的语法知识。此外，如果由于录入错误导致编译错误，也能增强错误分析的训练。仅仅对示例进行阅读，往往容易忽略知识的要点，因此请务必亲自进行示例的体验。

此外，示例的执行结果可能与所使用设计验证工具的结果不一致。特别是由于验证数据应用了随机数生成，生成的结果很大程度上依赖于所使用的设计验证工具。

1.10　本书的标记法

为了避免误解和混淆，本书原则上使用 SystemVerilog 关键字的英文拼写。例如，在列出关键字时，直接使用其英文拼写，以方便与 SystemVerilog LRM 的明确对应。另外，为了明确与源代码的对应关系，在图中也使用相应的英文拼写。在正文中，在没有可能产生误解和混淆的情况下，为了阅读和理解的便利，可能会使用其英文拼写的意译。例如，模块、任务、函数等即为这种英文拼写术语意译的典型例子。对于这样的表述，在表 1-4 中对其进行了总结。其中，以单数形式表示的术语，也可以根据需要翻译为复数形式的表述。表 1-4 给出的术语对照表也是为了阅读 LRM 或英文文献时便于与本书的描述相对应而准备的。还需要注意的是，尽量不翻译具有 SystemVerilog 特定意义的术语（如 program、local、state variable 等）。

如果不是以术语而是以特定名称使用的情况，则使用英语拼写。例如，如果将 driver 用作变量名，在正文中也不会将其写成"驱动源"。除此之外，Verilog HDL 有几个不同的版本，但在此之后，我们将其统称为 Verilog。

表 1-4　中英文术语对照表

英文	中文	英文	中文
aggregate	汇聚	garbage collection	垃圾回收
antecedent	祖先	generate	生成
assertion	断言	generator	生成器
base class	基类	generic	通用
blocking procedural assignment	阻塞过程赋值	immediate assertion	立即断言
built-in	内置	import	导入
checker	检查器	`include	包含
class	类	interface	接口
clocking block	时钟块	intra-assignment	内部赋值
collector	收集器	knob	旋钮或控制字段
comparator	比较器	layer	层
compilation unit	编译单元	left justified	左对齐
compilation - unit scope	编译单元范围	mailbox	信箱
compiler directive	编译器指令	match	匹配
concatenate	合并	method	方法
concurrent assertion	并发断言	module	模块
consequent	结果	modulus	模块化
constant	常数	monitor	监视器
constraint	约束	multiclock	多时钟
continuous assignment	连续赋值	named event	命名事件
covergroup	覆盖组	net	线网
coverpoint	覆盖点	net delay	网络延迟
cross coverage	交叉覆盖	nonblocking procedural assignment	非阻塞过程赋值
cycle delay	周期延迟	nontemporal	无延迟
decoder	解码器	package	包
default clocking	默认时钟	part-select	部分选择
dimension	维	pass by reference	地址传递
driver	驱动器	pass by value	值传递
dynamic array	动态数组	port	端口
edge-sensitive event control	边沿敏感事件控制	port kind	端口类
elaboration	细化	positional notation	位置标记
encoder	编码器	procedural assignment	过程赋值
environment	环境	procedure	过程
event	事件	process	进程
export	导出	program	程序
free variable	自由变量	property	设计资产
fully specified	完全指定	queue	队列
function	函数	race condition	竞争条件
functional coverage	功能覆盖	randomizer	随机数发生器

（续）

英文	中文	英文	中文
reduction	消减	struct	结构体
region	区域	subclass	子类
register	寄存器	suspend	挂起
resume	恢复	tagged	标记
right justified	右对齐	task	任务
sampled value	采样值	test	测试
sampling	采样	testbench	测试平台
scheduling region	调度区域	transaction	事务
seed	种子	union	共用体
semaphore	旗语	universal shift register	通用移位寄存器
sequence	序列	variable	变量
signal	信号	white space	空白
singular	单个		

作为仿真执行时的仿真器，本书的示例将使用名称 svsim（SystemVerilog Simulator 的意思）。在实际执行时需要根据实际情况将其替换为实际所使用的仿真器名称。

第 2 章

用于设计和验证的构建块

本章将概述在设计和验证中使用的设计要素，介绍这些设计要素与设计和验证相关的内容。这些设计要素的详细介绍将在第 3 章以后逐步进行。

2.1 设计要素

设计要素包括模块、程序、接口、检查器、包、基本元件和配置。使用这些要素来构建设计和验证环境。

以下将通过一些示例对上述设计要素进行概要性的介绍。在不了解 SystemVerilog 的情况下，要理解本章内容可能会有一些困难，因此建议首先将本章内容做一个粗略的阅读，在阅读完本书的全部内容之后，再回过头来阅读，可以有助于对本章内容的理解。

2.2 模块

模块是基本的构建块，主要用于设计描述。模块也可以在验证时用于顶层模块（top 模块）和测试平台的描述。模块是通用的，并且可以在模块中定义 SystemVerilog 的许多功能，这样的灵活性是其他设计要素所不具备的。一般来说，模块定义包含以下内容。

- 端口。
- 数据定义（线网、变量、枚举、结构体、共用体）。
- 常量。
- 类定义。
- 导入包中定义的对象。
- 子例程（任务和函数）。
- 模块、程序、接口和基本元件。
- 时钟控制块。
- 连续赋值语句。
- initial 和 always 过程。
- 功能覆盖。
- 断言等。

值得注意的是，对于设计时使用的功能与验证时使用的功能，其目的是完全不同的，因此上述功能并不能同时用于设计和验证中。例如，在 RTL 设计中使用类是非常罕见的。除此之外，程序是专门用于测试平台的功能，因此不会在设计模块中使用程序。

下面给出的是一个简单的 FullAdder 的 RTL 设计示例，该 FullAdder 使用传统的 Verilog 风格编写。

```
module FullAdder(sum,cout,a,b,cin);
input    a, b, cin;
output sum, cout;
wire    w1, w2, w3;

HalfAdder m1(w1,w2,a,b);
HalfAdder m2(sum,w3,w1,cin);
or(cout,w2,w3);              // w2|w3
endmodule
```

在上述 FullAdder 的设计中使用了组件 HalfAdder，其描述（SystemVerilog 风格）如下所示。

```
module HalfAdder(output logic sum,cout,input logic a,b);
always_comb                  // 生成敏感性列表
    {cout,sum} = a+b;
endmodule
```

在这个示例中，使用 SystemVerilog 并没有特别的优势，只是在传统的 Verilog 设计基础上做了一些修改以适用于 SystemVerilog。如图 2-1 所示，FullAdder 是通过 HalfAdder 的使用构建的。

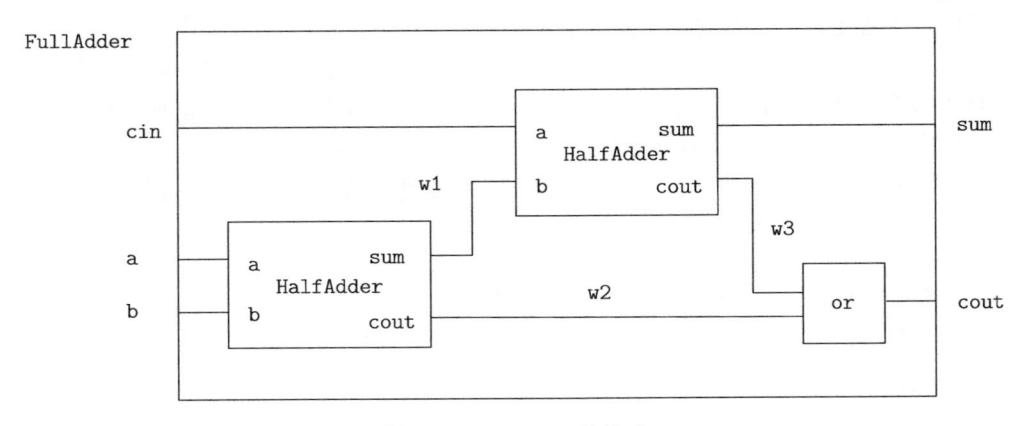

图 2-1　FullAdder 的构成

在这个示例中，并没有使用 SystemVerilog 的特殊功能，但唯一需要注意的是在 HalfAdder 中 always_comb 的描述，如果使用 Verilog 风格重新编写，则相应的语句将为如下的形式。

```
always @(a,b)
    {cout,sum} = a+b;
```

SystemVerilog 具有自动生成敏感性列表[⊖] (@(a,b)) 的功能。这个自动生成功能减少了 RTL 描述产生的仿真结果与逻辑综合后网表仿真结果不一致的情况。

如果 HalfAdder 的信号 a 和 b 中任何一个发生变化，则需要评估 a+b 的值，因此上述两个端口信号像线网一样被连接。因此，在这个示例中，也可以采用以下的描述。

```
assign {cout,sum} = a+b;
```

2.3 程序

程序通常作为构建测试平台的要素而使用，因此不会被用于设计的描述。程序不同于模块，不能拥有实例。然而，它可以定义与模块相同类型的数据。此外，在程序中可以进行子程序的定义。

在程序中，可以使用系统任务 $exit 来提前结束程序块的执行，尽管也可以使用系统任务 $finish 来实现，但是在程序中使用 $exit 是一种更好的方法。

由于程序是测试平台，所以可以共享与 DUT 相同的端口信号。通常情况下，除了时钟信号之外，作为测试平台的程序和 DUT 端口信号的输入输出方向是相反的。为了避免在两者上列出相同的信号名称，SystemVerilog 具有接口和模块端口（modport）的功能。使用这些功能可以更容易地进行端口的维护和管理。

程序与模块之间最大的区别是程序的执行在 Reactive 域中进行。也就是说，在执行设计的操作之后执行程序的操作。因此，在执行程序操作时，设计中更新的信号值是稳定的。这样，程序就可以建立避免竞争状态的验证环境。

另一方面，与模块不同，程序无法使用 always 过程。因此，我们使用 initial 过程来描述测试，但是当包含在程序中的所有 initial 过程结束时，仿真也会结束。由于这种特性，当使用诸如 UVM 等验证库时，并不推荐使用程序。

由于程序在测试平台中执行，因此常常使用高级数据类型。在下面的示例中，使用了接口（simple_if）。

```
interface simple_if(input bit clk);    // 接口
logic [1:0]   request, grant;
...
endinterface

program test(simple_if sif);           // 测试平台

  initial begin
    @(posedge sif.clk) sif.request <= 1;
    repeat (2) @(posedge sif.clk);
    ...
```

⊖ 描述动作所依赖的信号列表，称为敏感性列表。

```
      end
...
endprogram

module top;
bit    clk;

simple_if    SIF(clk);            // 创建接口实例
test TEST(SIF);                   // 创建测试平台实例
dut DUT(SIF);                     // 创建待测设备 (DUT) 实例

   initial
      forever #10 clk = ~clk;    // 时钟生成
...
endmodule
```

由于程序的操作是在 Reactive 域中执行的，因此时钟生成不在程序内部进行，而是在 top 模块中进行。此外，在构建测试平台时，也可以使用类而不使用程序。在最近的验证方法中，为了提高验证技术的可重用性，倾向于使用类代替模块和程序。

2.4 接口

接口是一种端口类型，在概念上可以定义为将多个信号汇总成一个信号的功能。然而，它也不仅仅是一个单一的汇总功能，还包含操作每个信号值的步骤（协议）。此外，还可以根据模块改变构成接口的信号视图。例如，bus_request 信号在 master 模块中是 input，在 slave 模块中是 output。这个功能是由 modport 实现的。接口可以包括以下功能：

- 端口定义。
- modport。
- 断言。
- initial 过程。
- always 过程。
- final 过程。
- 时钟块等。

此外，与类结合使用时，可以使用指针传递整个接口，这一功能被称为虚接口。通过这个功能，可以从信号层级转移到事务层级的处理，实现更高抽象度的描述。抽象度越高，描述的可重用性越高，最终会使得验证工作的生产效率得到提高，同时也将提高工作的质量。

以下是一个简单的接口使用示例。如例所示，接口可以包含时钟块定义和 modport 定义。此外，还可以在 initial 过程中包含信号值的初始化操作。在这些功能上，与模块的使用相同。

```
interface simple_bus(input logic clk);
wire req, gnt;
wire [7:0] addr, data;

   clocking cb @(posedge clk);
   input    gnt;
   output   req, addr;
   inout    data;
   property p1;
      req ##[1:3] gnt;
   endproperty
   endclocking

   modport DUT  ( input clk, req, addr, output gnt, inout data );
   modport TEST ( input gnt, output req, addr, inout data );
endinterface
```

接口的使用方法与模块非常相似。例如，可以按以下方式创建实例并将其连接到测试平台。

```
module top;
logic   clk = 0;
...
simple_bus SBUS(clk);
test TEST(SBUS);
dut DUT(SBUS);
...
endmodule
```

2.5 检查器

检查器是一个将断言及其建模组合在一起的容器。通过使用检查器，可以避免断言描述的散乱。

下面给出一个简单的示例。在这个示例中，为信号 a、b 和 c 设置了随机值。但是，a 和 b 之间存在关联，并且不能同时为 1。此外，该检查器还将生成的信号值传递给需要使用该信号值的模块。

```
checker check(event clk, output logic out1, out2, out3);
rand bit   a, b, c;

   m: assume property (@clk $onehot0({a,b}));

assign out1 = a;
```

```
    assign out2 = b;
    assign out3 = c;
    endchecker : check
```

使用检查器的一方需要创建检查器的实例，这与使用模块或接口时的情况类似。例如，可以按如下的方式创建一个实例。

```
module test;
logic a, b, c;
bit   clock;

check C1(posedge clock,a,b,c);

   initial
      repeat (10) #10 clock = ~clock;

   always @(a,b,c)
      $display("@%0t: a=%b b=%b c=%b", $time,a,b,c);
endmodule
```

在测试平台中发生 clock 事件时，执行 check。在 check 中定义的 assume 语句将确保信号 a、b 和 c 的值不会出现冲突。使用检查器的优势是能够使得测试平台变得整洁。

2.6 包

模块、接口、程序和检查器生成了各自的本地命名空间。由于这些内部定义的名称对外部不可见，因此具有名称不冲突的优点。另一方面，包具有用于共享定义的功能，在包内定义的名称可以在其他构建块中使用。

以下是一个简单的包示例。通常的包会定义许多功能，如数据类型声明、类、任务、函数等，但这里只包含了一些简单的定义。

```
`ifndef    PACKAGE_SVH
`define    PACKAGE_SVH

package Package;
   parameter OPERAND_WIDTH = 4;
   parameter OPERATOR_WIDTH = 3;
   typedef enum logic [OPERATOR_WIDTH-1:0]
      { ADD=3'b001, SUB=3'b010, XOR=3'b100 } opcode_e;
endpackage

`endif
```

为了引用在包中定义的数据类型、变量、方法等，必须使用作用域（Scope）运算符 (::)。

```
`include "Package.pkg"

module test;
Package::opcode_e   op;    // 访问 opcode_e

   initial begin
      op = Package::ADD;    // 访问 ADD
      ...
   end
endmodule
```

为了避免使用作用域运算符，可以使用 import 语句。例如，上述的描述可以改写为以下的形式。

```
`include "Package.pkg"

module test;
import Package::*;              // 导入包中所有内容
opcode_e   op;                  // 无需使用 :: 即可访问 opcode_e

   initial begin
      op = ADD;                 // 无需使用 :: 即可访问 ADD
      ...
   end
endmodule
```

2.7 门级和开关级建模

由于 SystemVerilog 包括了 Verilog 的功能，因此 SystemVerilog 可以进行门级和开关级建模。门级指的是 and、or、xor 等基本元件（primitive）。而开关级指的是 cmos、rcmos、nmos、rnmos、pmos、rpmos 等 MOS 开关。

尽管如此，但通常认为在使用 SystemVerilog 作为高级描述语言时，需要使用这些概念的机会非常少。此外，这些概念的解释可以在现有的书籍（例如参考文献 [1,11]）中找到，因此本书只给出其简单的示例，不进行详细的介绍。

> ➤ 例 2-1　一个 2 输入 multiplexer 门的实现

如下所示，该电路可以使用 and、or、not 门加以构建。为实现这些门的连接，需要使用几个线网型数据。

```
module multiplexer(input a,b,sel,output out);
wire    w1, w2, w3;
and(w1,sel,a);
not(w2,sel);
```

```
  and(w3,w2,b);
  or(out,w1,w3);
endmodule
```

顺便提一下，如果使用行为描述的方式进行，则可以将该电路改写为如下所示的形式。

```
module multiplexer(input a,b,sel,output logic out);

   always @(a,b,sel)
      if( sel == 1'b1 )
         out = a;
      else
         out = b;
endmodule
```

由此可以看出，门级的实现也可以在高层级上进行描述，并且这种描述方法具有更容易理解多路复用器功能的优点。将行为描述转换为门级行为是逻辑综合工具的任务。

2.8 基本元件

比门级更原始的实现被称为基本元件（primitive），采用这种方法的电路描述可以通过真值表进行。

一般来说，在使用 SystemVerilog 作为高级描述语言时，需要使用基本元件的可能性较小。下面给出了一个简单的基本元件示例(详见参考文献 [1])，但在本书中省略了关于基本元件的详细介绍。在 LRM 中，SystemVerilog 将基本元件统称为 UDP（User-Defined Primitive，用户定义基本元件）。

```
primitive multiplexer(mux, control, dataA, dataB);
output mux;
input control, dataA, dataB;
   table
      // control, dataA, dataB, mux
      0 1 ? : 1 ;
      0 0 ? : 0 ;
      1 ? 1 : 1 ;
      1 ? 0 : 0 ;
      x 0 0 : 0 ;
      x 1 1 : 1 ;
   endtable
endprimitive
```

该示例描述了一个 2 输入的多路复用器。正如示例所示，门的行为描述通过真值表进行，因此没有有效利用 SystemVerilog 的功能。

2.9 配置

配置的功能是进行设计配置的描述，但在本书中也省略了其详细介绍。相关的详细介绍可在 SystemVerilog LRM 的第 33 章中找到。

2.10 编译单元

SystemVerilog 的源代码通常由许多不同的部分构成，如模块、包、接口、程序等。当同时编译包含这些构成部分的描述源文件集时，为了明确各自描述的边界，SystemVerilog 引入了以下的概念。
- 编译单元。
- 编译单元作用域。
- $unit。

这些概念的含义将在表 2-1 中得到归纳和解释。首先，如图 2-2 所示，准备好 unit.sv、a.sv、b.sv 三个文件，并将同时对它们进行编译。

表 2-1 编译单元、编译单元作用域、$unit

单元	意义
编译单元	编译单元是同时编译的 SystemVerilog 源文件的集合，也包括源文件中所包含的文件
编译单元作用域	编译单元作用域表示该编译单元特有的作用域。编译单元作用域包含所有不属于编译单元作用域的声明
$unit	用于明确表示编译单元作用域的作用域名

```
unit.sv

int    state;

task check;
...
endtask
```

```
a.sv

module A(...);
...
endmodule
```

```
b.sv

module B(...);
...
endmodule
```

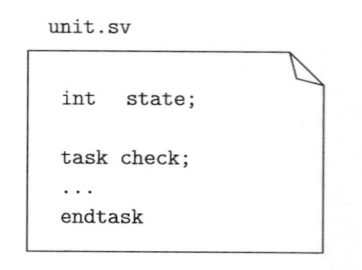

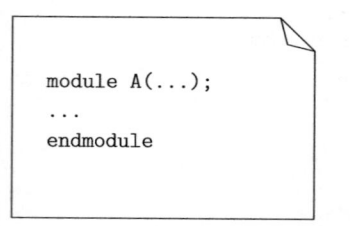

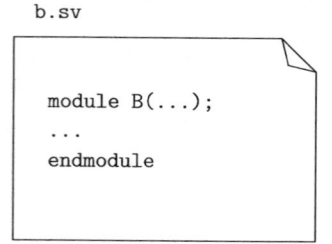

图 2-2 由三个文件组成的编译单元

此时，编译单元将由三个文件（unit.sv、a.sv、b.sv）组成。然后，编译单元作用域包含 int 类型的 state 和 check 任务的声明。其中，这些声明不属于模块 A 或模块 B。

$unit 用于明确指定编译单元的作用域。例如，假设 check 任务具有以下内容。

```
    int     state;
                ↑
    task check;  ⋮
    int  → state;
                     
        state = $unit::state;
        ...
    endtask
```

> 由于存在着 2 个名称同为 state 的变量，因此需要使用 $unit 来确定编译单元的作用域，对 2 个 state 加以区分

此时，在 check 任务中声明了变量 state，与编译单元作用域中声明的名称相同。在这种情况下，必须使用 $unit 来明确引用哪个 state。

2.11 `timescale 编译器指令

`timescale 编译器指令具有设置时间单位和精度的功能，该编译器指令指定的单位和精度在编译单元内有效。该编译器指令遵循以下语法规则（详见参考文献 [1]）。

```
`timescale time_unit / time_precision
```

`timescale 的意义见表 2-2，可以使用的整数为 1、10 或 100，可以使用的单位名称见表 2-3。例如，假设进行了以下设置。

```
`timescale  10ns / 1ns
```

在这种情况下，#1 即表示 1 个 10ns，#1.55 则表示 16ns。实际上，#1.55 表示的时间为 15.5ns，但由于 time_precision 的时间精度设置为 1ns，所以会将此 15.5ns 的时间值四舍五入为 16ns。

表 2-2 `timescale 编译器指令

时间设定	功能
time_unit	指定时间单位。例如，指定为 1ns、1ms 等
time_precision	指定小数点后舍入到的时间单位。例如，可以指定舍入到 1ps、1ms 等

表 2-3 SystemVerilog 的时间单位名称

单位名称	意义
s	秒
ms	毫秒
μs	微秒
ns	纳秒
ps	皮秒
fs	飞秒

22　SystemVerilog 入门指南

> **例 2-2**　`timescale 的使用（详见参考文献 [1]）

在此，使用 SystemVerilog LRM 中的示例介绍如何使用 `timescale 编译器指令。其中，时间单位设定为 10ns，用 #1 来表示，将小数部分四舍五入到 1ns。

```
`timescale 10ns / 1ns

module test;
logic   set;
parameter p = 1.55;

   initial begin
      #p set = 0;        // set=0 在 16ns 时执行，
      #p set = 1;        // set=1 在 32ns 时执行
   end

   initial
      $monitor($time,,"set=", set);
endmodule
```

执行结果如下。

```
               0 set=x
               2 set=0
               3 set=1
```

关于上述结果，请参见表 2-4 的详细分析。

表 2-4　$time 的值

执行语句	$time 语句的执行结果	说明
#p set = 0	2	由于 #1 表示 10ns，所以 set=0 将在 16ns 时执行，转换为 $time 的值则为 1.6。然而，由于 $time 返回整数时进行四舍五入，所以结果为 2
#p set = 1	3	由于 #1 表示 10ns，所以 set=1 将在 32ns 时执行，转换为 $time 的值则为 3.2。然而，由于 $time 返回整数时进行四舍五入，所以结果为 3

2.12　垃圾回收

在 SystemVerilog 中，可以进行内存的动态分配。创建类的对象和为动态数组分配存储空间等都是动态内存分配的例子。

与 Java 类似，SystemVerilog 也会自动进行内存的释放，因此用户不需要担心因内存无效使用而导致的内存损失。动态分配的内存会在引用对象不存在后的恰当时机被释放。然而，实际的释放时机取决于仿真器的不同，不同的实现方式也会导致释放时机的差异。

2.12.1 automatic 变量

如果将内存分配给带有"automatic"属性的变量，则当声明该变量的作用域结束时，为该变量分配的内存也将被释放。

在类中，所有成员都被设置为具有"automatic"的属性。因此，在类的方法（任务和函数）中，即使未进行内存动态分配的操作，当方法结束时，这些内存也将被自动释放，因此不会降低内存的使用效率。

> **例 2-3 automatic 变量内存分配的示例**

例如，假设存在以下定义的类。

```
class sample_t;
    ...
function void check(output bit yes_no);
int    a[];
       a = new[10];
       ...
endfunction
endclass
```

由于在类中的函数 check() 是 automatic 的，所以数组 a 也是 automatic 的。因此，动态分配给数组 a 的内存，在函数 check() 结束时将被自动释放。实际的释放时机取决于仿真器的实现方法。一般来说，这样的内存释放不是真正的物理释放，而是被重新使用。

2.12.2 static 变量

如果一个变量被明确声明为 static，则其将不再具有 automatic 属性。static 被称为静态属性，如果向这样的静态属性的成员分配内存，所分配的内存将不会被自动释放。如果需要为其释放内存，则必须明确为其进行 null 的内存分配。与类不同，模块原则上是 static 的，因此在模块中定义的变量也将变为静态的。为了释放模块变量的内存，必须明确执行这样的空内存分配。例如，为了释放分配给 packet 的内存，可以执行以下的操作。

```
packet = null;
```

第 3 章

数 据 类 型

SystemVerilog 具有很多不同的数据类型，其中许多是应用于验证领域的数据类型。例如，bit、byte、shortint、int、longint 等 2-state 数据类型，这样的数据类型比传统的 4-state 数据类型具有更简洁、紧凑的优点，能够实现高效验证代码的编写。除此之外，SystemVerilog 的 enum 枚举数据类型则是在设计和验证两个领域同样有效的数据类型。例如，代替 parameter，使用 enum 标签，用 case 或 if 语句来描述逻辑，可以最大限度地发挥 RTL 逻辑综合的优化功能。本章将详细介绍进行变量及信号定义时所需要用到的数据类型。SystemVerilog 的类也是一种数据类型，但因为其自身已构成一个相对独立的主题，所以将在第 5 章中专门进行类的介绍。

3.1 数据类型和数据对象

数据类型由一组值和应用于这些值的运算组成。例如，int 是 32 位带符号的整数，由 –2147483648 ~ 2147483647 的整数值构成，并被定义了相应的通用标准运算。SystemVerilog 的数据类型包括预先定义的标准数据类型和用户定义的数据类型，本章主要介绍 SystemVerilog 的标准数据类型。

数据对象的声明需要使用数据类型来进行，通过数据对象的声明，为数据对象分配名称、数据类型、值、运算等。

> ➢ 例 3-1 标准数据类型的示例

可以像下面的示例那样进行变量和数据的声明。

```
logic [31:0]     addr;
int              delay;
string           q[$];
real             map[string];
shortint         fixed[10][20];
byte             dynamic[];
```

通过这样的声明，可以得到如表 3-1 所示的效果。

表 3-1 使用标准数据类型进行变量和数据声明的效果

声明	效果说明
logic [31:0] addr	将变量 addr 声明为 32 位 logic 类型，addr 是没有符号的。对 addr 可以使用标准的运算（例如，+、-、*、/、&、|、^等）
int delay	将变量 delay 声明为 32 位的整数类型，是 2-state 数据。也就是说，delay 不能取 x 和 z 的值
string q[$]	将变量 q[$] 声明为 string 型的数据队列，其操作按照队列的操作方法进行。队列是数组的一种
real map[string]	将变量 map[string] 声明为 real 型的数组数据，且具有 string 型的索引。这样的数组被称为关联数组
shortint fixed[10][20]	将变量 fixed[10][20] 声明为 shortint 型的数组数据，这是一个具有固定大小的二维数组。在此，[10] 是 [0:9] 的省略形式
byte dynamic[ ]	将变量 dynamic[ ] 声明为 byte 型的数组数据，这是一个动态数组，并在执行时确定数组的大小。数组的存储空间也可以在执行时动态分配

3.2 logic 类型

logic 类型是一种具有 4 个值 (0、1、x、z) 的数据类型。其中，值 0 具有逻辑假的意义；同样地，值 1 具有逻辑真的意义；值 x 是状态未知（unknown）的意思；值 z 则表示高阻（high-impedance）的状态，用于断开连接等情况。logic 类型数据在逻辑综合等过程中作为 do-not-care 条件使用。

SystemVerilog 不使用 Verilog 中引入的 reg 类型，而使用 logic 类型。reg 会让人联想到硬件中的寄存器，所以建议尽量不要使用。只要是可以使用 net 型数据的地方都可以使用 logic 型数据，这一原则在任何情况下均是适用的。不过，与 net 型数据不同的是，logic 型数据不能有多个驱动源，如果违背了这一规则，则会出现编译错误。这是因为 logic 型数据对多个驱动源没有解析机制，而 net 型数据则具备 wired or 和 wired and 等解析机制。

> 例 3-2 具有多个驱动源的 logic 型数据示例

在 logic 型数据具有多个驱动源的情况下，编译时会发出错误。下面给出的示例，介绍了这样的情形。

```
module test;
  logic[1:0]   sum;
  logic        a, b;
  
  assign sum = a+b;    // 错误：存在多个驱动源
  
  always @(a,b)
    sum = a+b;         // 错误：存在多个驱动源
  ...
endmodule
```

其中，数据 sum 在连续赋值语句和行为赋值语句两处被分别赋值。因为连续赋值语句和行为赋值语句中，变量 sum 赋值均是由两个完全不同的数据值构成的，所以对 sum 判断为存在多个驱动源。如上面给出的描述那样，在编译时会出现编译错误。

3.3 线网（net）类型

线网型数据使用 net 进行声明，该类型数据基本上都是通过连续赋值语句进行赋值，或者用于门和模块的实例。线网型数据可以有 4 个不同的取值，表 3-2 给出了该类标准数据类型的种类。自定义线网型数据的声明遵循下面给出的语法规则（详见参考文献 [1]）。

表 3-2　标准线网型数据的种类

线网型数据	说明
supply0	信号值为 0 的全局线网型数据，用于电源地的建模
supply1	信号值为 1 的全局线网型数据，用于电源的建模
tri	三态（tri-state）的连接线，并具有 wire 型的全部功能
triand	在有多个驱动源的情况下，实现多输入信号的三态线与（wired and）
trior	在有多个驱动源的情况下，实现多输入信号的三态线或（wired or）
trireg	具有电荷寄存作用的三态线。如果有一个驱动源是 0、1 或 x，则表现出 wire 的作用。如果所有驱动源均为 z，则维持之前的值（寄存器功能）
tri0	用于具有下拉（pulldown）电阻线网的建模。没有驱动源时，信号值为 0
tri1	用于具有上拉（pullup）电阻线网的建模。没有驱动源时，信号值为 1
uwire	意为不具有解析功能的线（unresolved wire）或单驱动线（unidriver wire）。也就是说，是一种不能有多个驱动源的线网
wire	单纯的连接线
wand	在有多个驱动源的情况下，进行线与（wired and）的线
wor	在有多个驱动源的情况下，进行线或（wired or）的线

```
net_declaration ::=
  net_type [ drive_strength | charge_strength ]
    [ vectored | scalared ] data_type_or_implicit [ delay3 ]
    list_of_net_decl_assignments ;
| net_type_identifier [ delay_control ]
    list_of_net_decl_assignments ;
| interconnect implicit_data_type [ # delay_value ]
    net_identifier { unpacked_dimension }
    [ , net_identifier { unpacked_dimension }] ;

net_type ::= supply0 | supply1 | tri | triand | trior | trireg | tri0 | tri1 |
             uwire | wire | wand | wor
```

```
drive_strength ::=
    ( strength0 , strength1 )
  | ( strength1 , strength0 )
  | ( strength0 , highz1 )
  | ( strength1 , highz0 )
  | ( highz0 , strength1 )
  | ( highz1 , strength0 )
strength0 ::= supply0 | strong0 | pull0 | weak0
strength1 ::= supply1 | strong1 | pull1 | weak1
charge_strength ::= ( small ) | ( medium ) | ( large )

list_of_net_decl_assignments ::= net_decl_assignment { , net_decl_assignment }
net_decl_assignment ::= net_identifier { unpacked_dimension } [ = expression ]
```

简单来说，只要指定线网类型 net_type、线网延时值 delay_value、线网标识 net_identifier，就可以完成一个自定义线网型数据的声明。在这里，net_identifier 是线网型数据的名称。在大多数 SystemVerilog 的使用环境中，只需要理解作为 net_type 的 uwire、wire、wand、wor 等标准类型的意义就足够了。

如例 3-3 所示，如果在线网型数据的声明中省略了数据类型，则假定为 logic 类型。如果线网类型没有被明确指定的话，通常会被假定为标准线网类型。标准线网类型的设定需要使用编译器指令 `default_nettype 进行，其语法规则如下所示。

```
`default_nettype default_nettype_value

default_nettype_value ::= wire | tri | tri0 | tri1 | wand | triand | wor | trior |
                         trireg | uwire | none
```

在此，如果要将 wire 作为标准线网类型设定为 `default_nettype，则其设定可以按如下的方式进行。

```
`default_nettype wire
```

> 例 3-3　线网型的声明示例

在以下声明中，任何一个线网型数据都是 logic 型的。其中，n1、n2、n4、n5 均为 1bit 的线网型数据，n3 则是一个 16bit 的线网型数据。在这个示例中，像 n2 的声明那样，给一个线网型数据添加一个 logic 型属性是没有必要的，也是完全没有作用的。

```
wire            n1;
wire logic      n2;
wire [15:0]     n3;
wire #5         n4;
```

```
wand            n5;
assign n5 = n1&n2;
assign n5 = ~n3;
```

在线网型数据的声明中，可以像线网型数据 n4 那样，在数据声明时设定延时，这个延时被称为线网延时（net delay）。在此示例中，线网型数据 n4 具有 #5 的线网延时。因此，如果 n4 的驱动源的值发生变化，新的 n4 的值就只有在 5 个延时后才有效。除此之外，由于线网型数据 n5 被声明为 wand，所以当 n5 具有多个驱动源时，则会像如图 3-1 所示的那样生成一个 AND 门，从而能够避免额外驱动源值的产生。

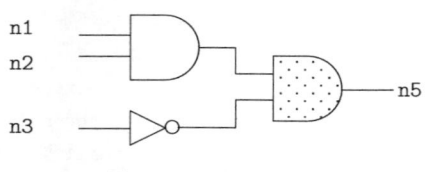

图 3-1　wand 的效果

3.4　变量

变量是为了暂时保持某个值而引入的概念。在下一次赋值之前，变量会保持原有的值。变量的声明遵循以下的语法进行（详见参考文献 [1]）。SystemVerilog 拥有多种数据类型，因此也具有如下所示的复杂语法。随着学习的进行，关于这些语法的详细内容也将逐渐明晰。总体来说，变量声明是通过指定数据类型和变量名称来完成的。作为变量的数据类型，除了 logic、bit、int 等标准类型之外，还可以指定类、enum、结构体、共用体等。在变量声明的语法中，data_type_or_implicit、implicit_data_type 和 signing 是经常使用的语法要素，值得加以记忆。

```
data_declaration ::=
   [ const ] [ var ] [ lifetime ] data_type_or_implicit
      list_of_variable_decl_assignments ;
 | type_declaration
...

data_type_or_implicit ::=
   data_type
 | implicit_data_type

implicit_data_type ::= [ signing ] { packed_dimension }

data_type ::=
   integer_vector_type [ signing ] { packed_dimension }
 | integer_atom_type [ signing ]
 | non_integer_type
 | struct_union [ packed [ signing ] ]
      { struct_union_member { struct_union_member } }
      { packed_dimension }
```

```
| enum [ enum_base_type ]
    { enum_name_declaration { , enum_name_declaration } }
    { packed_dimension }
| string
| chandle
| virtual [ interface ] interface_identifier
    [ parameter_value_assignment ] [ . modport_identifier ]
| [ class_scope | package_scope ] type_identifier
    { packed_dimension }
| class_type
| event
| ps_covergroup_identifier
| type_reference

integer_type ::= integer_vector_type | integer_atom_type
integer_atom_type ::= byte | shortint | int | longint | integer | time
integer_vector_type ::= bit | logic | reg
non_integer_type ::= shortreal | real | realtime
signing ::= signed | unsigned
```

在变量声明时，可以指定关键字 var。在省略关键字 var 的情况下，除了声明为线网型外就会默认为变量。另外，如果指定关键字 var 而省略数据类型，数据类型就被假定为 logic 型。因此，虽然可以同时指定关键字 var 和 logic，但这样的描述会显得多余。

> 例 3-4　变量定义的示例

以下的声明定义的均为变量。

```
bit         clk;
byte        a1, a2[20];
var         d;
var logic   q;
int         index = 10;
logic       reset = 1'b1;
```

其中，由于变量 d 省略了数据类型，所以被假定为 logic 型。对于已指定数据类型的声明，即使添加 var，其意义也不会改变。变量 q 的声明多少显得有些冗余。在这种情况下，可以省略 logic 或 var 中的一个。

> 例 3-5　指定作为模块端口变量的示例

与 Verilog 不同，SystemVerilog 可以将变量指定为端口信号。在以下给出的示例中，由于没有指定线网型，所以 co 和 sum 都是 logic 型的变量。但是，a 和 b 本身也是标准的线网型。其中，a、b、sum 均为 4bit 的变量，co 为 1bit 的变量。相关详细内容请参见 17.3 节。

```
module dut(input logic [3:0] a,b,output logic co,logic [3:0] sum);
assign {co,sum} = a + b;
endmodule
```

如上述示例所示，SystemVerilog 允许在连续赋值语句中为变量进行赋值。与 Verilog 的 reg 型相比，SystemVerilog 的变量放宽了限制，可以将所有端口信号声明为线网，而不指定为变量。这样的设定如下所示。

```
module dut(input wire [3:0] a,b,output wire co,wire [3:0] sum);
assign {co,sum} = a + b;
endmodule
```

3.5 线网和变量

SystemVerilog 的数据对象被分类为线网和变量，线网会根据驱动源的状态变化完成其值的设定。也就是说，当驱动源的值发生变化时，线网对象的值也会按照指定的线网延时而变化。另一方面，变量只在赋值命令被执行时才被赋予一个新的设定值。因此，在模块之间的连接和连续赋值语句中均可使用线网，而在行为描述中只能使用变量。表 3-3 给出了线网和变量的用法和限制。

表 3-3 线网和变量的不同

种类	用法和限制
线网	① 线网可以有多个驱动源。也就是说，可以从多个连续赋值语句、基本元件类型（UDP、and、or、xor 等）、模块实例的端口等同时为线网进行值的设定。线网设定值的确定适用于解析机制 ② 不能用行为描述语句来改变线网驱动源的状态
变量	① 变量可以用多个赋值语句进行值的设定 ② 可以通过连续赋值语句或模块实例的端口来进行变量的驱动，但仅限于一个驱动源的情况下

➤ 例 3-6 线网型数据使用示例

线网型是为了表现与驱动源一直保持连接的状态所需要的数据类型。例如，以下的描述即表现了 my_and 连接到 AND 门输出的状态（见图 3-2）。

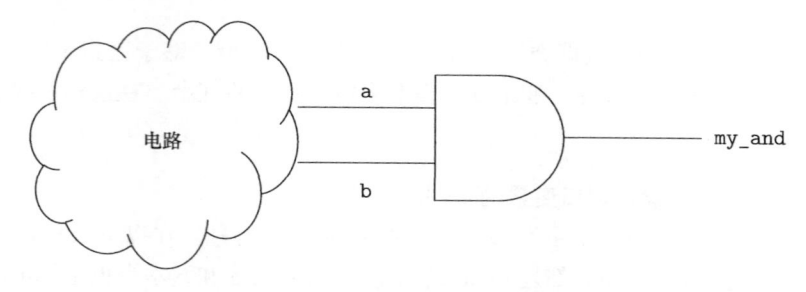

图 3-2 连续赋值语句 my_and= a & b 的效果

```
wire a, b, my_and;
assign my_and = a & b;
```

assign 语句是连续赋值语句，a 或 b 中任何一个变化时 my_and 就会被设定为新的值。而且，这种状态是连续重复进行的。这里，a 和 b 必须从其他连续赋值语句、模块实例或门实例等获得驱动。

此外，也可以将上述的描述改写如下。其中，tmp 是 logic 型的变量。

```
wire    a, b, my_and;
logic   tmp;

assign my_and = tmp;

always @(a,b)
   tmp = a & b;
```

通过这个改写示例可以看出，在采用行为描述的情况下，需要明确地描述连续重复的动作。在这种情况下，需要使用关键字 always 随时监视 a 和 b 的变化，如果有变化的话，tmp 会被以新的计算值赋予一个新值，my_and 的值会被随之更新。

3.6　4-state 类型

SystemVerilog 中的 4-state 型数据类型见表 3-4。其中，除 logic 型以外，其他均为 Verilog 中也具有的类型。

表 3-4　SystemVerilog 中 4-state 型数据的种类

4-state 型	意义
logic	具有 4 值的 1bit 型数据，其值可以为 0、1、x 或 z，无符号，初始值为 x
reg	与 logic 的意义相同。为了避免使用 reg 数据类型，SystemVerilog 引入了 logic 数据类型
integer	具有 4 值的 32 位带符号整数
time	具有 4 值的 64 位无符号整数

在以上 4-state 型数据类型中，只有 integer 型数据具有符号。在 SystemVerilog 中，有 2-state 型的 int 和 longint，因此与 Verilog 不同，使用 integer 和 time 的机会并不多。logic 型数据可以像下面给出的示例那样进行使用。

```
interface simple_if(input bit clk);
logic grant,
      request,
      reset;
endinterface
```

在使用 4-state 型变量时，有时需要判断其值是否为 2-state 的。在这种情况下，可以采用

$isunknown() 系统功能进行判断，当数据为 4-state 时，该函数返回一个真值。该函数的用法如下所示。

```
logic [7:0]    request;
...
if( $isunknown(request) )
    $display("4-state value detected on request=%b",request);
```

如果 4-state 型变量 request 的位中包含 x 或 z，则 $isunknown(request) 会返回 1'b1。

3.7 2-state 类型

SystemVerilog 中有 bit、byte、shortint、int、longint 等 2-state 型数据类型，见表 3-5。这些数据类型不能具有 x 和 z 的值，并且其初始值被初始化为 0。由于只具有 2 个可能的值，所以一般来说，在仿真执行方面效率较高。另外还有一个优点，就是该类型数据可以省去初始值的设定。

表 3-5 SystemVerilog 中 2-state 型数据的种类

2-state 型	意义
bit	用 1bit 表示值 0 或 1，无符号
byte	8bit 型，相当于 C/C++ 的 char，是带符号的 8 位整数
shortint	16 位带符号整数，相当于 C/C++ 的 short
int	32 位带符号整数，相当于 C/C++ 的 int
longint	64 位带符号整数，相当于 C/C++ 的 long long

若需要定义为无符号数，则需要使用限定符 unsigned 加以限定。例如，byte unsigned 即为 8 位的无符号整数型。与 C/C++ 不同，SystemVerilog 中的 unsigned 限定符位于类型的后面，如下面给出的示例所示。

> ➤ 例 3-7 2-state 型数据类型的使用示例

2-state 型的声明如下所示。

```
bit                reset;
bit [31:0]         data;
bit signed [31:0]  value;
byte               barray[128];
byte unsigned      ub[128];
```

这样声明的话就会得到如表 3-6 所示的结果。因为通过 byte 进行的声明本身就是 signed 的，所以 byte signed 这样的声明就显得多余。

表 3-6　2-state 型声明示例的结果

声明	说明
bit reset	1bit，取 0 或 1 的值
bit [31:0] data	与 32 位的无符号整数一样。但是可以参考一些位，例如 data[0] 和 data[3:2]
bit signed [31:0] value	与 32 位的有符号整数一样
byte barray[128]	8 位整数数组。这里，barray[128] 和 barray[0:127] 有相同的效果
byte unsigned ub[128]	8 位无符号整数数组

> 例 3-8　bit 型数据类型的使用示例

2-state 型数据类型的使用如下所示。

2-state 型数据类型的优点是其自身即初始化为 0，因此不需要额外进行 0 值的初始化。因此，在测试平台等中生成时钟时，使用这种 2-state bit 型数据类型的时钟较为方便。

```
bit clk;

always
   #10 clk = ~clk;
```

另一方面，像下面这样使用 logic 型数据类型的话则需要进行初始化操作。在这种情况下，若需要在仿真 0 时刻产生一个 clk 事件（negedge clk），请注意需要以下的初始化操作（详细内容请参见 6.3 节）。

```
logic clk;

initial begin
   clk = 0;
   forever #10 clk = ~clk;
end
```

3.8　integral 类型

SystemVerilog 中可以处理的整数数据类型见表 3-7，这些数据类型统称为 integral 数据类型。其中，每种数据类型是否为有符号整数，通过类型后面附加的 signed 或 unsigned 加以说明，以明确其为有符号整数或无符号整数。

表 3-7 最后给出的 3 种数据类型 reg、integer、time，自 Verilog 时代就已经存在，但在 SystemVerilog 中使用的机会极少，建议在使用中用 logic、int、longint 来代替这些数据类型。

表 3-7 SystemVerilog 中的 integral 数据类型

integral 数据类型	位宽	符号	state
byte	8	signed	2-state
shortint	16	signed	2-state
int	32	signed	2-state
longint	64	signed	2-state
bit	1	unsigned	2-state
logic	1	unsigned	4-state
reg	1	unsigned	4-state
integer	32	signed	4-state
time	64	unsigned	4-state

3.9 real、shortreal 和 realtime 类型

SystemVerilog 中，实数型的数据类型有 real、shortreal 和 realtime 三种。real 相当于 C/C++ 的 double，shortreal 相当于 C/C++ 的 float，realtime 是 real 的同义词，这些类型统称为 real 型。在 SystemVerilog 中，当实数被赋给整数型变量时，不会进行截断操作，而是会被赋予四舍五入后的值，如下所示。

```
real    r;
int     num;

r = 0.5;
num = r;
```

当进行上述的操作后，num 的值等于 1。

3.10 void 类型

SystemVerilog 具有 void 型数据类型，主要用于不返回值函数的定义。

> **例 3-9 void 型数据类型的使用示例**

如下所示，可以定义一个不返回值的函数，该函数可以像任务一样被使用。

```
function void check();
    ...
endfunction
```

在 SystemVerilog 中，不能在函数中进行任务的调用。通过将没有延时和事件控制的任务定义为 void 函数，可以避免这样的调用限制。

3.11 chandle 类型

chandle 型数据类型主要用于 SystemVerilog 的 DPI（Direct Programming Interface，直接编程接口），DPI 是 SystemVerilog 和其他语言的接口。chandle 型数据类型相当于 C/C++ 的 void*，也就是说，chandle 型数据类型是指向数据对象存储地址的指针。

> 例 3-10　chandle 型数据类型的使用示例

如下所示，进行 chandle 型数据类型的声明。

```
chandle    variable_handle;
```

3.12 string 类型

string 型数据类型是由 8 位整数（byte）构成的字符串，相当于 C/C++ 的 char*，但不是 const char*。与 C/C++ 不同的是，SystemVerilog 的 string 不包含字符串结束字符 (\0)。因此，不能在字符串的中间插入该字符。

假设一个字符串的长度为 N 的话，则该 string 型变量的元素可以使用 $0 \sim N-1$ 作为索引进行访问，索引 0 指向字符串的第一个字符，索引 $N-1$ 指向其最后一个字符。一个没有设定初始值的 string 型变量，被初始化为长度为 0 的空字符串。

> 例 3-11　string 型数据类型的使用示例

与其他数据类型一样，string 型数据类型的变量可以按如下的方式声明。

```
string     default_language = "SystemVerilog";
string     current_project_language = default_language;
```

其中，"SystemVerilog" 被称为 string 型变量 default_language 的值，default_language[0] 为 S。像这个示例那样，可以用相同类型的变量来进行另一个 string 型变量的初始化。string 型数据类型不仅可以用于 string 型变量，还可以用于 integral 数据类型。

```
shortint   name = "EN";
```

其中，shortint 型变量 name 的值被设置为字符串 EN。如前所述，与 C++ 不同，因为 string 类型不是 const char*，所以可以像以下那样改变字符串型变量的值。

```
string    name = "tom";
name[0] = "T";
```

结果，name 的内容变成了 Tom。

string 型变量可以使用表 3-8 所示的操作符进行操作，特别是字符串合并操作符 {} 可以非常方便地进行字符串的操作。

表 3-8 可用于 string 型数据类型的操作符

操作符	意义
str1 == str2	逻辑表达式，当两个字符串相等时为 1，不相等时为 0
str1 != str2	str1 == str2 的否定形式
str1 < str2 str1 <= str2 str1 > str2 str1 >= str2	按字典顺序进行两个字符串的比较，如果为真，则返回 1；如果为假，则返回 0
{str1,str2,...,strn}	字符串合并操作
{multiplier{str}}	重复指定字符的次数。例如，{"i", 3{"e"}} 等同于 "ieee"
str[index]	返回字符串 str 中由 index 指定的字符 (byte 型)。其中，若 N 表示字符串的长度，则 index 必须在 $0 \sim N-1$ 的范围内
str.method(...)	执行 string 型定义的 method

> **例 3-12 字符串合并操作的示例**

字符串合并操作可以按如下方式进行。

```
module test;
string header = "string concatenation",
       tag = {5{"-"}};

   initial begin
      $display("%s",{tag," ",header," ",tag});
   end
endmodule
```

执行后会得到以下的结果。

```
----- string concatenation -----
```

表 3-9 给出了 string 型数据类型定义的方法。

表 3-9 string 型数据类型定义的方法

方法	功能
function int len() ;	str.len() 返回字符串 str 的长度。空字符串的长度为 0。当长度为 N 时，对于 str，可以访问索引为 $0 \sim N-1$ 的字符
function void putc(int i, byte c) ;	str.putc(i,c) 等同于 str[i]=c
function byte getc(int i) ;	x=str.getc(i) 等同于 x=str[i]
function string toupper() ;	str.toupper() 将 str 的内容转换成对应的大写字符串返回，str 的内容保持不变
function string tolower() ;	str.tolower() 将 str 的内容转换成对应的小写字符串返回，str 的内容保持不变
function int compare(string s) ;	str.compare (s) 比较字符串。与 C/C++ 的 strcmp(str,s) 相同

(续)

方法	功能
function int icompare(string s) ;	str.icompare(s) 在不区分大小写的情况下进行字符串的比较，等同于 C/C++ 的 stricmp(str,s)
function string substr(int i, int j) ;	str.substr(i,j) 返回字符串 str 中自索引 i～j 的子字符串
function integer atoi() ; function integer atohex() ; function integer atooct() ; function integer atobin() ;	str.atoi() 返回字符串 str 所表示的十进制整数值。例如，如果 str 的值为 "123"，则 str.atoi() 返回整数值 123。atohex() 为十六进制数的情况，atooct() 为八进制数的情况，atobin() 为二进制数的情况
function real atoreal() ;	str.atoreal() 返回字符串 str 所表示的实数值。例如，如果 str 的值为 "3.14"，则 str.atoreal() 返回实数值 3.14
function void itoa(integer i) ; function void hextoa(integer i) ; function void octtoa(integer i) ; function void bintoa(integer i) ; function void realtoa(real r) ;	str.itoa(i) 将 integer i 转换为字符串，并将该字符串设置为 str 的值。hextoa() 为十六进制数的情况，octtoa() 为八进制数的情况，bintoa() 为二进制数的情况。str.realtoa(r) 是将实数 r 转换为字符串，并将该字符串设置为 str 的值

➢ 例 3-13 string 方法的使用示例

对于 string 型变量，可以按如下所示方法进行使用。在这个示例中使用了方法 tolower() 和 substr()。

```
module test;
string msg = "IEEE Std 1800-2017";

   initial begin
      $display("msg.tolower = %s",msg.tolower() );
      $display("msg = %s",msg);
      $display("msg[0:3] = %s",msg.substr(0,3));
   end
endmodule
```

执行结果如下所示。由此可以看出，尽管通过 msg.tolower() 方法得到了将字符串 msg 转换为对应小写字母字符串的结果，但字符串 msg 的内容仍然保持不变。

```
msg.tolower = ieee std 1800-2017
msg = IEEE Std 1800-2017
msg[0:3] = IEEE
```

3.13 event 类型

通过关键字 event 可以进行具有事件数据类型的事件对象声明，事件对象为同时执行的多个进程的同步提供了有效手段。一个进程可以通过一个事件对象的指定，使得该进程直到其指定的事件发生为止一直处于等待状态。在其他活动进程中，可以通过上述指定事件的发生使得进入等待状态的进程得以重新执行。另外，在调用其他例程时，可以将事件对象作为参数进行传递，从而可以实现通用事件控制的描述。

但是，在这样的事件控制中必须注意解除等待事件发生的时机，如果事件和解除等待事件同时发生，则可能会因为事件对象执行顺序的原因使得等待事件无法正确解除。例如，在以下的描述中，如果进程 p2 在 p1 之前执行，则等待事件 (@ev) 可能不会被解除。

```
event   ev;

   initial begin: p1
      @ev;
      ...
   end

   initial begin: p2
      ->ev;
      ...
   end
```

在这种可能发生精确时间顺序的情况下，需要用 ev.triggered() 方法代替等待事件 @ev。关于事件数据类型的详细内容，将在 12.4 节中详细介绍。

> ➢ 例 3-14　事件数据类型的使用示例

本例给出了事件数据类型的标准用法。其中，一个进程通过 @ev 进入等待状态，另一个进程进行等待解除事件 (->ev) 的发生。在本例中，两个 initial 过程并行执行，一个等待事件，另一个在 #10 的延时后，发生等待解除事件。

```
class X;
event   ev;

task check;
   $display("@%0t: waiting for ev to occur.",$time);
   @ev;              // wait until triggered
   $display("@%0t: ev released.", $time);
endtask

endclass

module test;
X    x;

   initial begin
      x = new;
      x.check();
      $display("@%0t: main completed.",$time);
```

进入等待状态的进程

```
      end
   initial begin            ← 发生等待解除事件的进程
      #10;
      ->x.ev;
   end
endmodule
```

本例执行时会得到如下的结果。

```
@0: waiting for ev to occur.
@10: ev released.
@10: main completed.
```

3.14 typedef 语句

使用 typedef 语句，可以通过标准数据类型或已经定义的数据类型进行新数据类型的定义。通过这样的新数据类型定义方法，也可以为已经存在的数据类型定义一个新的别名。typedef 语句遵循以下的语法规则（详见参考文献 [1]）。

```
type_declaration ::=
   typedef data_type type_identifier { variable_dimension } ;
 | typedef interface_instance_identifier
      constant_bit_select . type_identifier type_identifier ;
 | typedef [ enum | struct | union | class | interface class ]
      type_identifier ;
```

> 例 3-15　typedef 语句的使用示例

通过 typedef 语句，还可以以简化形式重新定义一个具有复杂限定符的数据类型，以方便具有复杂限定符数据类型的声明。例如，在本例中，可以使用简单的 ia10_t 来代替 bit signed [31:0] 的复杂描述。

```
typedef bit signed [31:0]    ia10_t [10];

module test;
ia10_t    array;          ← 使用 typedef 语句定义的数据
                             类型 ia10_t
   initial begin
      foreach(array[i])
         array[i] = i;
```

```
        foreach(array[i])
            $display("array[%0d]=%0d",i,array[i]);
    end
endmodule
```

通过这样的类型定义，变量 array 即为一个 32 位带符号整数的数组，数组的大小为 10。若要改变数组的大小，只需要改变 typedef 语句的声明即可。执行本例会得到如下的结果，通过结果可以看到 array 的大小被设定为 10。

```
array[0]=0
array[1]=1
array[2]=2
array[3]=3
array[4]=4
array[5]=5
array[6]=6
array[7]=7
array[8]=8
array[9]=9
```

3.15　enum 类型

enum 数据类型通过关键字 enum 定义，以定义一组具有相关值的整数型常量，其值可以在定义中明确设定，也可以由 SystemVerilog 自动设定。enum 数据类型的定义遵循以下语法规则（详见参考文献 [1]）。

```
enum [ enum_base_type ]
    { enum_name_declaration { , enum_name_declaration } }
    { packed_dimension }

enum_base_type ::=
    integer_atom_type [ signing ]
  | integer_vector_type [ signing ] [ packed_dimension ]
  | type_identifier [ packed_dimension ]

enum_name_declaration ::=
    enum_identifier [ [ integral_number [ : integral_number ] ] ]
      [ = constant_expression ]
```

其中，enum_base_type 指定为整数型数据类型，例如 integral 数据类型。在 enum_name_declaration 中指定 enum 各个枚举数据元素所对应的常数，这些常数在本书中被称为 enum 标签。

另外，如果在 enum_base_type 中省略了数据类型，则假定为 int 型。

SystemVerilog 的 enum 与 C++ 的 enum 功能类似，但也有很多不同之处。例如，SystemVerilog 的 enum 数据类型可以指定为 integral 型（logic、bit、byte、shortint、int 等）。除此之外，SystemVerilog 的 enum 数据类型还可以简单地生成具有连续序列的标签名称，并且 enum 数据类型也可以采用像类一样的标准方法进行定义。

> **例 3-16　enum 数据类型的使用示例**

SystemVerilog 的 enum 数据类型变量可以按本例的方式进行声明。在这些 enum 数据类型变量的声明中，因为这些 enum 数据类型变量是直接从 enum 的定义中声明的，所以被称为 anonymous enum（匿名枚举类型）。

```
enum {GREEN, YELLOW, RED} light1, light2;
enum bit[1:0] { READY, READ, WRITE } state, next;
enum { bronze=3, silver, gold } medal;
enum bit[3:0] { a=4'h3, b=4'h7, c } alphabet;
```

这些声明给出的变量，其定义见表 3-10。在此需要注意的是，需要根据 enum_base_type 指定的标准数据类型对 enum 数据类型变量的起始值进行初始化。例如，light1 是 int 型，因此 light1 的起始值为 0，并且对应于其第一个数据元素 GREEN。medal 被默认为 int 型，所以其起始值也为 0。但是，因为 medal 没有与 0 对应的 enum 标签，所以实质上设定了无效的起始值。为了避免这个问题，必须采取以下安全措施。

- 明确设置变量的起始值。例如，追加 medal=bronze。
- 将第一个 enum 标签的值设置为 0。

表 3-10　被声明为 enum 数据类型的变量的类型和内容

变量	enum_base_type	设定内容
light1 light2	int	int 型 enum 数据类型。GREEN=0, YELLOW=1, RED=2
state next	bit[1:0]	位宽为 2 的 bit 型 enum 数据类型。READY=2'b00, READ=2'b01, WRITE=2'b10
medal	int	int 型 enum 数据类型。bronze=3, silver=4, gold=5
alphabet	bit[3:0]	位宽为 4 的 bit 型 enum 数据类型。a=4'h3, b=4'h7, c=4'h8

以下为考虑到上述安全措施的描述示例。

```
enum {GREEN, YELLOW, RED} light1=GREEN, light2=RED;
enum bit[1:0] { READY, READ, WRITE } state=READY, next=READ;
enum { bronze=3, silver, gold } medal=bronze;
enum bit[3:0] { a=4'h3, b=4'h7, c } alphabet=c;
```

如下例所示，通常并不像上述 anonymous enum 那样使用 enum 数据类型，而是定义一个明确指定名称的 enum 数据类型。这样一来，就可以将其声明为全局的数据类型。

例 3-17 enum 数据类型的声明示例

可以像下面这样使用 typedef 语句来声明 enum 数据类型。这样声明后，作为数据类型，controller_e 就可以在任何地方使用了。

```
typedef enum {GREEN, YELLOW, RED} controller_e;

controller_e   light1=GREEN,
               light2=RED;
```

对于一个具有连续序列的 enum 标签，SystemVerilog 提供了简化形式的定义方法，以代替逐个 enum 标签的定义。例如，对于如下的 enum 数据类型定义：

```
typedef enum { S0, S1, S2, S3, S4 }  state_e;
```

可以替换为如下所示的定义：

```
typedef enum { S[5] }  state_e;
```

这样定义的话，将自动定义数据标签 S0、S1、S2、S3、S4，并且设定 S0==0，S1==1，S2==2，S3==3，S4==4。

对于 enum 数据类型，SystemVerilog 定义了相应的操作方法，见表 3-11。其中，对于方法 first()、last()、num()，即使 enum 型变量没有进行值的设定也可以使用，详细情况请参考随后的示例。另一方面，对于方法 next()、prev() 和 name()，则要求变量的值必须被正确设定时才能使用。

表 3-11 enum 数据类型的方法

方法	功能
function enum first() ;	返回起始的 enum 标签
function enum last() ;	返回最后的 enum 标签
function enum next(int unsigned N=1) ;	以当前标签为起点，返回后续第 N 个标签的值。默认返回下一个标签的值；若起点为最后一个标签，则默认返回第一个标签的值
function enum prev(int unsigned N=1) ;	以当前标签为起点，返回前面第 N 个标签的值。默认返回前一个标签的值；若起点为第一个标签，则默认返回最后一个标签的值
function int enum() ;	返回 enum 定义的标签数
function string name() ;	以字符串的形式返回当前 enum 标签的名称

例 3-18 扫描 enum 数据类型定义的所有标签的示例

下面的代码是按顺序显示输出 state_e 的所有标签。因为这里介绍的方法是通用的扫描法，所以可以广泛一般地使用。

```
typedef enum { START=10, STATE[1:5], MODE[1:5] }   state_e;

module test;
state_e     state;

   initial begin
      state = state.first;              // 定位第一个标签
      forever begin
         $display("%s=%0d",state.name,state);
         if( state == state.last )      // 是否完成了?
            break;
         state = state.next;            // 获取下一个标签
      end
   end
endmodule
```

需要注意的是，在本例中，首次使用 state.first 时，变量 state 尚未设定初始值，但仍然可以使用 state.first 方法。本例的执行结果如下所示。

```
START=10
STATE1=11
STATE2=12
STATE3=13
STATE4=14
STATE5=15
MODE1=16
MODE2=17
MODE3=18
MODE4=19
MODE5=20
```

3.16 常量

常量在对象中值不会变化。在 SystemVerilog 中，作为常量，有 elaboration-time 参数（parameter）常量和 run-time 参数 (const) 常量两种类型。其中，parameter 常量必须在定义时给定其值，const 常量在执行阶段给定其值。除此之外，整数和实数型常量遵循通常的描述方法。比特型常量的一般形式如下所示。

```
<size>'<base_format><number>
```

其中，size 表示常量所占的位长。size 通常也可以省略。base_format 指定 b（二进制）、o

（八进制）、h（十六进制）、d（十进制）中的一个，表示 number 的形式。若在 base_format 前面指定 s 或者 S，则为带符号的数。base_format 还可以使用英文大写字母。size 必须是十进制数值。另外，为了便于阅读，可以同时使用下划线连字符 (_)。表 3-12 是常量描述示例。

表 3-12 常量描述示例

描述	说明
4'b1001	4bit 位宽，二进制 1001
'o7460	因为是用八进制指定的，所以是 12 位的二进制数 111_100_110_000。实际占用的比特数取决于实现的平台，大多情况下都在 32 位以上
4'd3	4bit 位宽，用十进制来指定值。实际上，是二进制数 0011
6'o17	6bit 位宽，二进制数 001_111
8'hc3	8bit 位宽，二进制数 1100_0011
8'b1010_z01x	8bit 位宽，其值为 1010_z01x。因为含有 x 和 z，所以称其为二进制数是不恰当的。因为二进制数是由 0 和 1 构成的，所以这种情况下用 8bit 的数来表示比较合适
4'sb1100	4bit 位宽，因为是带符号的数，所以是二进制补码表示的数值。也就是说，用 4 位二进制补码表示的十进制的 −4
123	以通常的表示方法描述的整数
3.14	以通常的表示方法描述的实数
1.2e-2	以通常的指数表示方法描述的实数。这里表示的是实数 0.012

在 SystemVerilog 中，作为 elaboration-time 参数常量的有 parameter、localparam 和 specparam 三种，在 elaboration 阶段给定它们的值。参数常量的定义遵循以下语法（详见参考文献 [1]）。

```
local_parameter_declaration ::=
    localparam data_type_or_implicit list_of_param_assignments
  | localparam type list_of_type_assignments
parameter_declaration ::=
    parameter data_type_or_implicit list_of_param_assignments
  | parameter type list_of_type_assignments
specparam_declaration ::=
    specparam [ packed_dimension ] list_of_specparam_assignments ;
list_of_param_assignments ::= param_assignment { , param_assignment }
list_of_specparam_assignments ::= specparam_assignment { , specparam_assignment }
list_of_type_assignments ::= type_assignment { , type_assignment }
param_assignment ::=
    parameter_identifier { unpacked_dimension } [ = constant_param_expression ]
specparam_assignment ::=
    specparam_identifier = constant_mintypmax_expression
  | pulse_control_specparam
type_assignment ::= type_identifier [ = data_type ]
parameter_port_list ::=
    # ( list_of_param_assignments { , parameter_port_declaration } )
  | # ( parameter_port_declaration { , parameter_port_declaration } )
```

```
| #( )
parameter_port_declaration ::=
    parameter_declaration
  | local_parameter_declaration
  | data_type list_of_param_assignments
  | type list_of_type_assignments
```

在 SystemVerilog 中，代码中使用的常量（例如，100、4'b0101、"Tokyo" 等）被称为 const 常量，以区别于参数常量。常量在出现时就已经给定了值。另一方面，常量在编译结束时首次给定其值。

> **例 3-19 parameter 常量的使用示例**

可以如下进行 parameter 常量的定义。

```
parameter left = 100,
          right = 200;
parameter mid = (left+right)/2;
parameter real  PI = 3.14;
parameter WIDTH = 4'hc;
parameter WIDTH32 = 12;
parameter type ubit4_t = logic [3:0];
```

如本例所示，parameter 常量需要指定名称和类型。在此，虽然没有必要更加详细地说明其使用方法，但也有一些需要注意的问题，例如本例中的 WIDTH 和 WIDTH32。虽然两者的值同样设定为 12，但 WIDTH 的位宽是 4bit，WIDTH32 的位宽是 32bit。

再有，ubit4_t 被定义为 type，因此可以在其他变量的声明中使用。例如：

```
ubit4_t    ub;
```

在定义类、模块、接口等时，为了使功能通用化，可以通过 parameter 常量的定义来进行。

> **例 3-20 参数端口信号列表中的 parameter 常量**

在参数端口信号列表中，可以省略关键字 parameter。例如，以下所示的 WIDTH 参数没有伴随关键字 parameter。

```
class vector #(WIDTH=7);
logic [WIDTH-1:0]   val;
...
endclass
```

尽管这样的定义是允许的，但是像如下的定义那样添加关键字 parameter，会使得 parameter 常量的属性更加明确。

```
class vector #(parameter WIDTH=7);
logic [WIDTH-1:0]    val;
...
endclass
```

在 parameter 常量的定义中，不仅可以指定数值，还可以进行类型的指定和定义。这一功能在定义 parameter 常量的端口信号列表时非常方便。

> ➤ 例 3-21　parameter 常量类型定义的示例

如下所示，在参数端口信号列表中使用 parameter 常量类型可以进行一个通用类的描述。

```
class sample_t #(parameter type T=logic [1:0]);

function void add(input T a,b,output co,T sum);
   {co,sum} = a+b;
endfunction
endclass
```

在这个类中，定义的功能为 2bit 的加法，但是在使用时可以指定 2bit 以外的位长。例如，如下所示，可以对 T 指定 bit [3 : 0]，进而进行 4bit 的加法。

```
module test;
parameter type ADDER_TYPE = bit [3:0];
sample_t #(ADDER_TYPE)    sample;
ADDER_TYPE    a, b, sum;
bit       co;

   initial begin
      sample = new;
      #10; a = 7; b = 2;
      #10; a = 9; b = 8;
      #10; a = 15; b = 15;
   end

   always @(a,b) begin
      sample.add(a,b,co,sum);
      $display("@%0t: a=%b(%2d) b=%b(%2d) {co,sum}=%b(%2d)",
               $time,a,a,b,b,{co,sum},{co,sum});
   end
endmodule
```

对于类 sample_t 的 parameter 常量类型 T，指定了 bit [3:0]

执行后会得到以下的结果。通过结果可以确认，执行的是 4bit 的加法运算。

```
@10: a=0111( 7) b=0010( 2) {co,sum}=01001( 9)
@20: a=1001( 9) b=1000( 8) {co,sum}=10001(17)
@30: a=1111(15) b=1111(15) {co,sum}=11110(30)
```

3.17 const 常量

const 表示的是常量属性，具有这个属性的常量具有只读的性质。通常的 const 常量，其值可以在声明时进行初始化。但是，被声明为 automatic 等的 const 常量，其值需要在执行时进行初始化。除此之外，const 常量的值也可以在编译后给定，因此可以如下所示进行声明（详见参考文献 [1]）。

```
const logic option = a.b.c ;
```

执行时确定的 const 常量声明如下 (详见参考文献 [1])。

```
const class_name object = new(5,3);
```

object 为 class_name 类型的 const 常量，所以其值不能改变，但是其类型 class_name 是可以改变的，从而使其成为不同类的成员。

3.18 cast 操作符

cast 操作符可以像 type'(expr) 那样使用，以进行类型的转换。例如：

```
int'(2.0*3.1)
shortint'({8'hAB,8'hCD})
```

在这样的用法中，如果使用整数来代替 type，则可以指定数值的位宽。例如：

```
4'(-1)
```

这样的描述，其作用与 4'b1111 相同。另外，还可以使用 signed 和 unsigned 来代替 type。例如：

```
unsigned'(-4)
signed'(4'b1100)
```

以上这些 cast 操作符的使用情况如例 3-22 所示。

> **例 3-22　cast 操作符的使用示例 (详见参考文献 [1])**
> 下面介绍一些 cast 操作符的使用示例。

```
module test;
int         tmp;
logic [7:0]   regA;
logic signed [7:0]   regS;
string      buffer;

    initial begin
```

```
            tmp = int'(2.0*3.1);

            buffer = $sformatf("%h",shortint'({8'hAB,8'hCD}));
            $display("tmp=%0d %s",tmp,buffer.toupper);

            $display("%b",4'(-1));

            regA = unsigned'(-4);
            regS = signed'(4'b1100);
            $display("regA=%b regS=%0d",regA,regS);
        end
endmodule
```

执行后会得到以下结果。

```
tmp=6 ABCD
1111
regA=11111100 regS=-4
```

3.19 $cast 动态类型转换

$cast 为 SystemVerilog 的系统函数，在执行时进行数据类型的转换。在进行 $cast 的调用时分为函数型调用和过程型调用两种类型。在作为系统过程进行调用时，若转换失败，则会给出执行错误提示。在作为系统函数进行调用时，若转换成功则返回 1，转换失败则返回 0，不会像任务调用那样给出错误提示。$cast 的用法如下。

```
function int $cast( singular dest_var, singular source_exp );
task $cast( singular dest_var, singular source_exp );
```

对 enum 型变量进行类型转换时，$cast 系统调用的使用十分常见，如例 3-23 所示。

> **例 3-23　动态类型转换的示例**

以下给出的是 $cast() 的任务型调用情况。

```
typedef enum { Sunday, Monday, Tuesday, Wednesday, Thursday,
               Friday, Saturday }   week_e;

module test;
week_e    today, day;

    initial begin
        today = Sunday;
```

```
        $cast(day,today+2);
        $display("Today is %s and the day after tomorrow is %s.",
                 today.name, day.name);

        repeat( 7 ) begin
            $cast(day,$urandom_range(Sunday,Saturday));
            $display("%s is randomly picked.",day.name);
        end
    end
endmodule
```

其中，由于 today+2 不被视为 enum 型，因此需要通过 $cast 强制转换为 enum 型。此外，通过本例可以看到，当需要随机得到一周中的任意一天时，使用 $cast() 进行转换是很重要的。本例的执行结果如下。

```
Today is Sunday and the day after tomorrow is Tuesday.
Sunday is randomly picked.
Wednesday is randomly picked.
Sunday is randomly picked.
Tuesday is randomly picked.
Saturday is randomly picked.
Wednesday is randomly picked.
Saturday is randomly picked.
```

3.20 便利的初始值设置

3.20.1 位值扩展

在 Verilog 中，如果某个值的描述仅有一个最高位，如仅为 x 或 z，则会自动将该位值向左扩展。例如：

```
logic [127:0] v = 'bx;
```

在这样的定义中，变量 v 的所有位均将被设置为 x。同样地，也可以通过仅有一个最高位的其他值将变量值的所有位都设置为 1 等其他值。见表 3-13，SystemVerilog 引入了 '0、'1、'x、'z 等位值扩展。这些位值的长度是可变的，其长度由运算对象的长度决定。

表 3-13 可变长度位值的种类

可变长度位值	作用
'0	所有 bit 位的值均设置为 0
'1	所有 bit 位的值均设置为 1
'x 或 'X	所有 bit 位的值均设置为 x
'z 或 'Z	所有 bit 位的值均设置为 z

如下所示，变量 v 的所有位值均被设置为 1。

```
v = '1;
```

这与以下描述得到的结果相同。以下表达式的右半部分，常被用作模式指定的赋值语句中。

```
v = '{ default:1 };
```

在此形式的基础上可以进行如下所示的位值设定。由此可见，这样的位值设定具有一定的灵活性。

```
v = '{ 3:0, default:1 };
```

可变长度位值设定仅适用于所有位值均相同的情况。

➤ 例 3-24　可变长度位值设定的使用示例

在本例中，通过 'x 替代 4'bx 进行位值的设定。这样的替代因为省去了位数设定的步骤，所以是一种很方便的设定方法。

```
module mux(input [3:0] a,b,logic s,output [3:0] out);
logic [3:0]   _out;

assign out = (s == 1'b0 || s == 1'b1) ? _out : 'x;

   always @(a,b,s)
      if( s == 1'b0 )
         _out = a;
      else
         _out = b;
endmodule
```

在本例中，虽然特意使用了连续赋值语句，但如下所示，使用 case 语句的方法是比较自然的方法。此外，为了将输出端口 out 作为变量使用，必须在端口信号列表上将其指定为 logic 型。

```
module mux(input [3:0] a,b,logic s,output logic [3:0] out);

   always @(a,b,s)
      case (s)
      1'b0: out = a;
      1'b1: out = b;
      default: out = 'x;
      endcase
endmodule
```

3.20.2 通过位号的设定

如果要通过位号为 int 型变量进行初始值的设定，此时可使用 SystemVerilog 的位指定功能，如例 3-25 所示。

> **例 3-25 通过位号进行的初始值设定**

在 int 型变量初始值的设定中，可通过位的指定为不同的位设定不同的值，并且可以使用 default 进行其他未指定位的位值设定。

```
module test;
int    state = '{ 31:0, 3:0, default:1 };
logic [15:0] value = '{ 15:1, 14:0, 0:1, default:  'bz };

   initial begin
      $display("state=%b",state);
      $display("value=%b",value);
   end
endmodule
```

执行结果如下。

```
state=01111111111111111111111111110111
value=10zzzzzzzzzzzzz1
```

3.21 引用指针

在 SystemVerilog 中，端口信号的属性除了 input、inout、output 之外，还追加了作为引用指针的 ref 类型。由于 input、inout、output 类型端口信号在模块、任务、函数的调用中会发生值的复制操作，因此被称为值传递。

与此不同的是，对于 ref 类型端口信号，由于端口信号本身被直接传递，所以不会发生值的复制。如果将一个较大的数组指定为参数，那么 ref 类型端口信号在执行效率方面将会更加出色。除此之外，即使在没有指定大数组参数的情况下，也会出现需要 ref 类型端口信号的情况。下面介绍典型的示例。

> **例 3-26 需要使用 ref 类型端口信号的示例**

首先，假设有如下所示的模块。在该模块中，端口信号 a 和 b 在时钟同步下进行状态交换。因此，a 和 b 被定义为 inout 端口信号。从 SystemVerilog 的规则来看，inout 端口信号为 net 型。

```
module swap(input logic clk,inout logic a,b);

   always @(posedge clk) begin
      a <= b;
      b <= a;
   end
endmodule
```

> 由于变量 a 和 b 均为 net 型，所以会出错

但是，由于 net 型数据无法在 always 模块中进行赋值，因此在该描述中会发生语法错误。

另一方面，由于 inout 端口信号不能成为 var（变量），所以不能将 a 和 b 指定为 var。剩下的选项是将其指定为 ref 类型端口信号，并通过 ref 类型端口信号解决问题，如下所示。

```
module swap(input logic clk,ref logic a,b);

   always @(posedge clk) begin
      a <= b;
      b <= a;
   end
endmodule
```

如果不使用 ref 类型端口信号，为了避免问题的出现，必须像下面那样使用中间变量。

```
module swap(input logic clk,inout logic a,b);
logic   ta, tb;

assign a = ta;
assign b = tb;
   always @(posedge clk) begin
      ta <= b;
      tb <= a;
   end
endmodule
```

第 4 章

由多个元素组成的数据类型

本章介绍由多个元素构成的 SystemVerilog 复合数据类型。本章以以下数据类型及方法为主题进行介绍。
- 结构体。
- 共用体（联合体）。
- 数组。
- 数组的方法。

虽然类也是由多个元素构成的类型，但因为其自身成为一个单独的类型，所以将在第 5 章集中进行介绍。数组有以下几个子类型。
- 固定大小的数组。
- 动态数组。
- 关联（associative）数组。
- 队列。

关于这些数组的内容将在本章进行介绍。

4.1 结构体

结构体是将多个元素组合为一个集合的数据类型，其各个成员可以有不同的数据类型。对于一个结构体数据可以以数据元素为单位对其进行操作，也可以以集合整体为单位对其进行操作。与类不同，结构体不包含方法的定义，仅由表示数据的数据元素构成。结构体的定义使用以下语法（详见参考文献 [1]）进行。

```
struct [ packed [ signing ] ] { struct_member { struct_member } }
    { packed_dimension }
```

正如结构体定义语法所示，结构体定义中具有紧凑（packed）描述的选项。与此相对的，在不给出紧凑描述时为非紧凑（unpacked）结构体，即非紧凑为默认类型，此时省略了限定符 packed。也就是说，如果没有明确指定限定符 packed，则结构体为非紧凑。

在紧凑结构体中，所有数据元素均被放置于连续的内存单元中，因此需要将整个结构体作为一个整体来处理。除此之外，紧凑结构体的所有数据元素都必须是 integral（整数）数据类型。

在非紧凑结构体的情况下，不需要保证数据元素被放置在连续内存单元中，各数据元素可以分别进行操作。但是，除了初始化操作以外，非紧凑结构体的各数据元素不能作为一个整体来同时进行操作。

结构体数据单个数据元素的定义可以在结构体数据元素（struct_member）中进行。此外，可以在紧凑维度（packed_dimension）中定义适用于结构体元素的位宽。在指定了紧凑维度时，则对应的结构体必须是紧凑结构体。

> ### 例 4-1　结构体定义示例

结构体的定义示例如下所示。

```
struct { bit [7:0] r, g, b; }              rgb;
typedef struct { bit [7:0] r, g, b; }      color_s;
typedef struct { string name; int price; } food_s;
```

其中，rgb 为一个 anonymous 结构体变量，即结构体类型是不具名的（匿名）。另一方面，color_s 和 food_s 被定义为结构体数据类型。在结构体的定义中，如 food_s 的定义那样，可以分别指定数据元素的数据类型。如 color_s 的定义那样，当数据元素的数据类型相同时，可以用逗号分隔各数据元素的名称。

通过以上这些结构体类型和变量的定义，可以进行如下所示的结构体数据使用和操作。

```
module test;
color_s   color;
food_s    food;

   initial begin
      rgb.r = 0;
      rgb.g = 255;
      rgb.b = 255;

      color.r = 255;
      color.g = 100;
      color.b = 64;

      $display("rgb=(%0d,%0d,%0d) color=(%0d,%0d,%0d)",
               rgb.r,rgb.g,rgb.b,color.r,color.g,color.b);

      food.name = "bread";
      food.price = 250;
      $display("food=(%s,%0d)",food.name,food.price);
   end
endmodule
```

使用变量名、点和元素名访问结构体变量的各个数据元素。

如本例所示，在引用数据元素时需要使用通过结构体变量名附加一个点来进行。之所以如此，是因为数据元素名称在结构体之外是看不到的，所以必须通过表示结构体的变量名以及使用点的数据元素名称来进行。

在 SystemVerilog 中进行的例程调用，可以将结构体指定为例程的参数。此时，如果调用参数较多的话，使用结构体作为参数可以使得调用得到简化。

4.1.1 紧凑结构体

在紧凑结构体的情况下，由于可以将结构体作为一个整体来处理，所以可以进行方便的描述。为了便于理解，在此给出了如下示例。

> ➤ 例 4-2 紧凑结构体定义示例

首先，按如下方式定义了一个紧凑结构体。

```
struct packed signed {      // 紧凑有符号结构体
  int       a;              // 'a' 位于 MSB 侧
  shortint  b;
  byte      c;
  bit [7:0] d;              // 'd' 位于 LSB 侧
} pack1;
```

其中，变量 pack1 为 anonymous（匿名）类型的结构体变量。在这种情况下，pack1 一定需要占用 64 位的连续存储区域。需要注意的是，变量 pack1 的 4 个数据元素 a、b、c、d 的值是按图 4-1 所示依次存放的。其中，数据元素 a 位于 64 位连续存储区域的最高有效位（MSB）侧，数据元素 d 位于最低有效位（LSB）侧。

63		16	8	0
a (32bit)		b (16bit)	c (8bit)	d (8bit)

图 4-1 紧凑结构体变量 pack1 的存储安排

为了确认结构体变量 pack1 的存储情况是否与图 4-1 所示一致，在此准备了以下的测试程序，通过测试执行结果加以验证。其中，系统函数 $bits（pack1）返回结构体变量 pack1 所占用的位数。

```
program automatic test;

  initial begin
    $display("$bits(pack1)=%0d",$bits(pack1));
    pack1.b = -1;
    pack1[15:8] = 8'hab;        // 访问 c
    pack1[62] = 1;
    $display("pack1=%h pack1[15:8]=%h",pack1,pack1[15:8]);
  end

endprogram
```

执行此测试程序可获得以下结果。

```
$bits(pack1)=64
pack1=40000000ffffab00 pack1[15:8]=ab
```

由此可以得知，结构体变量 pack1 被确认占用了 64 位的存储空间，所有数据元素都位于连续的内存区域中，并且能够按照数据元素所在的存储区域进行数据元素的引用。需要注意的是，结构体变量的首个数据元素被放置在存储区域的最高有效位（MSB）一侧。

4.1.2 结构体的赋值

对于一个结构体变量，虽然可以分别为其各个数据元素进行初始化，但也可以对其所有数据元素进行整体初始化。整体初始化可以使用结构类型 '{...} 进行。在此，为了便于理解，给出以下示例进行说明。

> 例 4-3 结构体赋值的示例

首先，将 packet 声明为以下结构体类型。

```
const int START = 100;
typedef struct {
   int    addr = 1 + START;
   int    crc;
   byte   data [4] = '{4{1}};
} packet;
```

然后，如下所示，使用 packet 结构体类型进行变量 pkt 的声明。在变量 pkt 的初始化中不是对各个数据元素单独进行赋值，而是使用结构体常量为其进行整体赋值。

```
program automatic test;
packet    pkt;
   initial begin
      print(pkt);

      pkt = '{ 1, 2, '{ 3, 4, 5, 6 } };      // 结构体变量
      print(pkt);
   end

function void print(packet p);
   $display("addr=%0d crc=%0d data={%0d,%0d,%0d,%0d}",
            p.addr, p.crc, p.data[0], p.data[1], p.data[2],p.data[3] );
endfunction

endprogram
```

执行此操作可获得以下结果。

```
addr=101 crc=0 data={1,1,1,1}
addr=1 crc=2 data={3,4,5,6}
```

4.2 共用体

共用体（union）是一种可以用不同名称引用同一个数据对象的数据类型。与结构体一样，共用体也有紧凑共用体（packed union）的概念。与结构体的区别在于共用体的数据元素共享同一个存储区域。共用体的定义使用以下语法（详见参考文献 [1]）进行。

```
union [ tagged ] [ packed [ signing ] ]
  { union_member { union_member } } { packed_dimension }
```

一个共用体数据对应于一个存储区域，并可以以多个不同的元素名称引用该存储区域的数据，但该存储区域每次只能存储一个数据元素。也就是说，共用体的数据存储区域是一个互斥的存储区域，相当于存在一个数据元素的单选框。共用体类型和变量的声明以及变量的引用如下所示。

```
typedef union { int value; string ascii_format; } data_u;
data_u    data;
data.value = 100;
```

其中，共用体变量拥有两个数据元素，但每次只能使用其中一个。例如，在上述示例中，如果对数据元素 value 进行赋值，则只能进行数据元素 value 的引用。如果需要引用数据元素 ascii_format，则必须先通过该数据元素的名称对其进行赋值。共用体变量数据元素的赋值相当于按下了与其对应的单选按钮。让我们来看一下以下示例进行的操作。

```
data.value = 100;                                   // ok
$display("value=%0d",data.value);                   // ok
$display("ascii_format=%s",data.ascii_format);      // improper
data.ascii_format = "value is 100";                 // ok
$display("ascii_format=%s",data.ascii_format);      // ok
```

其中，给出 ok 注释的操作为正常操作，给出 improper 注释的操作为不正常操作。虽然共用体的目的是为了存储区域的共享，多个数据元素共享同一个存储区域，但是通常允许各数据元素具有不同的数据类型。乍看起来，共用体似乎具有降低内存使用量的效果，但实际上这样的存储区域共享在执行上的执行开销很大。因此，如果没有特殊目的，共用体是应该避免使用的数据类型之一。SystemVerilog 的共用体并不像 C/C++ 那样具有较高的使用率。

例 4-4 共用体的定义示例

共用体的定义和使用方法如本例所示。在本例中，ivalue（整型数值）、fvalue（浮点型数值）和 svalue（字符串）在逻辑上位于同一位置。物理上是否确保存储于同一存储区域取决于所用仿真器的实现方式，这一点需要咨询各个仿真器的供应商。

```
typedef union {
   int       ivalue;
   shortreal fvalue;
   string    svalue;
} value_u;
```

在上述共用体类型定义的基础上可以进行以下共用体变量的定义和引用。从中可以看出，可以用与结构体完全相同的方法进行共用体变量的引用。

```
module test;
value_u    val;

   initial begin
      val.ivalue = 100;
      $display("val.ivalue=%0d",val.ivalue);

      val.fvalue = 3.14;
      $display("val.fvalue=%g",val.fvalue);

      val.svalue = "IEEE";
      $display("val.svalue=%s",val.svalue);
   end
endmodule
```

本例的执行结果如下。

```
val.ivalue=100
val.fvalue=3.14
val.svalue=IEEE
```

在共用体变量的引用中，给出的数据元素值类型必须与所引用数据元素的类型相一致，如果不一致，则会导致执行错误的发生。例如，将 svalue（字符串）数据元素赋值为"IEEE"后，如果将其以 fvalue（浮点型数值）进行引用，则可能会陷入异常状态。

4.2.1 紧凑共用体

与紧凑结构体一样，紧凑共用体（packed union）也可以作为一个数据对象进行整体引用。但是，这样的整体引用要求共用体的每个数据元素必须是 integral（整数）类型。并且，如果没有 tagged（标记），则所有数据元素都必须具有相同的位宽。紧凑共用体的定义语法如下（详见参考文献 [1]）。

```
union [ tagged ] packed [ signing ]
   { union_member { union_member } } { packed_dimension }
```

> **例 4-5　紧凑共用体的定义示例**

本例所示为一个紧凑共用体的定义。在这种情况下，所有数据元素都必须具有相同的位宽。

```
typedef union packed {
   shortint           short_value;
   bit[1:0][7:0]      byte_value;
   bit [15:0]         bit_value;
} slice_u;
```

以下是其引用示例。

```
module test;
slice_u u;

initial begin
   u = 16'habcd;
   $display("u.short_value=%h",u.short_value);
   $display("upper=%h lower=%h",u.byte_value[1],u.byte_value[0]);
   $display("u[15:8]=%h u[7:0]=%h",u[15:8],u[7:0]);
   $display("u=%h",u);
end
endmodule
```

执行此操作可获得如下结果。

```
u.short_value=abcd
upper=ab lower=cd
u[15:8]=ab u[7:0]=cd
u=abcd
```

4.2.2　标记共用体

标记（tagged）共用体是一种具有类型检查功能的共用体数据类型。在这种标记共用体的情况下，当给定数据的标记与引用数据元素的标记不一致时，将出现执行错误。标记共用体定义的语法如下（详见参考文献 [1]）。

```
union tagged [ packed [ signing ] ]
  { union_member { union_member } } { packed_dimension }
```

> 例 4-6　标记共用体的定义示例

```
typedef union tagged {          // 标记共用体
  real      r;
  string    name;
} rvalue_u;
```

以下为其引用示例。

```
module test;
rvalue_u   val;

  initial begin
    val = tagged r 123.456;                          // 设置标签为 r
    val = tagged name $sformatf("%g",val.r);         // 设置标签为 name
    $display("val.name=%s",val.name);                // 当前标签为 name
    $display("val.r=%g",val.r);                      // 由于读取了 r 成员而导致错误
  end
endmodule
```

其中，在 val.name 被赋值了字符串"123.456"后，由于进行了 val.r 的引用，因此导致了标记的不一致。执行后会得到以下的结果。

```
val.name=123.456
#-W Inconsistent use of a tagged member: write=name read=r
val.r=0.0
```

4.3　紧凑数组和非紧凑数组

在 SystemVerilog 中，将名称前面具有紧凑维度（packed dimensions）定义的变量称为紧凑（packed）数组，将名称后面具有非紧凑维度（unpacked dimensions）定义的数组称为非紧凑（unpacked）数组。关于这样的维度定义示例如图 4-2 所示。

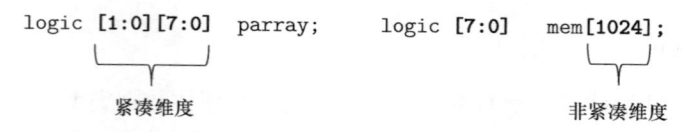

图 4-2　紧凑维度与非紧凑维度的定义

在这种情况下，所定义的紧凑数组是一个二维数组。但一维紧凑数组的定义也是可以的，并被称为矢量（vector）。此外，上述 [1024] 的维度定义是 [0:1023] 的简化形式。

当采用 [d1:d2] 的形式进行维度定义时，可以是 d1<d2，也可以是 d1>d2。在矢量的情况下，d1 表示 MSB（最高有效位）的位置，d2 表示 LSB（最低有效位）的位置。

4.3.1 紧凑数组

紧凑数组声明使得矢量的分段操作成为可能，声明为紧凑数组能够保证矢量的位在连续区域中存储。

> **例 4-7 紧凑数组的示例**

在本例中，定义了一个 2 字节的紧凑数组 bytes。

```
module test;
bit [2:1][7:0]  bytes;     // 紧凑数组

  initial begin
     bytes = { 8'hab, 8'hcd };
     $display("bytes[2][7:4]=%h bytes[1][3:0]=%h", bytes[2][7:4],bytes[1][3:0]);
  end
endmodule
```

其中，bytes[2] 和 bytes[1] 被存储在物理上连续的区域中（见图 4-3）。

bytes																
bytes[2]								bytes[1]							
[7]	[6]	[5]	[4]	[3]	[2]	[1]	[0]	[7]	[6]	[5]	[4]	[3]	[2]	[1]	[0]

图 4-3 bytes 的存储结构

对于这样的一个紧凑数组变量，bytes 可以作为一个整体进行引用，也可以将其最高位引用为 bytes[2][7]，将其最低位引用为 bytes[1][0]。在此，bytes[2] 的位处于比 bytes[1] 更高的位置。如本例所示，还可以对一个紧凑数组变量进行分段赋值。执行后会得到以下结果。

```
bytes[2][7:4]=a bytes[1][3:0]=d
```

4.3.2 非紧凑数组

非紧凑数组与紧凑数组不同，是不连续存储的数组。也就是说，不能保证数组元素在连续的存储区域存储。由于存储位置的不连续，所以被称为非紧凑数组。

例 4-8 非紧凑数组的示例

如本例所示,非紧凑数组在变量名之后进行维度的指定。

```
bit [7:0] name[3:0];
```

在这样的定义中,name 具有 4 字节的大小。虽然可以单独引用 name[0]、name[1]、name[2]、name[3],但这些字节不是连续存储的。不过每个字节都是 8 位的紧凑数组,如图 4-4 所示,4 字节被分别存储。

| name[3] | | name[2] | | name[1] | | name[0] |

图 4-4 不连续的非紧凑数组 "name"

参考 4-1 非紧凑数组只需指定大小即可完成声明。例如,以下两个声明具有相同的效果。

```
shortint    matrix[0:7][0:127];
shortint    matrix[8][128];
```

也就是说,在非紧凑数组的声明中,[N] 具有与 [0:N–1] 相同的效果。但是,这样的仅通过大小进行的声明不能用于紧凑数组。

4.3.3 数组的引用

为非紧凑数组赋值时,可以使用结构类型的数组实量 '{…} 进行。例如:

```
real    r[3] = '{ 1.2, 3.4, 5.6 };
```

此时,r[0]=1.2,r[1]=3.4,r[2]=5.6。使用结构类型的数组实量 '{…} 进行赋值,其优点是一次可以进行多个元素的赋值,如例 4-9 所示。

例 4-9 数组实量初始化的示例

在本例中,数组在声明时进行了初始化。可以看到,通过结构类型数组实量 '{…} 的使用可以一次进行多个数组元素相同值的赋值。例如,3{4} 重复进行 4 的 3 次赋值。除此之外,如本例所示,结构类型 '{…} 还可以进行嵌套。

```
module test;
int    a[1:2][1:3] = '{ '{0,1,2}, '{3{4}} };  // 数组实量

  initial begin
     $display("a[2]=(%0d,%0d,%0d)",a[2][1],a[2][2],a[2][3]);
     $display("a[1]=(%0d,%0d,%0d)",a[1][1],a[1][2],a[1][3]);
  end
endmodule
```

本例的执行可获得以下结果。

```
a[2]=(4,4,4)
a[1]=(0,1,2)
```

除此之外，在结构类型的数组实量 '{…}' 中还可以使用数组元素的索引，这一功能能够简化数组的初始化操作，如例 4-10 所示。

> **例 4-10 使用数组元素索引的数组实量示例**

本例输出从 1 月到 12 月的每个月的天数。因为 2 月有 28 天，所以指定为 2:28。此外，因为 1 年中 31 天的月份较多，所以使用 default:31 进行指定，并对 1 年中 30 天的月份分别进行指定。

为了取得月份的名称，在此使用 enum（枚举）数据类型进行月份的表示。其中，enum 的标签从 1 开始，以使得月份与其名称相对应。需要注意的是，在以下的示例中使用了 $cast() 进行数据类型的转换。另外需要说明的是，除了使用 enum 数据类型的方法以外，也有其他不同的实现方法。例如，使用关联数组也可以轻松完成。此外，在此使用了 foreach（循环）语句按顺序进行月份的扫描。

```
module test;
enum { January=1, February, March, April, May, June, July,
       August, September, October, November, December } month;
int    days[1:12] = '{ 2:28, 4:30, 6:30, 9:30, 11:30, default:31 };

  initial begin
    foreach(days[i]) begin
        $cast(month,i);
        $display("%s=%0d",month.name,days[i]);
    end
  end
endmodule
```

执行后的结果如下。

```
January=31
February=28
March=31
April=30
May=31
June=30
July=31
August=31
September=30
October=31
November=30
December=31
```

4.3.4 紧凑数组的引用

在需要引用紧凑数组的部分数据元素时，这样的部分数据元素的引用很容易实现。这一点，通过以下示例可以很清楚地看到。

> **例 4-11　紧凑数组的引用**

对于紧凑数组，可以很容易地进行数据元素的分段引用。

```
module test;
logic [31:0] v32 = 32'hab_cd_ef_12;
logic [7:0]  v8;

   initial begin
      v8 = v32[15:8];          // 提取 "ef"
      $display("v8=8'h%h",v8);

      v8 = v32[24 +: 8];       // 提取 "ab"
      $display("v8=8'h%h",v8);

      v8 = v32[23 -: 8];       // 提取 "cd"
      $display("v8=8'h%h",v8);
   end
endmodule
```

其中，v32[24 +: 8] 表示的意思为紧凑数组变量 v32 中，从第 24 位开始的上位方向 8bit 的值，即为 8'hab。v32[23 −: 8] 表示的意思为紧凑数组变量 v32 中，从第 23 位开始的下位方向 8 bit 的值，即为 8'hcd。本例执行后会得到以下结果。

```
v8=8'hef
v8=8'hab
v8=8'hcd
```

4.4 动态数组

SystemVerilog 允许在执行时确定数组的大小，这种数组被称为动态数组。动态数组仅适用于非紧凑数组，并且必须使用 new（新建）构造函数为其分配存储区域。对于未分配存储区域的动态数组，其大小为 0。如果在未分配存储区域的情况下引用一个动态数组，通常会发生异常终止。动态数组声明时不指定数组的大小，如下所示。

```
int   iarray[];
```

上述示例声明了一个动态数组 iarray。在使用 iarray 之前，需要使用 new 构造函数为该动态数组分配存储区域。如下所示，在以下情况下，动态数组 iarray 的大小为 5，数组数据元素可以使用 0～4 的索引。

```
iarray = new[5];
```

动态数组不一定只用于在执行时分配存储区域的情况。例如，在定义数组时，为了省去列举数组元素的数量，也可以使用动态数组。如下所示，使用数组实量进行的动态数组定义不需要计算数组元素的数量。

```
int    iarray[] = '{ 1, 2, 3, 4, 5 };
```

这样定义的话，将定义数组 iarray 的大小为 5。也就是说，除了与 new[5] 相同的效果之外，还附加了为数组分配初始值的功能。在此，iarray[0]==1，iarray[1]==2，…，iarray[4]==5。除此之外，这样的定义方法还具有只需向数组元素添加或删除值就可以扩展或缩小数组的优点。

4.4.1 适用于动态数组的方法

动态数组具有以下构造函数及方法。
- new[ ] 构造函数。
- size() 方法。
- delete() 方法。

这些构造函数和方法的功能见表 4-1。

表 4-1 适用于动态数组的方法和构造函数

方法和构造函数	功能
new[ ]	使用 new[ ] 构造函数进行动态数组的初始化。为数组分配存储区域时，可通过设置初始值进行，也可以通过其他数组的复制进行 示例： bit state[ ]=new[10] ; int data[ ]=new[5](2) ;
function int size() ;	返回数组大小的方法 示例： byte bar[ ] ; ... if(bar.size()==0) bar=new[8] ;
function void delete() ;	一种清空数组的方法。如果调用此方法，则数组的大小变为 0，并且数组为空，此时不能进行数组元素的引用或赋值 示例： int value[ ]=new[50] ; ... value.delete ;

例 4-12　new[ ] 构造函数的应用示例

new[ ] 构造函数不仅可以为数组分配空间，还可以同时进行初始化操作。本例介绍了这些便利的使用方法。

```
module test;
shortint  sarray[], v10[], copied[],
          fixed[6] = '{ 1, 2, 3, 4, 5, 6 };

   initial begin
      sarray = new[5];       // (0,0,0,0,0)
      print("sarray",sarray);

      v10 = new[5](10);      // (10,10,10,10,10)
      print("v10",v10);

      copied = new[$size(fixed)](fixed); // (1,2,3,4,5,6)
      print("copied",copied);
   end
function void print(string msg,shortint a[]);
   $write("%s=",msg);
   foreach(a[i])
      $write(" %0d",a[i]);
   $display;
endfunction
endmodule
```

上述描述所定义数组的配置见表 4-2。

表 4-2　数组声明状态

数组	大小	说明
sarray	5	大小为 5 的动态数组，数据元素为 shortint（16 位整数类型），初始值均为默认值 0
v10	5	大小为 5 的动态数组，数据元素为 shortint（16 位整数类型），初始值均被初始化为 10
fixed	6	具有固定大小的数组，初始值为（1,2,3,4,5,6）
copied	6	虽然是动态数组，但通过复制数组 fixed（固定长度数组）的大小和内容进行了初始化

执行后得到以下结果。

```
sarray= 0 0 0 0 0
v10= 10 10 10 10 10
copied= 1 2 3 4 5 6
```

4.4.2 数组的复制

在上述示例中，除了介绍了之前介绍过的动态数组存储区域分配外，还介绍了将具有固定大小的数组复制到动态数组的动态数组初始化方法。这里所称的"复制"指的是，不仅按照固定大小数组的区域大小为动态数组分配存储区域，还将固定大小数组的数组元素复制给动态数组。例如，如下所示可以用固定大小的数组 a 初始化动态数组 b。

```
int    a[10:1] = '{ 1, 2, 3, 4, 5, 6, 7, 8, 9, 10 };
int    b[];
b = a;
```

经过上述复制操作后，数组 b 具有与数组 a 相同的内容，但 a 和 b 分别占有不同的存储区域。如果在进行数组复制之前已为动态数组 b 分配了空间，则首先需要对数组 b 应用 delete（删除）方法对其进行清空删除，然后才能进行数组的复制。除此之外，数组复制的特殊示例还包括如下所示的操作。

```
int    b[];
...
b = '{ 10{1} };
```

动态数组 b 被初始化为 10 个 1。

▷ 例 4-13 数组的复制

代替 new[ ] 构造函数的动态数组存储区域分配，可以通过从其他数组的复制来进行动态数组存储区域分配，如本例所示。

```
module test;
int    a[10:1] = '{ 1, 2, 3, 4, 5, 6, 7, 8, 9, 10 };
int    b[], c[];

   initial begin
      print("a",a);    // (1,2,3,4,5,6,7,8,9,10)
      b = a;
      print("b",b);    // (1,2,3,4,5,6,7,8,9,10)
      c = '{ 8{-2} };
      b = c;
      print("b",b);    // (-2, -2, -2, ..., -2 )
   end

function void print(string msg,int ar[]);
   $write("%s:",msg);
   foreach(ar[i])
      $write(" %0d",ar[i]);
   $display;
```

```
endfunction
endmodule
```

因为数组 b 是动态数组,所以本来需要用 new[ ] 构造函数进行存储区域分配,但在此是通过具有固定大小的数组 a 的复制来直接决定的。

通过以下的操作

```
b = a;
```

使得 b 具有与 a 相同的内容。同时根据该操作,数组 b 的大小也为 10。

但是需要注意的是,以下操作

```
b = c;
```

与上述 b=a 的操作是不同的,该操作重新定义了数组 b。具体来说,这个操作包括了以下两个动作

```
b.delete();
b = new [c.size()](c);
```

最终,数组 b 的大小为 8。具体的执行结果如下。

```
a: 1 2 3 4 5 6 7 8 9 10
b: 1 2 3 4 5 6 7 8 9 10
b: -2 -2 -2 -2 -2 -2 -2 -2
```

> **例 4-14　动态数组的初始化**

如本例所示,动态数组也可以在执行时通过数组实量进行初始化。

```
module test;
string    random[1:5] = '{ "e", "b", "f", "c", "d" };
string    ordered[];

  initial begin
    ordered = '{ "a", random[2], random[4:5], random[1], random[3], "gLast" };

    $write("ordered:");
    foreach(ordered[i])
       $write(" %s",ordered[i]);
    $display;
  end
endmodule
```

如此可以进行动态数组 ordered 的定义,而不使用 new[ ] 构造函数,执行结果如下。

```
ordered: a b c d e f gLast
```

4.5 关联数组

在能够计算出所需数组的大小且所使用数组的索引是连续的情况下，动态数组是一个方便且高效的手段。如果不能满足这些条件，则使用关联（associative）数组将更加有效。关联数组特别适合于索引值离散分布的数组。例如，以遵循字典顺序的 string（字符串）类型数据为索引的情况，即为关联数组的典型应用。

4.5.1 关联数组概述

如图 4-5 所示，关联数组是返回与给定搜索索引值对应数据的映射。其中，索引具有固有的自然顺序。

图 4-5 关联数组的功能

关联数组可以用于具有离散索引的数组。对于关联数组来说，其索引可以指定为各种不同的数据类型。在验证领域，经常需要使用以下类型的数据作为数组的索引。

- string。
- process。
- 类对象。

关联数组定义的语法如下（详见参考文献 [1]）。

```
data_type array_id [ index_type ];
```

例如，如下的关联数组声明。

```
bit    state[process];
int    data[string];
```

其中，state 是具有 process 类型索引的关联数组，数组的数据元素类型为 bit。data 是具有 string 类型索引的关联数组，数组的数据元素类型为 int。关联数组与动态数组不同，在声明时数组即有效。也就是说，在声明时即会创建一个元素数量为 0 的关联数组。因此，不需要通过 new[ ] 构造函数进行存储区域的分配。关于关联数组的索引类型，有表 4-3 所示的几种可用格式。

4.5.2 关联数组数据元素的添加及更新

对于 SystemVerilog 的关联数组，其主要特点是，在不具备用连续索引值表示数组元素的条件时，这种方法是非常有效和方便的。当关联数组中的元素不存在时，将发生以下情况之一。

- 关联数组元素用于 LHS（Left-Hand-Side，左式）时，将自动为其分配数据元素存储区域，并将其值设置为 LHS 的值。

表 4-3 关联数组的索引类型

索引类型	说明
[*]	通配符索引类型，可以使用任意整数表达式作为索引。但是，4-state 型的值不能作为索引使用
[string]	string（字符串）索引类型。字符串遵循字典顺序，空字符串也允许作为索引
[class]	以类对象作为索引类型。因为类对象相当于 C++ 中的指针，所以也允许空指针（null）作为索引。索引的顺序是固定的，但也会根据实际执行的仿真器不同而发生变化。一般来说，可以认为对象的地址即为其索引值
[integer] [int] [shortint] [byte] [longint]	以整数作为索引类型。但是，4-state 型的值不能作为索引使用

- 如果关联数组元素未用于 LHS，则返回数组元素的默认值，而不分配元素。

换言之，为了避免关联数组数据元素的自动更新，必须先确认数据元素是否存在，然后才能对其进行操作。如果忽略这一考虑，可能需要大量的时间来查明意外结果产生的原因。

➢ 例 4-15 关联数组元素更新示例

在本例中，假设要计算设计中需要使用的网络延时。数组 net_delay（网络延时）用于各网络延时计算值的存储。首先，假设各网络都有一个基本的延时 10（10 个时间单位）。然后，假设网络延时与端口的数量成正比，那么基本延时 10 即被定义为数组 net_delay 的标准值。

```
module test;
int     net_delay[string] = '{ default : 10 };
string key;

   initial begin
      key = "n1";
      net_delay[key] += 50;
      $display("%s=%0d",key,net_delay[key]);   // 60

      net_delay[key] += 70;                    // 130
      $display("%s=%0d",key,net_delay[key]);
   end
endmodule
```

本例用于网络 n1 的延时计算。首先计算 n1 的端口数量，求得其延时为 50，然后进行关联数组数据元素的更新。更新处理的表达式为 net_delay[key] + = 50。此时，由于数据元素 n1 不存在于关联数组中，因此需要在数组中进行数据元素 n1 的添加，然后再用默认值 10 加上延时 50 的结果对其进行更新。因此，此时的 net_delay["n1"]==60。

然后继续搜索 n1 的端口，求得新的延时为 70，在此进行关联数组数据元素的更新。其更新处理表达式为 net_delay[key] + = 70。此时，由于网络 n1 存在于数组中，因此只需加上新增的延时 70 即可。所以有 net_delay["n1"]==130。执行结果如下。

```
n1=60
n1=130
```

4.5.3 适用于关联数组的方法

适用于关联数组的方法见表 4-4，这些方法可用于关联数组的操作。

表 4-4 适用于关联数组的方法

方法	功能
function int num() ; function int size() ;	返回关联数组中数据元素的数量
function void delete ([input index]) ;	如果给定索引值，删除以 index 为索引的数据元素。如果该数据元素不存在，则不执行任何操作 如果索引被省略，则删除数组中的所有数据元素
function int exists (input index) ;	检查是否存在具有给定索引值的数据元素。存在返回 1，不存在返回 0
function int first (ref index) ;	将关联数组中第一个数据元素的索引值（最小索引值）赋给 ref index 索引变量 如果关联数组为空，则返回函数值 0。非空时返回函数值 1
function int last (ref index) ;	将关联数组中最后一个数据元素的索引值（最大索引值）赋给 ref index 索引变量 如果关联数组为空，则返回函数值 0。非空时返回函数值 1
function int next (ref index) ;	如果存在索引值比给定索引值更大的索引项，则将其中值最小的索引值赋给 ref index 索引变量，并返回函数值 1。如果不存在，则返回函数值 0，ref index 索引变量的值不变
function int prev (ref index) ;	如果存在索引值比给定索引值更小的索引项，则将其中值最大的索引值赋给 ref index 索引变量，并返回函数值 1。如果不存在，则返回函数值 0，ref index 索引变量的值不变

4.5.4 关联数组实量

与动态数组相同，关联数组的初始化也可以使用结构类型的数组实量 '{…} 进行。初始化时，可以通过构成数据元素的"索引值：数据"对指定来实现。这种情况下，因为指定了数据元素的索引值，所以关联数组实量中进行的数据元素描述不存在顺序关系。另外，如此前已介绍的那样，也可以在关联数组实量内指定默认值。如下所示。

```
int        price[string] = '{ default : 100 };
string     area_code[string] = '{ "Tokyo":"03", "Osaka":"06" };
```

用数组实量对关联数组初始化后，即可以对其数组元素进行添加和删除操作。与队列一样，关联数组是具有可伸缩性的数组。

> **例 4-16 关联数组初始化示例**

在本例中，使用关联数组来表示基本元件库中元件的成本。

```
module test;
real    cost[string] = '{ "and2":1.1, "or2":1.2, "xor2":3.0, "xnor2":3.0,
                          "inv":0.5 };
string key;

   initial begin
      if( cost.first(key) )
         do
            $display("%s=%g",key,cost[key]);
         while( cost.next(key) );
   end
endmodule
```

如上所示，在进行关联数组初始化时，使用了用冒号（ : ）分隔的索引值和数据值对。执行后的结果如下。

```
and2=1.1
inv=0.5
or2=1.2
xnor2=3.0
xor2=3.0
```

如下所示，也可以不使用 first() 和 next() 方法，而是简单地逐个扫描整个数组的数据元素。在这种情况下，变量 key 会自动有效，所以不需要声明。

```
module test;
real    cost[string] = '{ "and2":1.1, "or2":1.2, "xor2":3.0, "xnor2":3.0,
                          "inv":0.5 };

   initial begin
      foreach(cost[key])
         $display("%s=%g",key,cost[key]);
   end
endmodule
```

4.6 队列

4.6.1 队列概述

队列是一种可以自由伸缩的数组,是一种可以作为堆栈和 FIFO 队列使用的数据结构。队列的声明可以按如下所示进行。

```
int        qi[$];
string     qs[$:100];
```

其中,qi 是一个具有整数型数据元素的队列,qs 是一个具有 string(字符串)型数据元素的队列。并且,qs 的最大数据元素数量被设定为 100。此时,如果写入数据元素超过了此最大数据元素数量,就会被无视并发出警告信息。队列与关联数组一样,声明时队列就会生效。即一旦声明,队列的数据元素数量即被设定为 0。因此,队列也不需要使用 new[] 构造函数进行新建。

在队列中,与数组一样通过整数型索引访问数据元素。第一个数据元素的索引值为 0,第二个数据元素的索引值为 1。然后,使用索引值 $ 来访问最后一个数据元素。除此之外,还可以根据索引的区间指定来定义一个子队列,如图 4-6 所示。

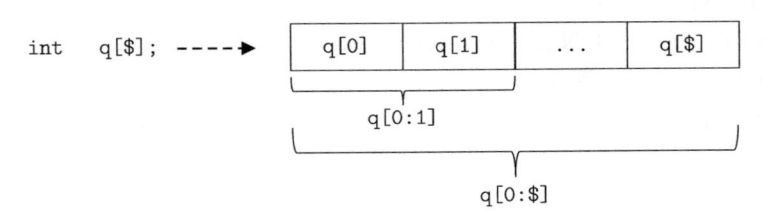

图 4-6 队列是大小为 [0:$] 的数组

队列和数组使用同样的操作方法,但是初始化的方法有所不同。如下所示,在队列的情况下,使用 {...} 的队列实量进行初始化,而不是 '{...} 那样的数组实量。这样初始化,队列 q 就有 3 个数据元素,分别为 q[0]==100、q[1]==200、q[2]==300。

```
int    q[$] = { 100, 200, 300 };
```

> 例 4-17 队列的使用示例

在本例中,介绍声明时数据元素数量为 0 的队列的创建,以及通过队列实量进行内容给定的使用方法。就像本例中的 postfix 一样,可以给队列分配初始值。

```
module test;
byte       empty_queue[$];
string     postfix[$] = { "a", "b", "+", "c", "d", "+", "*" };
```

```
    initial begin
        $display("empty_queue.size=%0d",empty_queue.size);
        $write("postfix:");
        foreach(postfix[i])
            $write(" %s",postfix[i]);
        $display;
    end
endmodule
```

如果看到其中 foreach 语句的使用，就会明白队列 postfix 可以像普通数组一样处理。假设队列的大小为 N，则队列相当于 [0:N−1] 的数组。执行后会得到以下结果。

```
empty_queue.size=0
postfix: a b + c d + *
```

4.6.2　队列的操作

可以将应用于数组的运算应用于队列。与数组不同的是，队列是可以自由伸缩的，其特点是相对于队列 q，q[a:b] 也是一个队列。

q[a:b] 是一个具有 b−a+1 个数据元素的队列。此时，
- 如果 a>b，则为空队列。
- 如果 a==b，则为一个只有一个元素的队列。
- 如果 a < 0，则 q[a:b] 等同于 q[0:b]。

在队列的运算中，{} 是空队列的意思。可以使用 {} 来清空队列，例如，如下所示进行的队列清空操作。

```
string q[$];
...
q = {};
```

这个命令将重置队列 q。可以如下所示通过数组的数据元素对数组赋值。

```
ordered = '{ "a", random[2], random[4:5], random[1], random[3], "gLast" };
```

这样的操作也同样适用于队列。但是，在如下所示的队列赋值的情况下，左侧的队列和右侧的队列实质上是不同的。

```
q = { q[0], q[$] };
```

上述操作等同于如下的操作。

```
tmp = { q[0], q[$] };
q = tmp;
```

例 4-18 队列的操作示例

在此介绍一个在队列实量中包含队列自身数据元素的示例。

```
module test;
int   q[$] = { 2, 4, 8 },
      one = 1;

   initial begin
      print("q",q);                    // {2,4,8}
      q = { one, q[0], 3, q[1:$] };    // {1,2,3,4,8}
      print("q",q);
   end

function void print(string msg,int a[$]);
   $write("%s:",msg);
   foreach(a[i])
      $write(" %0d",a[i]);
   $display;
endfunction
endmodule
```

在本例中，通过队列 q 对其进行了重新定义。执行后会得到以下结果。

```
q: 2 4 8
q: 1 2 3 4 8
```

4.6.3 适用于队列的方法

对于队列，除了适用于数组的方法之外，还可以使用表 4-5 所示的操作方法。

表 4-5 适用于队列的操作方法

方法	功能
function int size() ;	返回队列数据元素的数量
function void insert(input integer index, input element_t item) ;	在给定的位置 (index) 插入元素 (item)。如果位置不正确，就不会插入任何内容
function void delete([input integer index]) ;	给定 index 时，删除 index 位置的数据元素。如果省略了 index，则删除队列的所有数据元素
function element_t pop_front() ;	删除并返回队列最前面的元素
function element_t pop_back() ;	删除并返回队列最后面的元素
function void push_front(input element_t item) ;	在队列的最前面插入一个元素 (item)
function void push_back(input element_t item) ;	在队列的最后面插入一个元素 (item)

例 4-19 队列方法的使用示例

在此介绍一个队列方法的使用示例。注意，q.delete 方法会清空队列。

```
module test;
int     q[$] = { 1, 4, 6 };

   initial begin
      print("q",q);      // {1,4,6}
      q.push_front(0);
      q.push_back(7);
      print("a",q);      // {0,1,4,6,7}
      q.insert(2,2);
      print("q",q);      // {0,1,2,4,6,7}
      q.delete(0);
      print("q",q);      // {1,2,4,6,7}
      q.delete;
      print("q",q);      // {}
   end

function void print(string msg,int a[$]);
   $write("%s:",msg);
   foreach(a[i])
      $write(" %0d",a[i]);
   $display;
endfunction
endmodule
```

执行后会得到以下结果。

```
q: 1 4 6
a: 0 1 4 6 7
q: 0 1 2 4 6 7
q: 1 2 4 6 7
q:
```

4.7 数组信息获取函数

SystemVerilog 增加了用于获取数组信息的系统函数，这些函数的功能将在 18.7 节进行详细介绍。

4.8 数组操作方法

SystemVerilog 具有如下内置方法来进行数组的操作。
- 搜索。
- 排序。
- 计算。

搜索是指在数组中查找满足给定条件的数据元素，或者在队列中查找给定数据元素的索引。排序是指对数组本身进行排序，将数组的数据元素按照一定的规则重新排列。计算是指通过数组的数据元素导出所需的某个值。例如，数组数据元素的求和方法就属于这类计算的一种。通过这些方法的使用，能够显著简化数组的操作，不需要进行数组的扫描和遍历数组的数据元素。

4.8.1 数组搜索方法

数组搜索方法可以应用于包括队列在内的所有非紧凑数组。这些方法用给定的条件搜索数组的数据元素，搜索结果作为列表记录在队列中。搜索结果是数据元素的列表，或者是对数据元素索引的列表。搜索条件通常使用 with 来描述，如下所示。

```
int    qi[$];
...
qi = array.find_index with (item > 3);
```

在上述的搜索示例中，大于 3 的数据元素的索引列表将返回在队列 qi 中。其中，item 是表示数组数据元素的变量，其索引值将由编译器自动给定。表 4-6 给出了需要使用 with 来描述搜索条件的方法。对于表 4-7 的方法，可以省略搜索条件。

表 4-6 需要 with 的数组搜索方法

方法	功能
find ()	返回满足搜索条件的所有数据元素
find_index()	返回满足搜索条件的所有数据元素的索引列表
find_first()	返回满足搜索条件的第一个数据元素
find_first_index()	返回满足搜索条件的第一个数据元素的索引
find_last()	返回满足搜索条件的最后一个数据元素
find_last_index()	返回满足搜索条件的最后一个数据元素的索引

表 4-7　可以省略搜索条件的数组搜索方法

方法	功能
min()	返回最小值
max()	返回最大值
unique ()	返回没有重复的数据元素的列表
unique_index()	返回没有重复的数据元素的索引的列表

➤ 例 4-20　带有搜索条件的数组搜索方法使用示例

下面介绍指定搜索条件的搜索示例。

```
module test;
int    data[] = '{ 10, 1, 20, 30, 1, 50 },
      q[$];

   initial begin
      q = data.find with (item >= 30);
      print("q",q);        // {30,50}
      q = data.find_index with (item >= 30);
      print("q",q);        // {3,5}
      q = data.find_last with (item == 1);
      print("q",q);        // {1}
      q = data.find_last_index with (item == 1);
      print("q",q);        // {4}
      q = data.find_first with (item < 0);
      print("q",q);        // {}
   end

function void print(string msg,int a[$]);
   $write("%s:",msg);
   foreach(a[i])
      $write(" %0d",a[i]);
   $display;
endfunction
endmodule
```

即使搜索结果只有一个数据元素，也必须通过队列返回搜索结果。本例的执行结果如下。

```
q: 30 50
q: 3 5
q: 1
q: 4
q:
```

➢ 例 4-21　可省略搜索条件的数组搜索方法使用示例

在本例中，对于给定数组数据 data[]，依次使用 min()、max()、unique()、unique_index() 方法，完成相应的搜索计算。

```
module test;
int    data[] = '{ 1, 0, 0, 1, 2, 3, 4, 2, 10 },
       q[$];

   initial begin
      q = data.min();
      print("q",q);      // {0}
      q = data.max();
      print("q",q);      // {10}
      q = data.unique();
      print("q",q);      // {1,0,2,3,4,10}
      q = data.unique_index();
      print("q",q);      // {0,1,4,5,6,8}
   end

function void print(string msg,int a[$]);
   $write("%s:",msg);
   foreach(a[i])
      $write(" %0d",a[i]);
   $display;
endfunction
endmodule
```

执行结果如下所示。

```
q: 0
q: 10
q: 1 0 2 3 4 10
q: 0 1 4 5 6 8
```

4.8.2　数组数据元素的排序方法

表 4-8 所列出的方法具有改变数组数据元素顺序的功能，这些方法应用于数组本身，并且进行数组内容的更新。但这些方法不能适用于关联数组。

表 4-8 数组数据元素的排序方法

方法	功能
reverse()	对数组数据元素进行反向排序，不能指定 with 条件
sort()	将数据元素按升序进行排序，可以指定 with 条件
rsort()	将数据元素按降序进行排序，可以指定 with 条件
shuffle()	将数据元素按随机顺序进行排序，不能指定 with 条件

➤ 例 4-22　数组数据元素排序方法的使用示例

在本例中，对于给定数组数据 data[]，依次使用 reverse()、sort()、rsort() 方法，完成相应的排序搜索。

```
module test;
int    data[] = '{ 50, 20, 30, 0, 10, 40 };

   initial begin
      print("data",data);   // {50,20,30,0,10,40}
      data.reverse();
      print("data",data);   // {40,10,0,30,20,50}
      data.sort();
      print("data",data);   // {0,10,20,30,40,50}
      data.rsort();
      print("data",data);   // {50,40,30,20,10,0}
   end

function void print(string msg,int a[]);
   $write("%s:",msg);
   foreach(a[i])
      $write(" %2d",a[i]);
   $display;
endfunction
endmodule
```

执行结果如下所示。

```
data: 50 20 30  0 10 40
data: 40 10  0 30 20 50
data:  0 10 20 30 40 50
data: 50 40 30 20 10  0
```

4.8.3 数组计算方法

数组计算方法是通过数组的多个数据元素导出某个特定值的功能。对于数组计算方法可以指定 with 条件，并按 with 条件进行导出值的计算。表 4-9 列出了数组计算方法，这些方法适用于所有 integral 数据类型的非紧凑数组。数组计算方法返回值的数据类型，原则上与数组数据元素的数据类型相同。

表 4-9 数组计算方法

方法	功能
sum()	返回数组所有数据元素的总和，可以指定 with 条件
product()	返回数组所有数据元素的乘积，可以指定 with 条件
and()	返回数组所有数据元素的按位与 (&)，可以指定 with 条件
or()	返回数组所有数据元素的按位或 (|)，可以指定 with 条件
xor()	返回数组所有数据元素的按位异或 (^)，可以指定 with 条件

> **例 4-23 数组计算方法的使用示例**

以下介绍一个可以按条件进行数组计算并导出特定条件值的示例。需要注意的是计算所指定的条件。

```
module test;
int    data[] = '{ 1, 2, 3, 4, 5 },
       r;
   initial begin
      r = data.sum;
      $display("r=%0d",r);
      r = data.sum with (item*2);         // 对所有数据元素的 2 倍进行求和
      $display("r=%0d",r);
      r = data.sum with (item>3);         // 求大于 3 的数据元素的个数
      $display("r=%0d",r);   // 2
      r = data.sum with ((item>3)*item);  // 对所有大于 3 的数据元素进行求和
      $display("r=%0d",r);   // 4+5=9
   end
endmodule
```

执行结果如下所示。

```
r=15
r=30
r=2
r=9
```

> **例 4-24　数组数据元素求和方法 sum() 的使用示例**

由于数组计算方法返回值的数据类型与数组数据元素的数据类型相同，所以在使用 sum() 方法时，需要注意溢出处理。

在本例中，用数组 run_state[] 来管理进程的执行状态，当前显示有 4 个进程正在执行中。为了显示输出正在执行的进程数，使用 run_state.sum 来进行，但是显示输出的结果为 "0" 而不是 "4"。之所以如此，是因为数组 run_state 的数据元素是 1 位的，所以不足以进行数值 "4" 的表示，从而因为位数的不足产生了溢出，返回数值 "0"。为了得到正确的结果，需要扩展 run_state.sum 的位数。由于数组的大小为 5，所以最少需要 3 位来进行 run_state.sum 的表示。因此，需要像 3'b0+run_state.sum 那样扩展数组数据元素的位数。

```
module test;
bit    run_state[] = '{ 1, 1, 0, 1, 1 };

   initial begin
      $write("run_state= ");
      foreach(run_state[i])
         $write("%b",run_state[i]);
      $display;

      $display("run_state.sum=%0d",run_state.sum);           // 0
      $display("run_state.sum=%0d",3'b0+run_state.sum);      // 4
   end
endmodule
```

上述示例的执行结果如下所示。

```
run_state= 11011
run_state.sum=0
run_state.sum=4
```

4.9　数组扫描方法

作为扫描数组全部数据元素的方法，可以使用 foreach 语句进行，这个方法可以适用于所有数组。同样地，也可以使用 for 语句进行，但是需要明确进行循环变量的声明。在对循环扫描的顺序没有特别要求的情况下，用 foreach 语句可以充分达到目的。

在 foreach 语句中，能够自动保证循环变量与数组索引数据类型的一致，因此非常方便。例如，在关联数组 name[string] 的情况下，循环变量能够自动确保为 string 类型。

另外，在关联数组的情况下，也有 foreach 语句以外的扫描方法，只需要根据扫描目的来区分使用就可以了。表 4-10 给出了适用于不同类型数组的数据元素扫描方法。

表 4-10 数组扫描方法的归纳

数组类型	扫描方法

固定大小的数组
a[const-expression]
动态数组
a[]
队列
a[$]
	可以通过 for 语句或 foreach 语句的循环扫描全部的数据元素
	使用示例：
	`int    a[] = new[10];`
	`...`
	`foreach(a[i]) begin`
	`  $display("a[%0d]=%0d",i,a[i]);`
	`end`

关联数组
a[type]
	可以通过 foreach 语句的循环可以扫描全部的数据元素。作为其他的方法，使用关联数组方法 first() 和 next() 也能扫描全部的数据元素
	使用示例：
	`int    word_count[string];`
	`string  word;`
	`...`
	`if( word_count.first(word) )`
	`  do`
	`    $display("%s=%0d",word,word_count[word]);`
	`  while( word_count.next(word) );`

第 5 章

类

　　类是一种特殊的数据类型。通过类的使用，可以使得以往开发的程序能够重新得到利用，并可以根据新的需要进行构建或设置变更，从而促进验证环境的再利用。近年来，以类为基础的验证环境构建方法逐渐成为主流。本章将构建将类应用于验证工作所需的实践知识。类虽然是一种数据类型，但不能应用于 RTL 设计中，原因在于类不能进行逻辑综合。

　　类不仅需要定义表现客观事务或实体的数据，还需要描述处理这些数据的算法和手段。类被定义后，就可以建立类的实例。不仅如此，通过类实例层级结构的利用，还可以实现与基于模块设计层级相同的复杂验证环境。作为提高验证生产效率的手段，类起着重要的作用。

5.1 类的概述

　　类是一种特殊的数据类型，由用于特性描述的数据和用于数据操作的子例程（任务及函数）构成。在类中，数据被称为类的属性，子例程被称为类的方法。在类中，有一个被称为 new 的方法，该方法被称为构造函数，是一种特殊的类方法。在制作类的实例（即对象）时，需要用到构造函数。与 C++ 的类相比，SystemVerilog 的类更像 Java 的类。下面首先通过示例来说明 SystemVerilog 类的构成。

> ➢ 例 5-1　类的示例

　　在本例中，将定义一个描述简单事务的类 simple_item。在这个类中，作为方法，定义了 new()、get_name() 和 print()。作为属性，定义了 counter、name、addr、data 等。

```
class simple_item;
parameter ADDR_WIDTH = 32;
parameter DATA_WIDTH = 32;
typedef logic[ADDR_WIDTH-1:0] addr_t;
typedef logic[DATA_WIDTH-1:0] data_t;
static int    counter;           // 静态变量
local string  name;              // 本地变量
addr_t        addr;
data_t        data;

function new(string name,addr_t a=100,data_t d=0); // 构造函数
   this.name = name;
```

```
    addr = a;
    data = d;
    counter++;
endfunction

function string get_name();
    return name;
endfunction

virtual function void print;
    $display("name=%s",name);
    $display("addr=%h",addr);
    $display("data=%h",data);
endfunction

endclass
```

表 5-1 给出了类具有的典型数据和方法的详细说明。

表 5-1 类具有的典型数据和方法

项目	属性	意义
new	构造函数	SystemVerilog 类构造函数的调用可以使用默认的参数值。如果需要进行具有参数的构造函数调用，则类实例名是必需的参数之一
counter	static	该数据项表示类的实例数。因为是 static，意思是类内的静态变量，所以对于这个类的所有实例来说只有一个公共的 counter。因为数据类型是 int，所以 counter 的初始值是 0。在进行类实例的创建时，一定需要通过构造函数来进行，因此用 new() 方法进行 counter 的更新
name	local	由于该数据被声明为 local，意思是类内的局部变量，所以不能从类外直接引用。在类外引用 name 时，必须使用函数 get_name() 来进行
addr data	public	因为没有指定属性，所以是 public，意思是类的公共变量，因此可以从类外直接引用
print	virtual	该方法被定义为 virtual，意思是类的虚拟方法，从而使得从这个类继承的类可以改写这个方法

5.2 类的语法

以下是 SystemVerilog 的类声明语法（详见参考文献 [1]）。可以对照例 5-1 的描述理解语法的含义。

```
class_declaration ::=
    [virtual] class [ lifetime ]
        class_identifier [ parameter_port_list ]
        [ extends class_type [ ( list_of_arguments ) ] ]
        [ implements interface_class_type { , interface_class_type } ] ;
```

```
        { class_item }
endclass [ : class_identifier]
```

鉴于上述类声明语法是一种复杂的语法,所以在此不展开详细的语法说明,仅依次概略地说明实践中必要的一些用法。

1) 类的定义以关键字 class 开始,以关键字 endclass 结束。也可以在关键字 endclass 后面加上冒号来添加类名称,这个类名称能够起到注释作用。在定义抽象类时,需要在关键字 class 之前指定 virtual。

2) 关键字 class 之后可以指定 lifetime。这里的 lifetime 可以是 static 或 automatic 中的一种。如果省略的话,则被假定为 automatic。也就是说,类内的性质和方法通常是默认为 automatic 的,除非明确地声明为 static。

3) class_identifier 是类名称,是类声明中必须要有的项目。为了使类具有通用性,可以在 parameter_port_list 中设定类参数。

4) 关键字 extends 表示类继承。也就是说,在利用现有的类进行一个新类定义时,需要在此指定 extends。当现有的类需要参数时,还需要在 (list_of_arguments) 中指定类参数。

5) 向类添加 interface 实现时,需要指定关键字 implements。

6) 在 class_item 中,描述类的性质和方法的定义。

下面介绍使用 simple_item 的简单类声明示例。

```
class simple_driver #(type T=int);
T         data;
...
endclass : simple_driver
class alu_driver extends simple_driver #(simple_item);
virtual alu_if   vif;
...
endclass : alu_driver
```

关于这些类语法要素的使用示例见表 5-2。

表 5-2 语法要素的对应

语法要素	使用示例
class_identifier	simple_driver alu_driver
parameter_port_list	#(type T=int)
class_type	simple_driver #(simple_item)
class_item	T data ; virtual alu_if vif ;
end tag	endclass: simple_driver endclass: alu_driver

虽然类定义的语法比较复杂，但是，如果只提取其中一些必需的要素进行定义的话，则会得到如下所示的简化类定义语法。其中，{class_item} 表示 class_item 的指定可以是 0 项或者多项。

```
class class_identifier ;
{ class_item }
endclass
```

在这样的简化类定义语法中，语法要素 class_item 成为类的实质性内容。以下为该 class_item 内容的具体构成（详见参考文献 [1]）。

```
class_item ::=
   { attribute_instance } class_property
 | { attribute_instance } class_method
 | { attribute_instance } class_constraint
 | { attribute_instance } class_declaration
 | { attribute_instance } covergroup_declaration
 | local_parameter_declaration ;
 | parameter_declaration ;
 | ;

class_property ::=
   { property_qualifier } data_declaration
 | const { class_item_qualifier }
     data_type const_identifier [ = constant_expression ] ;

class_method ::=
   { method_qualifier } task_declaration
 | { method_qualifier } function_declaration
 | pure virtual { class_item_qualifier } method_prototype ;
 | extern { method_qualifier } method_prototype ;
 | { method_qualifier } class_constructor_declaration
 | extern { method_qualifier } class_constructor_prototype

class_constructor_prototype ::=
   function new [ ( [ tf_port_list ] ) ] ;
```

在此，将 class_item 中描述的内容归纳如下。

1）在 class_property 中描述类的属性，进行变量和 const 信息的声明。

2）在 class_method 中对类的构造函数、任务、函数、pure virtual 方法、extern 方法等进行定义和声明。

3）在 class_constraint 中定义关于随机数发生的约束。

4）在 class_declaration 中定义类。

5）在 covergroup_declaration 中定义功能覆盖信息。

至此，这些语法要素的意义就逐渐清晰了。另外，在类内的定义中，localparam 和 parameter 是同义词。

5.3 类对象（类实例）

类是一种特殊的数据类型，类对象是类的实例。为了使用类，在类定义完成后还需要进行类类型变量的声明，并为其进行类对象的分配。例如，如下所示的类变量声明和类对象分配。

```
simple_item tr = new("TR1");
```

与上述示例不同，类变量的声明和类对象的分配也可以分别进行，如下所示。

```
simple_item tr;
...
tr = new("TR1");
```

以上两种类变量声明和类对象分配方法，无论哪一种都给变量 tr 进行了类对象的分配。在 SystemVerilog 中，这样的类变量被称为对象句柄，没有进行对象分配的句柄会被设置为 null（空）。当用一个 null 的句柄访问类的属性和方法时，通常会发生异常终止。例如，进行如下所示的操作，仿真器就会异常终止。

```
simple_item tr;
tr.addr = 0;
```

因此，如下所示进行类的使用比较安全。

```
simple_item tr;
...
if( tr == null )
   tr = new("TR1");
tr.addr = 0;
```

5.4 类属性和方法的访问

在 SystemVerilog 中，类属性和方法的访问使用句柄和点 (.) 进行，不能像 C/C++ 那样使用符号 (->)。例如，如下所示的类属性和方法的访问。

```
simple_item tr;
tr = new("TR1");
tr.print();
```

对 static 类属性的访问，需要使用作用域操作符号 (::)。例如，如下所示的操作。

```
simple_item::counter++;
```

像上述操作那样，对 static 类属性进行的访问具有不需要引用句柄名称的优点。

5.5 构造函数

像前面已经介绍过的那样，将类的构造函数定义为名为 new 的函数。但是，类构造函数的使用具有以下限制。
- 构造函数不能在 virtual 中声明。
- 虽然构造函数是一个函数，但是不能为其指定返回类型。

例如，如下所示的构造函数定义。

```
function new(string name);
   this.name = name;
   ...
endfunction
```

如果在类定义时省略了构造函数的定义，则编译器会自动为其定义如下的 null 构造函数。

```
function new;
endfunction
```

在以现有的类为基础进行类定义的情况下，构造函数的第一条指令必须是 super.new()。如例 5-2 所示。

> **例 5-2 需要 super.new() 的示例**

这是一个类继承（详见 5.12 节）的典型示例。在以下的描述中，super 是指父类 simple_item。

```
class delayed_simple_item extends simple_item;
   int    delay;

   function new(string name,addr_t a=100,data_t d=0,int delay=0);
      super.new(name,a,d);            // super.new(name,a,d) 为构造函数 new() 的第一条指令
      this.delay = delay;
   endfunction

   function void print;                // 扩展 simple_item::print
      super.print();
      $display("delay=%0d",delay);
   endfunction
endclass
```

在本例中，继承了之前定义的类 simple_item（通常称其为父类），从而定义了 delayed_simple_item 子类。在这样的类定义中，类构造函数的第一条指令必须调用父类的构造函数。除此之外，还继承了 simple_item::print() 方法函数。

在父类 simple_item 的构造函数 new 中，参数 name 是必需的参数。为此，在子类 delayed_simple_item 中也必须如此定义构造函数。并且，super.new() 的调用必须是构造函数内的第一个指令。

5.6 指定类型的构造函数调用

一般来说，new 构造函数的返回类型是由其左侧变量的类型决定的。例如，如下所示的示例。

```
simple_item   tr;
tr = new("TR1");
```

其中，new 构造函数的返回类型是 simple_item。但是，也可以通过在 new 之前指定类作用域来改变构造函数的调用。例如，如下所示的示例。

```
simple_item   tr2;
tr2 = delayed_simple_item::new(.name("TR2"),.delay(500));
tr2.print();
```

其中，tr2 的类型被声明为 simple_item，但是调用了其子类 delayed_simple_item 的构造函数。因此，tr2 实际上被分配为 delayed_simple_item 的实例。因此，tr2.print() 调用的也是 delayed_simple_item::print() 方法。这也是 virtual 方法的优点所在。

5.7 static 类属性

在类中定义的数据项，默认为是 automatic 的，因此，每个类实例都具有类定义的数据项。对于类方法，自变量和方法内的变量被保存在堆栈上。换句话说，以前的状态没有被保存。

为了对类的所有实例定义共有的数据项，需要使用 static 限定符进行。图 5-1 给出了 static 和 automatic 的区别。

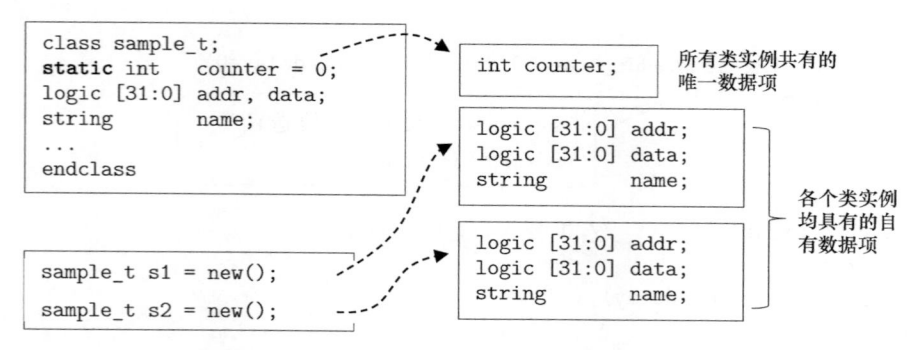

图 5-1 static 数据项 (counter) 和 automatic 数据项 (addr, data, name) 存储区域的差异

由于 static 数据项为同一个类所有类实例的共有数据项，所以基于这一性质，对于所有类实例来说只有一个数据项，需要使用类作用域来进行 static 数据项的访问。即使在没有建立类实例的情况下，该数据项也存在。例如，counter 是类 sample_t 的 static 数据项，可以如下所示使用类作用域从类外进行访问。

```
sample_t::counter = 0;
```

> 例 5-3 static 数据项的访问

将类定义如下。在本例中，数据项 counter 被声明为 static。

```
class sample_t;
   static int   counter = 0;      // 静态变量
   logic [31:0] addr, data;
   string       name;

   function new(logic [31:0] a=0,d=0);
      addr = a;
      data = d;
      counter++;
      name = $sformatf("packet_%04d",counter);
   endfunction

   extern virtual function void print;
endclass
```

表 5-3 归纳了类声明数据项的说明。

表 5-3 数据项声明的 lifetime 和效果

数据项	作用域
counter	因为是 static 的，所以唯一存在，被类 sample_t 的所有对象共享
addr data name	因为是 automatic 的，所以类 sample_t 的每个对象都存在

外部声明的 print() 方法在类的外部定义如下。

```
function void sample_t::print;
   $display("name=%s",name);
   $display("addr=%h",addr);
   $display("data=%h",data);
endfunction
```

为了说明已经定义的 static 数据项的访问，将测试模块定义如下。

```
module test;
sample_t   s1, s2;

   initial begin
      s1 = new;
      s1.print;
      s2 = new(100,200);
      s2.print;

      $display("the number of instances=%0d",sample_t::counter);
   end
endmodule
```

在本例中，counter 具有类 sample_t 对象个数计数器的作用。在引用 counter 时，最好是像 sample_t::counter 那样引用。虽然也可以作为 s1.counter 来引用，但是在语法上不合适。执行后能够得到如下结果。

```
name=packet_0001
addr=00000000
data=00000000
name=packet_0002
addr=00000064
data=000000c8
the number of instances=2
```

5.8　static 类方法

与 static 类属性一样，类方法也可以声明为 static。但是，具有以下限制。
- 在 static 方法中只能访问 static 的数据项。
- 在 static 方法中只能调用 static 的方法。
- 在 static 方法中不能使用 this 和 super 等句柄。

从类外使用 static 方法时，需要使用类作用域进行。例如，如下所示的访问。

```
sample_t::getCounter()
```

➤ 例 5-4　static 类方法的示例

以下介绍 static 类方法的定义示例。

```
class static_sample_t;
static int    counter = 0;
string        name;

function new();
   name = $sformatf("sample_%04d",++counter);
endfunction

function void print;
   $display("name=%s",name);
endfunction

static function int getCounter();        // 静态函数
   return counter;
endfunction
endclass
```

其中，getCounter() 被定义为 static 方法。在这个函数中，只能引用 static 的数据项或者 static 的方法。例如，在 getCounter() 中使用 name 会造成编译错误。

5.9 this 句柄

在之前的介绍中已经提到过 this 句柄的使用。this 句柄的作用在于，在方法中存在相同的名称，并且这些相同的名称同时存在于类属性和类方法的参数中无法区分时，可以通过 this 句柄的使用，以明确其指定的名称为当前类的类属性。例如，如下所示的描述。在这个示例中，this 的使用是明确的。如果没有 this 的指定，就会引用作为函数变量的 name。

```
class sample_t;
string    name;

function new(string name);
   this.name = name;       // this.name 表示 sample_t::name
endfunction
endclass
```

5.10 句柄数组

与 C++ 不同，SystemVerilog 不能定义类对象的数组，但是可以定义类对象的指针数组。例如，如下所示的类定义。

```
class sample_t;
string    name;

function new(string name);
   this.name = name;
endfunction
endclass
```

如下的声明语句声明了类 sample_t 的句柄数组，但不是类对象的数组。

```
sample_t    sample_array[10];
```

其中，数组的大小被确定为 10，但是类的句柄没有被定义（见图 5-2）。也就是说，与 C++ 不同，不会自动调用构造函数。

sample_array[0]	sample_array[1]		sample_array[9]
null	null	...	null

图 5-2 定义 sample_array[10] 时数组的状态

因此，需要明确地进行数组的初始化。句柄数组的初始化如下所示。

```
module test;
sample_t   sample_array[10];    // 类句柄数组

   initial begin
      initArray();
   end

function void initArray();
   foreach(sample_array[i])
      sample_array[i] = new($sformatf("sample_%0d",i));
endfunction
endmodule
```

> 在类句柄数组中，数组数据元素为 null，需要进行初始化操作

> 类句柄数组的初始化

> ➤ 例 5-5 句柄数组的初始化示例

为了进一步说明句柄数组的初始化，定义了如下所示的类 simple。

```
class simple;
static int   counter;
string       name;

function new();
    name = $sformatf("i_%03d",++counter);
endfunction
endclass
```

然后，准备如下所示的测试平台。其中，随机确定动态句柄数组 s_sr[] 的大小，然后给数组的数据元素分配类 simple 的对象。如果仅仅在数组定义中进行了句柄数组定义的话，此时数组的数据元素均为 null，因此需要对句柄数组数据元素进行初始化操作。

```
module test;
simple     s_ar[];
int        size;

   initial begin
      // 为数组 s_ar[] 分配空间.
      size = $urandom_range(5,8);
      s_ar = new[size];
      // 用对象初始化数组.
      foreach(s_ar[i])
         s_ar[i] = new;
      // 验证数组内容.
      $write("s_ar[%0d]=",s_ar.size());
      foreach(s_ar[i])
         $write(" %s",s_ar[i].name);
      $display;
   end
endmodule
```

> 类句柄数组的数据元素必须逐一进行初始化

执行后得到以下结果。

```
s_ar[5]= i_001 i_002 i_003 i_004 i_005
```

5.11 类的复制

类的复制可以通过类句柄的复制来进行。如果通过类句柄的复制来进行类复制的话，两个句柄将会引用同一个类对象，而不是新建一个类对象。此外，也可以使用类句柄来创建一个新的类对象。例如，可以如下所示进行类对象的复制操作。

```
sample_t   s1, s2, s3;
s1 = new;
s2 = s1;
s3 = new s1;
```

表 5-4 给出了上述操作的说明。在浅复制中，对象的句柄只被简单地复制，并不是进行递归式的复制操作。

表 5-4 类句柄的状态

句柄	说明
s1	新建的 sample_t 类对象
s2	句柄 s1 的简单复制，s2 引用与 s1 完全相同的类对象。也就是说，s2 是 s1 的别名
s3	① 根据类对象 s1 创建一个新的类对象副本 ② 从内容上看，s1 和 s3 是一样的，但作为不同的类对象 ③ 这个复制被称为浅复制操作

> 例 5-6 类副本的示例

首先，按如下所示进行类 sample_t 的定义。

```
class sample_t;
int    identifier, state;

function new(int id,int s);
   identifier = id;
   state = s;
endfunction

function void set_state(int state);
   this.state = state;
endfunction

function void print;
   $display("identifier=%0d state=%0d",identifier,state);
endfunction
endclass
```

然后，根据类实例 s1 进行类实例 s2 和 s3 的创建。

```
module test;
sample_t  s1, s2, s3;

   initial begin
      s1 = new(10,8);
      s2 = s1;           // s1 和 s2 指向同一个实例
      s3 = new s1;       // 创建 s1 的浅复制
      s1.set_state(100);
      s1.print();
      s2.print();
      s3.print();
   end
endmodule
```

本例的执行会得到如下结果。根据这个结果可以知道，s1==s2，s1!=s3。

```
identifier=10 state=100
identifier=10 state=100
identifier=10 state=8
```

5.12 类继承和子类

在 SystemVerilog 中，可以通过现有类的继承来进行一个新类的定义。在新定义的类中，可以直接使用已有类的类属性和类方法。也就是说，SystemVerilog 可以像 Java 一样，通过现有类的 extends 来定义一个新的类。在这种情况下，将现有的类称为父类，新定义的类称为子类。最简单的类继承语法如下所示。

```
class subclass extends baseclass;
...
endclass
```

当子类中包含与父类相同的成员名时，在子类中进行的父类成员引用可通过 super. 来明示。例如，像 super.print() 这样的引用。

但是，也并不是父类的所有项都可以成为子类的项。在父类中具有 local 属性的项不能在子类和类外访问。

既然限制了对类的项进行访问，就需要一个能够对那个限制访问项进行访问的方法，只是这样的访问方法的开销会影响仿真器的性能。因此，在定义类项访问属性时也需要考虑这样的影响。

> **例 5-7 类继承示例（1）**

本例定义了图 5-3 所示的父类和子类。父类只定义通用项，而子类则对这些属性施加约束。

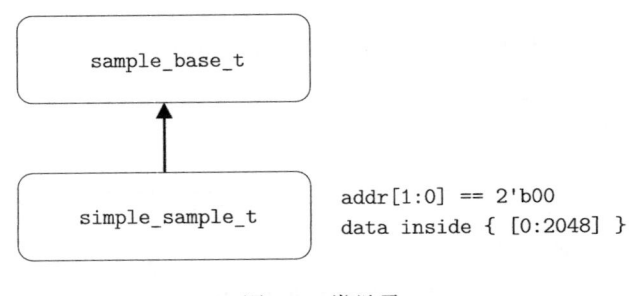

图 5-3 类继承

其中，父类的定义如下。

```
class sample_base_t;
rand logic [15:0]    addr;
rand logic [31:0]    data;

virtual function string sprint();
    return $sformatf("addr=%h data=%0d",addr,data);
endfunction
endclass
```

在子类中,添加了依赖于测试条件的属性。由于这个约束,在本例中决定为 addr 和 data 定义随机数发生约束。即,随机数发生时,addr 是 4 的倍数,data 是包含在区间 [0:2048] 中的值。

```
class simple_sample_t extends sample_base_t;
    constraint C_ADDR { addr[1:0] == 2'b00; }
    constraint C_DATA { data inside { [0:2048] }; }
endclass
```

最后,通过测试平台查看父类和子类之间的差异。

```
module test;
sample_base_t     base_sample;
simple_sample_t   sub_sample;

    initial begin
        base_sample = new;
        sub_sample = new;
        assert( base_sample.randomize() );
        assert( sub_sample.randomize() );
        $display("%s: %s","base_sample",base_sample.sprint());
        $display("%s: %s","sub_sample",sub_sample.sprint());
    end
endmodule
```

> 调用 randomize() 方法产生随机数

本例的执行结果如下,并可在 sub_sample 中验证约束是否已启用。

```
base_sample: addr=f2c3 data=2432227940
sub_sample: addr=f27c data=1521
```

➢ 例 5-8 类继承示例(2)

在本例中,定义了一个表示图形的父类 object_t,另有矩形 (rect_t) 和圆形 (circle_t) 为其子类,这些类具有图 5-4 所示的关系。并且,本例利用了 virtual 方法的特性。关于 virtual 方法的内容请参见 5.15 节。

```
                    object_t
           ↙                    ↘
      rect_t                    circle_t
```

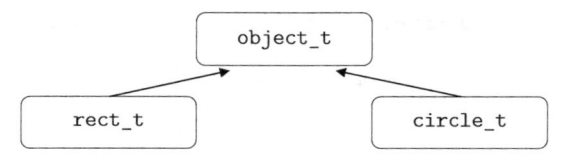

图 5-4 类之间的关系

首先，表示图形的父类 object_t 的定义如下。父类定义了构造函数、显示输出方法和用于形状改变的方法。

```
class object_t;
string    name;
byte      x, y;

function new(string name,byte x=0,y=0);
   this.name = name;
   this.x = x;
   this.y = y;
endfunction

virtual function void print();
   $display("name=%s x=%0d y=%0d",name,x,y);
endfunction

virtual function void move(byte dx,byte dy);
   x += dx;
   y += dy;
endfunction
endclass
```

其次，基于该父类进行矩形子类的定义，如下所示。在该子类的定义中，需要添加矩形所需的特定属性，因此必须进行新的构造函数的定义，并重新定义显示输出方法以显示输出矩形子类添加的属性。此外，为了便于该矩形子类的查看，在类外部编写用于查看矩形子类方法的定义。在外部定义时，必须如下所示进行 extern 的声明。

```
class rect_t extends object_t;
byte   w, h;

extern function new(string name,byte x=0,y=0,w=100,h=100);
extern function void print();
endclass
```

在矩形子类外部进行的构造函数的声明和定义如下所示。在构造函数的第一条指令中，必须调用 super.new() 方法。

```
function rect_t::new(string name,byte x=0,y=0,w=100,h=100);
   super.new(name,x,y);
   this.w = w;
   this.h = h;
endfunction
```

如下所示，将 virtual 显示输出方法进行改写。

```
function void rect_t::print();
   $display("name=%s x=%0d y=%0d w=%0d h=%0d",name,x,y,w,h);
endfunction
```

接下来，使用父类进行圆形子类的定义。与矩形子类相同，重新定义圆形子类的构造函数和显示输出方法，如下所示。

```
class circle_t extends object_t;
byte    r;

extern function new(string name,byte x=0,y=0,r=50);
extern function void print();
endclass
```

外部声明和定义的构造函数如下所示。同样地，在构造函数的第一条指令中，必须调用 super.new()。

```
function circle_t::new(string name,byte x=0,y=0,r=50);
   super.new(name,x,y);
   this.r = r;
endfunction
```

如下所示，进行 virtual 显示输出方法的改写。

```
function void circle_t::print();
   $display("name=%s x=%0d y=%0d r=%0d",name,x,y,r);
endfunction
```

最后，在测试平台中进行矩形和圆形类对象的查看。需要注意的是，在此使用父类来进行句柄的声明。

```
module test;
object_t obj;              ◁── obj 为父类的类对象

   initial begin
      obj = rect_t::new("rect");   ◁── obj 为矩形子类的类对象
      obj.move(10,20);
      obj.print();

      obj = circle_t::new("circle");
      obj.move(30,40);              ◁── obj 为圆形子类的类对象
      obj.print();
   end
endmodule
```

本例的执行结果如下所示。根据对象 obj 句柄的内容，可以确保相应的 print() 方法的调用。

```
name=rect x=10 y=20 w=100 h=100
name=circle x=30 y=40 r=50
```

5.13　$cast

如果类 B 是类 A 的子类，则可以很容易地想到，作为类 B 对象可以分配给类 A 的句柄。但是，在类的继承关系过于复杂时，则不能立即进行句柄的设定。在这种情况下，可以使用 $cast 进行数据类型的动态转换。如下所示，与之前讨论过的 $cast 使用情况类似，可以将 $cast 用于函数和任务格式的类型转换（详见参考文献 [1]）。

```
function int $cast( singular dest_var, singular source_exp );
task $cast( singular dest_var, singular source_exp );
```

在函数格式的情况下，如果可以进行句柄设置，则在进行句柄设置后函数值返回 1。如果不可能，则函数返回值为 0。在任务格式的情况下，如果不允许进行句柄的设置，则会出现执行错误信息。

> 例 5-9　$cast 使用示例

本例使用例 5-8 中的类 object_t、rect_t 和 circle_t 来说明 $cast 的用法。

```
module test;
rect_t    rect;
circle_t  circle;
```

```
object_t  obj;

  initial begin
    obj = rect_t::new("rect");
    $cast(rect,obj);           // 成功
    $cast(circle,obj);         // 失败
    $cast(circle,rect);        // 失败
  end
endmodule
```

其中，由于 obj 被分配为类 rect_t 的类对象，因此，$cast（rect,obj）是正确的用法。另一方面，由于类 circle_t 与类 rect_t 不兼容，因此，$cast（circle,obj）和 $cast（circle,rect）将出错。在这种情况下，本例将会出现执行错误。

5.14　const 类属性

与 static、local 等属性一样，也可以将 const 属性附加到类中定义的成员。如果类定义中为其成员附加了 const 属性，则该成员将变为只读类成员。但是，由于类是在类声明时进行创建，类对象是在类声明后动态创建的，因此这样的 const 类常量可以有两种不同的类型，即适用于类的全局类常量和适用于单一类对象的类对象常量。

其中，全局类常量是在类声明时需要进行初始化操作的常量。除此之外，不能在其他任何地方设置全局类常量的值。SystemVerilog LRM 引用了以下示例，将类属性 max_size 声明为全局类常量。

```
class Jumbo_Packet;
const int max_size = 9 * 1024; // 全局类常量
byte payload [];

function new( int size );
   payload = new[ size > max_size ? max_size : size ];
endfunction
endclass
```

另一方面，类对象常量是对每个类对象进行初始化时所设置的常量。类对象常量只能在 new 构造函数中进行初始化，这样的初始化过程也只能在执行时进行。例如，在以下的 SystemVerilog LRM 示例中，类属性 size 被声明为 const，但未被初始化。在这种情况下，必须在 new 构造函数中对类属性 size 进行初始化。

```
class Big_Packet;
const int size;              // 实例常量
byte payload [];

function new();
   size = $urandom % 4096;  // 在构造函数 new() 中为 size 赋值一次 -> 正确
```

```
      payload = new[ size ];
   endfunction
endclass
```

因此，对于一个类对象常量来说，在每个类对象中都可以有不同的值。相反，全局类常量通常具有 static 属性。

5.15　virtual 方法

SystemVerilog 的 virtual 方法与 C++ 中的 virtual 函数具有相同的概念。如果在父类中定义了一个 virtual 方法 vm，则可以调用继承该父类的子类中对应的 vm 方法。换句话说，对于一个父类类型的类句柄，如果句柄指向了子类的实例，则可以通过该类句柄进行子类方法 vm 的调用。如图 5-5 所示，由于父类的句柄 p 指向了子类的对象，因此可以通过 p.vm() 调用子类的方法 subclass::vm()。

```
class baseclass;
virtual function void vm();
...
endclass
```

```
baseclass p;
p = subclass::new();
p.vm();
```

```
class subclass extends baseclass;
virtual function void vm();
...
endclass
```

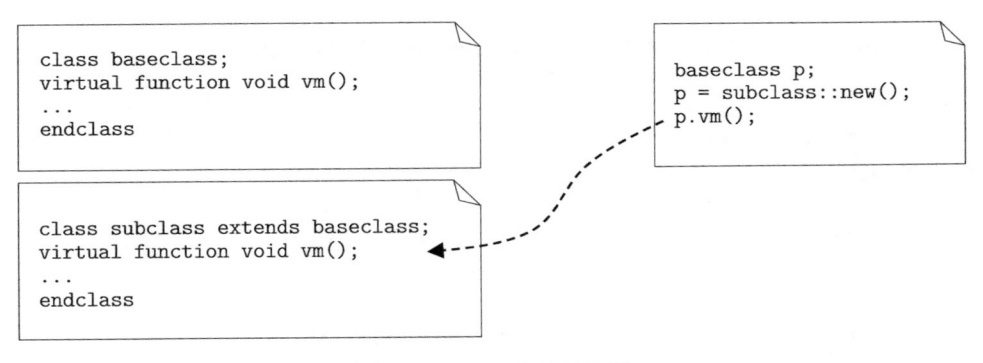

图 5-5　virtual 方法的效果

> **例 5-10　virtual 方法示例**

首先，按如下方式定义了父类 base_transaction_t，并在父类中定义了两个方法。其中，print() 方法是 virtual 方法，而 print_class() 方法不是。

```
class base_transaction_t;                              // 基类

virtual function void print;                           // virtual 方法
   $display("base_transaction_t no members.");
endfunction

function void print_class;                             // 非 virtual 方法
   $display("base_transaction_t");
endfunction
endclass
```

其次，按如下方式定义上述父类的子类 transaction_t，并在子类中改写父类的两个方法。

```
class transaction_t extends base_transaction_t;    // 子类
rand bit [15:0]  addr, data;

function new(bit [15:0] a=0,d=0);
   addr = a;
   data = d;
endfunction

function void print;
   $display("transaction_t has two members: addr=%0d data=%0d", addr,data);
endfunction

function void print_class;
   $display("transaction_t");
endfunction
endclass
```

最后，按如下所示定义了测试平台，以验证 virtual 方法的工作效果。

```
module test;
base_transaction_t  base;
transaction_t       tr;

   initial begin
      base = new;
      tr = new(10,50);
      base.print;            // base_transaction_t::print
      base.print_class;      // base_transaction_t::print_class
      tr.print;              // transaction_t::print
      tr.print_class;        // transaction_t::print_class
      base = tr;
      base.print;            // transaction_t::print
      base.print_class;      // base_transaction_t::print_class
   end
endmodule
```

执行后将得到以下结果。由验证结果可以看出，通过 virtual 方法，可以通过句柄指向的类对象实例进行类方法的引用，而不是依赖于句柄的类类型。

```
base_transaction_t no members.
base_transaction_t
transaction_t has two members: addr=10 data=50
transaction_t
transaction_t has two members: addr=10 data=50
base_transaction_t
```

5.16 抽象类和 pure virtual 方法

一般而言，通过类继承，可以更详细地进行类的进一步定义。例如，子类比父类具有更多的函数等。在这样的类继承中，子类原则上遵循父类定义的规则 (方法的使用)。

因此，对于这样的将进行类继承的父类定义，极端的情况下只需要进行类规则的定义。这样定义的父类被称为抽象类，与类规则有关的具体内容则在子类中进行定义。抽象类的定义如下所示。

```
virtual class abstract_class;
...
endclass
```

由于抽象类的类定义尚未完成类的全部定义，所以无法创建抽象类的实例。抽象类定义中所声明的方法仅具有端口信号的列表，而不具有方法的具体内容。在这种情况下，需要使用限定符 pure 加以限定，如下所示。

```
virtual class abstract_class;
pure virtual function void print(string key,bit [31:0] data);
endclass
```

对于上述抽象类，需要在子类中进行 print() 的实现。如果子类中没有具体的定义，则子类也将成为抽象类，不能进行实例的创建。

如下所示，由于子类 some_class 进行了 print() 方法的实现，以此可以创建 some_class 的实例。

```
class some_class extends abstract_class;
virtual function void print(string key,bit [31:0] data);
   $display("key=%s data=%0d",key,data);
endfunction
...
endclass
```

➤ 例 5-11 抽象类定义示例

首先，按如下所示定义一个抽象类 object_t，并在该抽象类中设置了 print() 方法的规则。因此，抽象类 object_t 的子类必须进行该 print() 方法的实现。

```
virtual class object_t;
string    name;

function new(string name);
   this.name = name;
```

```
    endfunction

    pure virtual function void print();
endclass
```

其次，按如下所示通过抽象类 object_t 的继承定义一个子类 sample_t，并在该子类中进行 print() 方法的实现。

```
class sample_t extends object_t;
rand bit [3:0]    port;

function new(string name);
   super.new(name);
endfunction

function void print();
   $display("name=%s port=%0d",name,port);
endfunction
endclass
```

由于子类 sample_t 定义了所需的方法，因此可以进行实例的创建。以下是一个 sample_t 的使用示例。在这个示例中，句柄 obj 是抽象类的类型，并将其分配为类 sample_t 的特定类对象。

```
module test;
object_t   obj;

   initial begin
      obj = sample_t::new("sample");
      repeat( 3 ) begin
         assert( obj.randomize() );
         obj.print();
      end
   end
endmodule
```

以下为执行结果。从执行结果可以看出，obj.print() 的方法调用正确识别了 sample_t::print() 方法。

```
name=sample port=12
name=sample port=11
name=sample port=15
```

5.17 类作用域运算符

使用类作用域运算符可以访问类的参数、成员变量和静态成员等，如下所示。

```
static_sample::getCounter()
```

或者使用类作用域运算符来指明目标函数等，如下所示。

```
rs = std::randomize(a,b,c);
```

在上述示例中，如果 randomize() 方法被指明在此语句给定的范围内，则可以避免混淆。特别是在使用内置类时，类作用域运算符是必需的。例如，在以下描述中，process:: 是必需的类作用域运算符。

```
process   job[] = new [3];
...
foreach(job[i])
   fork   automatic int k = i;
      job[k] = process::self();
   join_none
```

> **例 5-12　类作用域运算符示例**

本例定义了一个队列来管理类对象。由于队列由类的所有对象共享，因此需要定义为 static 属性。

```
class sample_t;
parameter PI = 3.14;
typedef enum { RED, GREEN, YELLOW }   color_e;
static sample_t    head, tail;
sample_t    next;
string      name;

function new(string name);
   this.name = name;
   add_list(this);
endfunction

extern static function void add_list(sample_t obj);
endclass
```

管理队列的 add_list() 方法能够在队列中添加指定的对象，但该方法中只能引用 static 属性的成员。以下为 add_list() 的处理描述。

```
function void sample_t::add_list(sample_t obj);
   if( tail == null ) begin
      head = obj;
      tail = obj;
   end else begin
      tail.next = obj;
      tail = obj;
   end
   obj.next = null;
endfunction
```

同一类的类对象将添加到队列中,如图 5-6 所示。因为同一类的所有类对象只需要一个这样的队列,所以赋予该队列 static 属性。

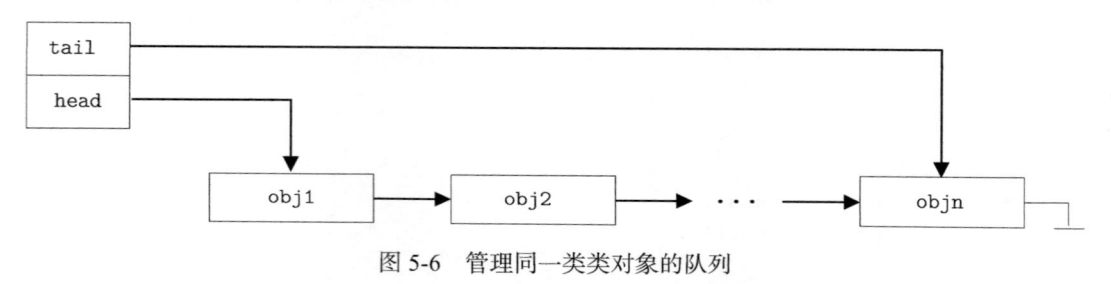

图 5-6 管理同一类类对象的队列

除此之外,在访问具有 static 属性的类成员时,需要使用类作用域运算符,如下所示。

```
module test;
sample_t::color_e    color;                  // 类作用域运算符
sample_t            sample;

   initial begin
      color = sample_t::GREEN;               // 类作用域运算符

      $display("PI=%g %s=%0d", sample_t::PI, color.name,color);
                                             // 类作用域运算符

      sample = new("C1");
      sample = new("C2");
      sample = new("C3");

      sample = sample_t::head;               // 类作用域运算符
      while( sample != null ) begin
         $display("%s",sample.name);
         sample = sample.next;
      end
   end
endmodule
```

执行结果如下所示。

```
PI=3.14 GREEN=1
C1
C2
C3
```

5.18 类成员的访问控制

可以使用关键字 local 和 protected 来进行类成员的访问控制，其含义见表 5-5。

表 5-5 用于类成员访问控制的关键字及功能

访问控制	功能
local	仅允许同一类的成员访问
protected	仅允许同一类的类型和子类访问
未指定	所有类都可以访问

> 例 5-13 访问控制示例

以下是具有访问控制的类声明。

```
class base_t;
local int    attribute = 0;      // 私有变量
protected string   name;         // 受保护的变量
byte       state;                // 公有变量
endclass
```

表 5-6 给出了这些访问控制的说明。

表 5-6 变量和设置访问控制

属性	访问控制
attribute	由于声明为 local 属性，所以在类 base_t 以外不可见
name	由于声明为 protected 属性，所以在类 base_t 及其子类以外不可见
state	无特殊限制，所以对类外可见

如以下的类定义所示，可以看到上述访问控制的作用。

```
class extended_t extends base_t;
function void check;
   $display("%0d",attribute); // 访问 attribute 时出错
   $display("%0s",name);      // 正确
endfunction
endclass
```

```
class other;
extended_t    e = new;
function void do_something;
   $display("%s",e.name);      // 访问 name 时出错
endfunction
endclass
```

从以上示例可以看出，在子类 extended_t 的定义中不能访问父类的 attribute 属性。在类 other 的定义中，由于类 other 与类 base_t 不具有继承关系，因此在类 other 的定义中无法访问类 base_t 的 name 属性。当发生访问错误时，编译器会给出出错信息。

5.19 如何在类外编写方法

如果在一个类的定义中存在过多的定义描述，类的定义就会很长，这样很难了解类的全貌。在这种情况下，可以将类定义中复杂方法的描述移到类外进行，其步骤如下。

- 在类定义中将需要在类外进行描述的方法名声明为 extern。
- 在类外进行方法的定义和描述。此时，需要在方法名前添加类作用域运算符。
- 最好使类外进行的方法定义和描述与类定义处于同一文件中。

> ➢ **例 5-14**　在类定义外部进行类方法描述的示例

若需要在类定义外部进行类方法的描述，则需要在类定义中将该方法声明为 extern，如本例所示。

```
class sample_t;
static int    counter = 0;
logic [31:0] addr, data;
string     name;

function new(logic [31:0] a=0,d=0);
   ...
endfunction

extern virtual function void print();
endclass                                     ⎫ 类定义

function void sample_t::print();
   ...
endfunction                                  ⎫ 类外的方法定义
```

在本例中，声明 print() 方法在类外部进行定义，在类外定义类方法时需要使用类作用域运算符（sample_t::）。需要注意的是，类外部进行的方法定义不需要给出 virtual 的限定。

5.20 通过参数进行的通用类定义

5.20.1 概述

经常会遇到数据结构不同却具有相同功能的情况。例如，字典的基本操作是搜索和添加，因此可以将具有这种基本操作的对象集中到一个类中，从而不需要重复编写相同类型的操作处理。SystemVerilog 类可以通过参数实现类功能的通用性，这一功能类似于 C++ 的模板类 template。

例如，以整数为索引的字典和以字符串为索引的字典，其基本功能相同，所不同的只是索引和数据的数据类型。在这种情况下，在类定义中可以将类定义为索引 KEY 和数据 DATATYPE 的抽象数据类型。在类中，只使用 KEY 和 DATATYPE 进行类的描述，如下所示。

```
class dictionary_t #(type KEY=int,type DATATYPE=string);
DATATYPE   data[KEY];           // 关联数组

function int exists(KEY key);
   exists = data.exists(key);
endfunction

function void register(KEY key,DATATYPE value);
   data[key] = value;
endfunction
...
endclass
```

在此，类 dictionary_t 提供字典的基本功能，并且其类对象的索引类型和数据类型可以根据之后使用中的具体数据进行确定。使用方在创建类实例时，可以在 KEY 和 DATATYPE 中指定实际的数据类型。例如，可以如下所示创建 dictionary_t 的类实例。

```
dictionary_t #(int,string)      i2s = new;
dictionary_t #(string,string)   s2s = new;
```

5.20.2 通过参数进行的通用类实现

字典的应用广泛，例如以下将要实现的用于过程管理的字典。接下来，我们首先创建一个字典的类，将其作为通过参数定义通用类的示例。在这个字典类中，可以对字典类对象的索引和数据指定数据类型，所以可以将其用于各种不同数据类型的字典对象。字典必须具备以下功能。

- 添加。
- 检索。
- 删除。

一般来说，字典需要满足无冲突性。也就是说，字典必须满足数据元素的索引具有唯一性的条件。之所以有这样的要求，是因为该要求是字典检索功能所必不可少的。在许多情况下，字典的数据元素添加功能也包括有检索功能。例如，在进行数据元素添加时，如果检索到要添加的数据元素的索引已经存在，则不进行数据元素的添加，只返回该已经存在的数据元素。当进行字典数据元素删除时，也需要进行待删除数据元素的检索功能。因此，检索功能是字典的基本功能。

在进行字典的实现时，有多种数据类型可以被选择用于字典数据元素的数据结构。但在确定该数据结构时，必须考虑添加、检索和删除的执行效率。由于在队列中实现的字典检索效率不高，因此队列不适用于大型字典的实现。如果字典的数据量较小，队列也可以提供足够的性能。因此，需要根据实际情况灵活选择字典的数据结构。

通常情况下，关联数组适用于字典的实现，它在执行效率和内存使用方面均具有优势，具体的执行效率和内存使用还需要取决于仿真器的实现方法。除此之外，二分查找法一类的检索算法，例如红黑树算法，也可以应用于关联数组，有助于执行效率的提高。

> **例 5-15　字典实现的示例**

在本例中，给出的类是一个可适用于许多数据类型的通用关联数组的字典。默认情况下，是具有整数类型索引和整数类型数据的字典。除此之外，还提供了访问字典的方法以及字典的基本功能：添加 (put)、删除（delete）和检索（get，exists）。本例中给出的类也定义了构造函数，但并没有特殊的含义。

```
class map #(type KEY = int,type DATA = int);
DATA    array[KEY];
string name;

function new(string name);
   this.name = name;
endfunction

function void put(KEY key,DATA data);
   array[key] = data;
endfunction

function DATA get(KEY key);
   get = array[key];
endfunction

function int exists(KEY key);
   exists = array.exists(key);
endfunction

function int first(output KEY key);
   first = array.first(key);
```

```
endfunction

function int next(output KEY key);
   next = array.next(key);
endfunction

function void delete(KEY key);
   array.delete(key);
endfunction

function void clear();
   array.delete();
endfunction
endclass
```

在下面的示例中，字典 weight 的索引类型为 string，数据类型为实数。

```
module test;
map #(string,real)     weight;
string                 key;

   initial begin
      weight = new("Foods-Weight");
      weight.put("meat",1000.3);
      weight.put("bread",200.5);
      weight.put("rice",5000.9);
      if( weight.first(key) )
         do
            $display("%-8s = %g",key,weight.get(key) );
         while( weight.next(key) );
      end
endmodule
```

执行结果如下。

```
bread    = 200.5
meat     = 1000.3
rice     = 5000.9
```

5.20.3　使用参数实现通用类的步骤

建议使用以下步骤进行基于参数的通用类开发。如果从一开始就使用参数来进行开发，则会变得复杂，并且需要花费更多时间来进行工作情况的确认。

- 首先，不使用参数，而是使用具体的数据类型来开发类。此时，使用 typedef 语句将参数作为具体的数据类型使用。
- 在确认实现的功能正确执行后，再将具体的数据类型替换为参数类型。

以 5.20.1 节中给出的类 dictionary_t 为例。首先，如下所示，使用具体的数据类型来进行字典的实现。由于通过 typedef 语句定义了 KEY 和 DATATYPE，因此在类中可以保持与使用参数时相同的状态。

```
typedef int        KEY;           // 给 KEY 赋类型
typedef string     DATATYPE;      // 给 DATATYPE 赋类型

class dictionary_t;
DATATYPE    data[KEY];            // 关联数组

function int exists(KEY key);
   exists = data.exists(key);
endfunction

function void register(KEY key,DATATYPE value);
   data[key] = value;
endfunction
   ...
endclass
```

在此，使用 typedef 语句将参数定义为特定的数据类型，以此进行实现非常重要。这样做的好处是，类中的实现均是以参数化的状态来进行的，以便在确认实现的功能正常工作后，即可以删除 typedef 语句并对类进行参数化，直接完成通用类的实现。此时，无需更改类中的实现内容，如下所示。

```
class dictionary_t #(type KEY=int,type DATATYPE=string);
DATATYPE    data[KEY];            // 关联数组
...
endclass
```

图 5-7 给出了通用类实现最后一步进行参数化时，参数化完成前后的类状态比较。

```
typedef int        KEY;
typedef string DATATYPE;

class dictionary_t;
...
endclass
```

```
class dictionary_t
    #(type KEY=int,type DATATYPE=string);
...
endclass
```

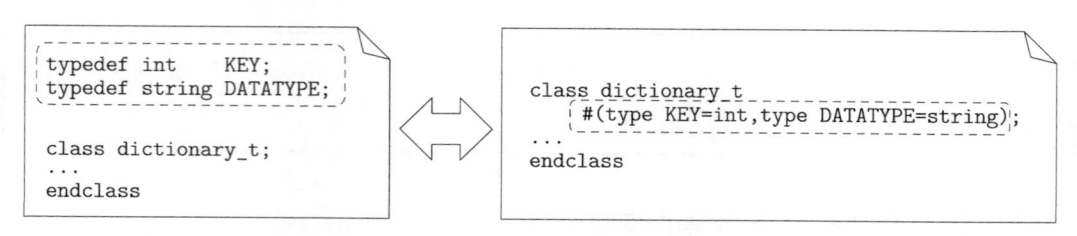

图 5-7　typedef 与类参数的对应关系

Q 参考 5-1　也可以如下所示，从一开始就使用参数进行通用类的实现。此时，无需使用 typedef 语句，但开发过程可能会很复杂。

```
class dictionary_t #(type KEY=int,type DATATYPE=string);
DATATYPE  data[KEY];              // 关联数组
...
endclass
```

例如，如果按上述方式进行类的定义，编译器会将该类替换为一个别名类。因此，字典的调试不能按预期进行。相反，最好使用可以避免编译器替换类的 typedef 语句。除此之外，还可以使用参数语句代替 typedef 语句来进行开发。

5.21 类的前向声明

在引用一个未定义的类时，需要在引用前进行声明。这样的类声明被称为前向声明。例如，发生类之间的交叉引用时，因为不能同时进行两个类的定义，所以需要进行前向声明。

如下所示，如果发生类 C1 和类 C2 的类交叉引用，则必须预先进行类 C2 的临时声明。

```
class C1;
C2    c;          // 由于类 C2 未定义，所以会出现编译错误
endclass

class C2;
C1    c;
endclass
```

为了避免编译错误，请使用 typedef 语句对类 C2 进行临时声明。

```
typedef class C2;

class C1;
C2    c;          // 类 C2 已经临时定义了，因此可以引用
endclass

class C2;
C1    c;
endclass
```

当编译器对类 C1 进行编译时，虽然其中的类 C2 还未定义，但由于之前的 typedef 语句已经对类 C2 进行了临时声明，因此类 C1 中对 C2 的引用不会导致错误出现。这种情况下，编译器能够在详细解析阶段来解析这样的交叉引用关系。

5.22 将类应用于测试平台

下面是利用类来进行 DUT 测试的简单方法。首先，如下例所示准备一个简单的模块；然后，再准备一个类来进行模块的验证；最后，在测试平台中创建该类的实例进行验证的执行。

例 5-16　通过类进行的 DUT 验证

首先，如下所示，准备一个需要验证的 4 位加法器模块。

```
module dut(input logic [3:0] a,b,output co,[3:0] sum);
assign {co,sum} = a+b;
endmodule
```

为了验证此模块，在此使用类进行随机数的生成。如下所示，通过定义类，可以在随机变量 a 和 b 中生成随机数。由于该类定义了约束 C，因此产生的随机数会满足 a<b 的关系。

```
class sample_t;
rand logic [3:0]   a, b;
constraint C { a < b; }
endclass
```

在上述类定义中，内置了随机数生成方法 randomize()。调用该方法时，会自动为类中声明的随机变量分配随机数，并且分配的随机数满足所定义的约束限制。

要执行类，还必须通过 new 构造函数进行类实例的创建。使用类定义的测试平台如下所示。

```
module test;
sample_t   sample;
logic [3:0]   a, b, sum;
logic      co;

dut DUT(.*);

   initial begin
      sample = new;                     ← 创建类 sample_t 的实例
      repeat( 5 ) begin
        #10;
        assert( sample.randomize() );   ┐
        a = sample.a;                    ├ 生成随机数以进行
        b = sample.b;                    ┘ DUT 验证
      end
   end
   initial $display("      a  b   {co,sum}");
   initial forever @(a,b)
      #0 $display("@%2t: %2d %2d    %2d",$time,a,b,{co,sum});
endmodule
```

执行此测试平台将得到以下结果。从执行结果可以看出，测试平台被分配了满足 a<b 关系的随机数，并将其用于 DUT 验证。

```
            a   b   {co,sum}
@10:    9   14     23
@20:    3    4      7
@30:    3   15     18
@40:    9   10     19
@50:    6   15     21
```

5.23 接口类

在进行任务和函数的实现时，实现方法中会出现因人而异的个体差异。显然，如果能够统一这些实现方法将是最好的做法。SystemVerilog 接口类可用于这些实现方法的统一，从而促进任务和函数实现的规范化和标准化。

接口类是用于标准化例程规范制定的类，并为其他的类定义提供符合该规范的机制。通过这样的规范机制，可以在父类和子类中实现符合标准的功能。对于父类和子类中实现的功能，两者实质上是存在微妙差异的。首先，从这些差异的介绍开始。

5.23.1 概述

当有很多共同操作的情况下，可以为这些共同的操作定义一个父类，并在父类中定义或声明这些共同的操作。例如，经常需要对数据进行 put() 和 get() 操作的情况下，可以按如下所示，在父类中声明这些操作。

```
virtual class put_get_t #(type DATA=int);
DATA    storage[$];

pure virtual function void put(DATA data);
pure virtual function DATA get();
pure virtual function int empty();
endclass
```

然后，按如下所示，在需要使用这些操作的类中，进行 put() 和 get() 操作的实现。

```
class fifo_t #(type DATA=int) extends put_get_t #(DATA);

function void put(DATA data);
   storage.push_front(data);
endfunction

function DATA get();
   get = storage.pop_back();
endfunction

function int empty();
```

```
      empty = storage.size()==0;
   endfunction
endclass
```

但是,像上述这样是否有必要仅仅为了 put() 或 get() 的调用而定义一个父类是存在争议的。此外,由于在 SystemVerilog 中子类只允许具有一个父类,因此当发生新的公共操作时,就需要增加父类中的声明数量。再有,对于某些仅由某些子类需要的操作功能,为了这些操作功能的规范化,减少不一致之处的存在,也需要在父类中添加这些操作功能的声明。关于这类问题,SystemVerilog 的接口类可以提供解决问题的手段。在此,可以按如下方式进行接口类的定义。

```
interface class put_get_ifc #(type DATA=int);
pure virtual function void put(DATA data);
pure virtual function DATA get();
pure virtual function int empty();
endclass
```

这样,需要定义这些操作功能数据结构的父类如下所示。

```
virtual class put_get_t #(type DATA=int) implements put_get_ifc #(DATA);
DATA   storage[$];
endclass
```

或者,不通过父类的定义,而是采用前面提到的通过参数进行的通用类 fifo_t 的定义。

```
class fifo_t #(type DATA=int) implements put_get_ifc #(DATA);
DATA   storage[$];

function void put(DATA data);
   storage.push_front(data);
endfunction

function DATA get();
   get = storage.pop_back();
endfunction

function int empty();
   empty = storage.size()==0;
endfunction
endclass
```

5.23.2 功能

接口类的概念类似于 Java 的接口特性。接口类是只能由 pure virtual 方法、类型声明和参数声明组成的类,并且具有以下的约束和限制。

- 不能在接口类中定义约束。
- 不能在接口类中定义功能覆盖组。
- 不能在接口类中定义类。
- 不能在其他类中定义接口类。

使用关键字 extends，接口类可以从其他接口类进行成员的继承。除此之外，还可以使用关键字 implements 从接口类定义一个新类。这种情况下，也可以通过关键字 implements 同时从多个接口类定义一个新类。总的来说，接口类负责定义方法调用的规则。这意味着可以通过使用相同的接口类来实现方法调用的标准化。

> 例 5-17 接口类的定义和使用示例

首先，定义如下的接口类，接口类仅描述要实现方法的规则。在使用此接口类定义的类中，必须进行这些规则的实现。

```
interface class storage_if#(type DT=int);
pure virtual function void put(DT a);
pure virtual function DT get();
pure virtual function int exists();
endclass
```

其次，定义实现接口类中设置的规则的类。在本例中，定义了一个单一接口类的实现。从接口类进行的继承必须使用关键字 implements。

其中的 list_t#（type）类是对队列进行操作的类，该操作的用法由接口类 storage_if#（type）定义。但是，操作过程中的具体内容由 list_t#(type) 类定义。详细描述如下所示。

```
class list_t#(type T=int) implements storage_if#(T);
T   q[$];

virtual function void put(T a);           // put 的实现
   q.push_front(a);
endfunction

virtual function T get();                 // get 的实现
   return q.pop_back();
endfunction

virtual function int exists();            // exists 的实现
   exists = q.size()>0;
endfunction
endclass
```

在上述类定义完成后，按如下所示，进行以这种方式定义的 list_t#(type) 类的使用。

```
module test;
list_t#(string)    list;

   initial begin
      list = new;
      list.put("Sunday");
      list.put("Monday");
      list.put("Tuesday");
      while( list.exists() ) begin
         $display("%s",list.get());
      end
   end
endmodule
```

执行后将得到以下结果。

```
Sunday
Monday
Tuesday
```

第 6 章

进 程

SystemVerilog 是一种用于描述硬件操作规范的并行处理语言，其并行性是通过模块中编写的 initial 初始化和 always 始终执行等过程实现的。这些过程由仿真器作为标准进程调用，用户程序不能对这些标准进程进行直接干预和控制。如果需要进行用户进程的创建和控制，可以使用 fork 功能块。通过此功能，可以从标准进程创建任意数量的子进程。此外，SystemVerilog 可以获取正在执行的进程的实例信息，允许用户在控制台执行详细的进程控制，例如进程的停止和重新启动等。本章介绍构成并行处理基础的过程及其进程控制。

6.1 仿真过程

仿真过程是在一段时间内从仿真器中启动执行的电路仿真指令块，也被称为过程语句。仿真过程具有以下语法规则（详见参考文献 [1]）。

```
initial_construct ::= initial statement_or_null
always_construct ::= always_keyword statement
always_keyword ::= always | always_comb | always_latch | always_ff
final_construct ::= final function_statement
task_declaration ::= task [ lifetime ] task_body_declaration
function_declaration ::= function [ lifetime ] function_body_declaration
```

仿真过程包括以下几种类型。
- initial 过程（initial_construct）。
- always 过程（always_construct）。
- final 过程（final_construct）。
- 任务（task_declaration）。
- 函数（function_declaration）。

这些过程的功能见表 6-1。

initial 和 always 过程是实现并行处理的基本方法。通过这些过程的使用，SystemVerilog 能够实现其并行处理的功能，从而可以忠实地表现硬件电路的执行。

表 6-1 仿真过程的类型

过程	功能
initial	仿真开始时仅由仿真器启动一次。当过程的最后一条指令执行完毕时,该过程终止。由于 initial 过程只执行一次,因此无法对设计建模。它通常用于测试平台中的数据初始化操作
always	在仿真开始时由仿真器启动,并重复执行。也就是说,当过程的最后一条指令执行完毕时,它将返回到过程的第一条指令,并重复执行。此执行将一直持续到仿真结束。always 过程有几种不同的类型,允许进行电路结构建模
final	在仿真结束后调用。由于仿真已结束,因此无法使用事件和延时等耗时的指令
任务	任务和函数在被调用时开始活动,在完成时返回到调用方
函数	

6.1.1 initial 过程

initial 过程是仅在仿真开始时执行一次的过程,用于变量等的初始化。例如,以下的初始化过程描述。

```
initial begin
   _reset = 0;
   q = { 1, 2, 3, 4, 5 };
   packet = new;
   ...
end
```

由 initial 仿真过程编写的初始化会由于信号值的变化而引起事件的发生。例如,上述初始化过程描述中的 _reset=0 将导致 negedge _reset 事件在时间 0 处发生。因此,如果存在以下 always 过程,则该过程的 if 语句则会在时间 0 处执行。

```
always @(posedge clk,negedge _reset)
   if( !_reset )
      q <= 0;
   else
      q <= d;
```

与此不同的是,在以下描述中,由于 _reset =0 的操作没有发生在仿真过程内,因此 _reset 的事件在时间 0 处也不会发生。与 Verilog 不同,SystemVerilog 在仿真开始之前进行变量的初始化。

```
module test;
logic   _reset = 0;
...
   initial begin
      q = { 1, 2, 3, 4, 5 };
      packet = new;
      ...
   end
...
endmodule
```

> 变量声明中的初始化在仿真开始之前进行

6.1.2 always 过程

always 过程是重复执行的语句块。在 SystemVerilog 中，有以下多种不同类型的 always 过程语句块。

- 通用 always。
- always_comb。
- always @ (*)。
- always_latch。
- always_ff 等。

通过 always 过程语句块的描述，可以进行组合逻辑电路、锁存器、时序逻辑电路等的构建。

6.1.2.1 敏感事件列表

组合逻辑电路和锁存器电路的 RTL 描述具有需要遵循的规则。作为特别重要的规则之一，就是要给出电路的敏感事件列表。也就是说，电路所依赖的所有信号必须被列举在敏感事件列表中。如果敏感事件列表指定不完整，就会发生仿真结果与电路应有动作不一致的现象。

> **例 6-1 多路复用器的描述示例**

下面给出了一个 4 输入多路复用器的电路。

```
module mux4(input logic a,b,c,d,logic [1:0] sel,output logic z);
   always @(sel,a,b,c,d)
      case (sel)
      0:    z = a;
      1:    z = b;
      2:    z = c;
      3:    z = d;
      default:   z = 'x;
      endcase
endmodule
```

> 敏感事件列表

这个 mux4 电路依赖的全部信号，必须被列举在 always 过程的敏感事件列表中。只有当电路所依赖的信号发生变化时，always 过程的内部语句块才能执行，以更新其输出信号 z。因此，不完整的敏感事件列表会导致不正确的仿真结果。例如，如果信号 sel 没有被指定在敏感事件列表中，那么即使 sel 的信号值发生变化，mux4 电路输出信号 z 的值也不会变化，因此复用器电路就无法正常工作。

6.1.2.2 通用 always 过程

always 过程是一个简单的循环，可用 C/C++ 语言描述如下。

```
while ( 1 ) ;
```

因此，为了使得 always 过程描述的电路能够按照一定的时间关系执行，还需要在其中加入某些时序控制的命令。例如，如下的时钟指令。

```
always clock = ~clock;
```

但是，仅仅在 always 过程中加入这样的指令还是不够的。在上述描述的示例中，虽然能给变量 clock 交替分配值 0 和 1，但是因为没有给其他进程分配响应时间，所以会使仿真器陷入死锁状态。因此，需要如下所示描述时钟的生成，以实现电路的时序控制。

```
always #10 clock = ~clock;
```

在 SystemVerilog 中，当执行中的进程遇到时序控制而停止执行时，其执行权会被转让给其他进程（或线程）。即使延时控制时间为 0(#0)，也会发生这样的现象。反过来，可以利用这样的现象有效描述并行处理控制事件的出现。例如，如下所示的简单描述。

```
module test;
logic   a;

  initial
    a = 0;
  always @(a) $display("@%0t: a=%b",$time,a);
endmodule
```

在上述描述中，即使这个描述得到了执行，一直到仿真结束也不会显示输出任何内容。之所以如此，是因为 a = 0 的操作在 @(a) 的操作之前得到了执行，所以在执行 @(a) 的操作时，就会忽略 a = 0 的事件。为了解决这个问题，可以如下所示给事件 a = 0 附加延时 0 的控制。此时，由于延时控制的附加，使得 @(a) 比 a = 0 先执行，从而可以正常进行关于变量 a 的事件捕获。

```
module test;
logic   a;

  initial
    #0 a = 0;
  always @(a) $display("@%0t: a=%b",$time,a);
endmodule
```

执行后将得到如下结果。

```
@0: a=0
```

更通用的解决方法如下所示。其中，由于 join 中断了 initial 过程的执行，所以可以使得 @(a) 比 a= 0 先执行。

```
module test;
logic  a;

   initial begin
      fork
         a = 0;
      join
   end

   always @(a) $display("@%0t: a=%b",$time,a);
endmodule
```

通常，最常用的 always 过程采用如下所示的形式。这个描述常见于硬件触发器电路中而广为人知。

```
always @(posedge clock)
   q <= d;
```

6.1.2.3　always_comb 过程

always_comb 是用于描述组合逻辑电路的过程，是 Verilog 中不具有的过程语句。在 SystemVerilog 中描述组合逻辑电路时，必须将电路所依赖的所有信号列入敏感事件列表 (@(…))中，并且这样的敏感事件列表也是每个 always 过程所必须具有的。之所以有这样的要求，是因为组合逻辑电路只有在敏感事件列表中指定的信号发生变化时电路状态才会改变。因此，不完整的敏感事件列表会引起不正确的仿真结果。

为了解决这一问题，SystemVerilog 的 always_comb 过程语句提供了自动生成敏感事件列表的功能。例如，如下所示的描述。

```
always_comb
   {co,sum} = a+b;
```

编译器会自动生成敏感事件列表 @(a,b)，这样的优点更加方便电路的描述。但是，在 always_comb 过程语句块中，语句左侧的变量不能再在其他过程块中进行值设定。

除此之外，当编译器判断出 always_comb 过程不是一个组合逻辑电路时，编译器会发出警告信息。例如，如下的电路描述。

```
always_comb begin
   if( s )
      a = b;
end
```

由于所描述的电路是一个锁存器,所以编译器会发出警告信息。

6.1.2.4　always @(*) 过程

SystemVerilog 中有与 always_comb 功能类似的 always @(*) 过程语句,该过程语句也可以像 always_comb 一样自动生成电路敏感事件的列表,但是不包含过程语句块中子例程内部使用的信号。鉴于此,always @(*) 过程语句有可能会生成不完整的敏感事件列表。对于一个没有使用子例程的电路,always @(*) 和 always_comb 在功能上是一致的。

例如,如果给出如下的组合逻辑电路描述,always @(*) 将生成 @(opcode,a,b) 的敏感事件列表。这与 always_comb 的功能完全相同。

```
always @*
   case (opcode)
   ALU_OR:     q = a | b;
   ALU_XOR:    q = a ^ b;
   ALU_NOT_B:  q = ~b;
   default:    q = '0;
   endcase
endmodule
```

但是,当使用子例程描述的组合逻辑电路时情况就不一样了。例如,在以下的 always @(*) 描述中,将生成不完整的敏感事件列表 @(opcode)。

```
always @*
   set_q(opcode);

function void set_q(alu_opcode_e code);
   case (code)
   ALU_OR:     q = a | b;
   ALU_XOR:    q = a ^ b;
   ALU_NOT_B:  q = ~b;
   default:    q = '0;
   endcase
endfunction
```

与此不同的是,如果像下面这样进行电路描述,则会生成 @(opcode,a,b) 的敏感事件列表。

```
always_comb
   set_q(opcode);
```

如上所示,always_comb 和 always @(*) 具有一些微妙的功能差异,这些差异见表 6-2。

表 6-2 always_comb 与 always @(*) 的差异

比较项目	always_comb	always @(*)
敏感事件列表	考虑子例程中使用的信号	有子例程调用时，只考虑子例程调用的实际参数，不进行子例程内部的解析
仿真开始时的动作	$time==0 时，自动执行一次。在其他情况下，响应敏感事件列表的信号变化来执行	没有对仿真开始时的特殊考虑。在敏感事件列表的信号变化之前不执行
向左侧的值设定	在 always_comb 过程语句块中，语句左侧使用的变量不能再在其他过程中进行值的设定	对于 always @(*) 过程语句块内语句左侧使用的变量，也可以通过多个其他过程进行值的设定
动作时序控制	事件、定时控制等被锁定，不能执行动作的时序控制	没有特别的限制

6.1.2.5 always_latch 过程

always_latch 过程与 always_comb 相似。不同的是，always_latch 是用于描述锁存电路的过程。在使用 always_latch 进行电路描述时，如果所描述的电路不能成为一个锁存电路，编译时将发出警告信息。例如，如下所示的电路描述将给出编译警告信息。

```
always_latch
   if( sel )
      q = a;
   else
      q = b;
```

在上述电路描述中，电路的状态不依赖于控制信号 sel，当 sel 的值无效时，电路将被赋予 q 的值，因此不满足锁存器的性质。与此相对的是，如下所示的电路描述是正确的锁存电路描述。

```
always_latch
   if( sel )
      q = d;
```

但是，下面的电路描述会成为编译器的警告对象。

```
always_latch begin
   q = a;
   if( sel )
      q = d;
end
```

上述电路描述与以下所示的描述一样。

```
always_latch begin
   if( sel )
      q = d;
   else
      q = a;
end
```

关于锁存器的逻辑生成，请参阅逻辑综合的规则。

6.1.2.6　always_ff 过程

always_ff 过程是为了描述可逻辑综合的时序逻辑电路而设计的功能。关于 always_ff 过程进行的电路描述具有以下的限制。

- 在过程的最前面进行事件控制。
- 用 posedge 或 negedge 设定控制信号。
- 在过程中不能使用阻塞时序控制指令。
- 在过程左侧指定的变量在其他过程中不可以被赋值。

例如，如下所示为一个时序逻辑电路的正确描述。

```
always_ff @(posedge clk)
   q <= d;
```

与此相对的是，如下所示的描述，由于没有指定控制事件，因此是一个不正确的电路描述。

```
always_ff
   q <= d;
```

此外，在如下所示的电路描述中，因为有多次的事件控制引用，所以也是一个不正确的电路描述。

```
always_ff @(posedge clk) begin
   @(negedge clk);
   q <= d;
end
```

综上所述，always_ff 过程的描述必须是 RTL 逻辑可综合的描述风格。

6.1.3　final 过程

final 过程是在仿真执行结束时将控制转向控制台的过程。此时，因为仿真已经结束，所以不能在 final 过程中描述需要电路通过时间消耗才能完成的指令。通常，final 过程在电路仿真执行结束时，描述表示仿真结果的信息显示等，如以下的描述所示。

```
final begin
   $display(...);
   ...
end
```

6.2 语句块

语句块的功能是将一系列语句合并成一组，成为一个语句块。在 SystemVerilog 的语法中，一个语句块即使由多个语句组成，也会被当作一个语句来对待。语句块有如下所示的 2 个类型。

- 顺序语句块（也被称为 begin-end 语句块）。
- 并行语句块（也被称为 fork-join 语句块）。

在电路描述中，使用语句块的必要性总是存在的。例如，在 if-then-else 语句中，语法上要求 then 和 else 后面只能用一条描述语句。此时，如果需要多条语句才能完成相关的电路描述，就必须使用 begin-end 语句块，将多条电路描述语句转换成一个封闭的语句块，从而在语法上将其视为一条语句。图 6-1 所示给出了分别通过 fork-join 和 begin-end 将多条语句打包成一个语句块的示例。

```
for( int i = 0; i < n; i++ )
    fork automatic int k = i;
        automatic process p = process::self();
    begin
        PA[p] = $sformatf("process-%0d",k);
        $display("@%2t: %s suspending...",$time,PA[p]);
        p.suspend;
        $display("@%2t: %s resumed",$time,PA[p]);
    end
    join_none
```

图 6-1 利用 begin-end 和 fork-join 将多条语句作为一个语句块处理的示例

6.2.1 begin-end 语句块

begin-end 语句块通过 begin 和 end 来描述。从 begin 开始到 end 为止，期间所包围的所有语句被认为是一条语句。并且，begin-end 语句块内的语句从上到下依次执行。在语句中指定了延时的情况下，延时值则意味着相对于之前执行的语句的相对时间差。

在语法要求只能使用一条语句进行描述的情况下，使用 begin-end 是很方便的。例如，if 语句中的 then 和 else，语法要求其后只能使用一条描述语句。此时，如果需要多条语句进行描述，可以通过 begin-end 将多条语句打包成一个语句块，从而在语法上将它们当作一条语句来处理。在 begin-end 语句块内还可以使用 begin 和 end 构成一个新的 begin-end 语句块，也就是说，允许 begin-end 语句块的嵌套。

6.2.2 fork-join 语句块

与 begin-end 语句块一样，fork-join 也将多条语句作为一个语句块来处理。但是，fork-join 语句块的功能远不止于此，在进行并行处理的描述时需要使用 fork-join 语句块来进行。也就是说，fork-join 语句块内的语句是并行执行的。在 SystemVerilog 中，作为并行执行的语句块，有 fork-join、fork-join_any 和 fork-join_none 3 种。为了避免混淆，我们将这 3 种功能统称为 fork 语句块，其语法规则（详见参考文献 [1]）如下所示。

```
fork [ : block_identifier ] { block_item_declaration }
    { statement_or_null } join_keyword [ : block_identifier ]

join_keyword ::= join | join_any | join_none
```

其中，fork 语句块中的语句作为子进程（线程）执行。表 6-3 按照 3 种不同类型 fork 语句块关键字的不同，分别对其功能进行了说明。

表 6-3　fork 语句块的功能

关键字	功能
join	父进程进入等待状态，直到全部子进程结束
join_any	父进程进入等待状态，直到某一个子进程结束
join_none	所有子进程生成后，父进程继续执行，被生成的子进程在父进程阻塞或结束之前不会开始执行

> **参考 6-1**　使用 join_none 时，子进程不会立即开始执行，直到父进程被阻塞时子进程才开始执行。由于 SystemVerilog 中有这样的规定，所以为了开始执行生成的子进程，父进程有必要在某个时间点通过时序控制对自己进行阻塞，从而把执行权转交给子进程。最简单且经常被使用的方法是使用延时 0(#0) 的方法进行父进程的阻塞。

> **例 6-2　fork-join 的使用示例**

在本例中，fork-join 的使用是按如下描述进行的。在生成了 3 个子进程后，父进程则进入等待状态，直到 3 个子进程执行结束。其中，每个子进程的任务是显示其开始执行的时间和子进程编号。

```
module test;

  initial begin
    fork                    // fork-join
      #10 print(1);
      #20 print(2);
      #30 print(3);
    join
    $display("@%2t main completed.",$time);
  end

function void print(int value);
  $display("@%2t value=%0d", $time, value);
endfunction
endmodule
```

其中，父进程通过 fork 生成了 3 个子进程，3 个子进程被调度，但是直到父进程被阻塞时才开始执行。父进程执行 join 指令时，会阻塞自己的执行。作为结果，3 个子进程会得到执行权，并开始执行。待 3 个子进程中最后一个执行结束时，子进程才允许父进程的重新执行。执行本例会得到如下所示的结果。

```
@10 value=1
@20 value=2
@30 value=3
@30 main completed.
```

> **例 6-3　fork-join_any 的使用示例**

在本例中，fork-join_any 的使用如下。

```
module test;

  initial begin
    fork                    // fork-join_any
      #10 print(1);
      #20 print(2);
      #30 print(3);
    join_any
    $display("@%2t main completed.",$time);
  end

function void print(int value);
   $display("@%2t value=%0d", $time, value);
endfunction
endmodule
```

其中，在生成了 3 个子进程后，父进程被阻塞。此时开始执行子进程，但是当其中一个子进程结束时，父进程的执行会重新开始。在本例中，子进程 print (1) 首先结束，然后父进程得到恢复执行，并一直到执行结束。随后，子进程 print (2) 执行结束，最后子进程 print (3) 执行结束。本例执行后，将得到如下结果。

```
@10 value=1
@10 main completed.
@20 value=2
@30 value=3
```

➤ 例 6-4　fork-join_none 的使用示例

在本例中，fork-join_none 的使用如下。

```
module test;

   initial begin
      fork                    // fork-join_none
             print(1);
         #20 print(2);
         #30 print(3);
      join_none
      $display("@%2t: processes have been scheduled.",$time);
      #0 $display("@%2t main completed.",$time);
   end

function void print(int value);
   $display("@%2t value=%0d", $time, value);
endfunction
endmodule
```

其中，父进程生成 3 个子进程后继续执行，子进程被调度但不开始执行。在父进程被阻塞或结束之前，子进程处于等待执行状态。当父进程执行到 #0 $display 语句时，进程被阻塞，此时所有子进程都开始执行。首先，子进程 print(1) 执行并结束。子进程 print(2) 被调度为 $time==20，子进程 print(3) 被调度为 $time==30。3 个子进程均执行并结束后，父进程再重新开始执行并结束。执行后会得到如下结果。

```
@ 0: processes have been scheduled.
@ 0 value=1
@ 0 main completed.
@20 value=2
@30 value=3
```

由于 fork 语句块中生成的子进程在父进程阻塞之前不会开始执行，因此，子进程被调度时的父进程执行环境与子进程执行时的父进程执行环境可能是不一致的。因此，子进程在引用父进程的变量时需要加以特别注意。特别是在 for 循环体内进行子进程生成的情况下，如果子进程中不保存 for 循环体中的进程环境，则子进程就可能会遇到不能正确引用变量值的问题。因此，可以如图 6-2 所示的那样，在子进程生成时，进行父进程执行环境的保存，并以此作为子进程的执行环境。

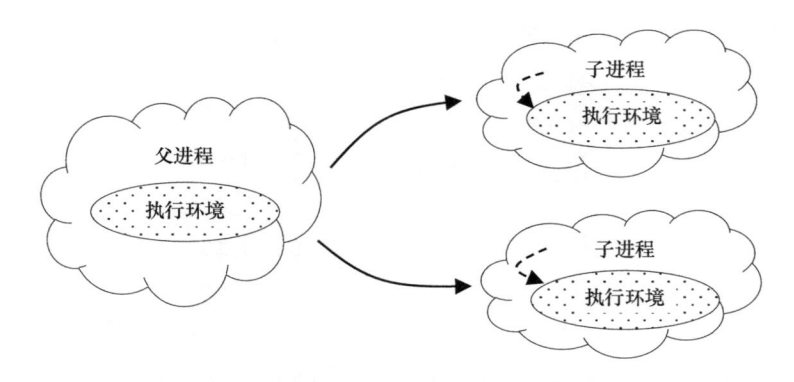

图 6-2 保存进程生成时的执行环境

关于执行环境的保存，有以下所示众所周知的示例(见参考文献 [1,3])。

> **例 6-5 fork-join_none 的错误使用示例**

在本例的描述中，由于 for 循环控制变量 i 的值没有被保存，所以 fork 语句块生成的子进程存在不能引用正确 i 值的问题。

```
module test;

   initial begin
     for( int i = 1; i <= 3; i++ )
        fork
           $write("%0d",i);
        join_none
        #0 $display;
   end
endmodule
```

未保存子进程的执行环境

在此，for 循环体内部有 fork-join_none 语句块，其功能是进行循环控制变量 i 值的显示。预期的 i 值应该被显示为 1、2、3 的顺序，但是出乎意料的是如下所示的结果。

444

下面说明为什么会得到这样的结果。fork-join_none 生成并调度 $write() 的子进程，但是在父进程阻塞之前子进程并不会开始执行。因此，只有当上述 for 循环结束，并遇到 #0 $display 语句时父进程才会被阻塞，此时 i==4。因此，当 3 个 $write() 子进程开始执行时，i 的值为 4，所以每个子进程都会显示相同的值 4。产生这样的结果，是由于子进程引用父进程的执行环境而产生的问题(见图 6-3)。该问题的解决，需要以某种形式进行父进程执行环境的保存。也就是说，需要在子进程中保存子进程被调度时的父进程执行环境。

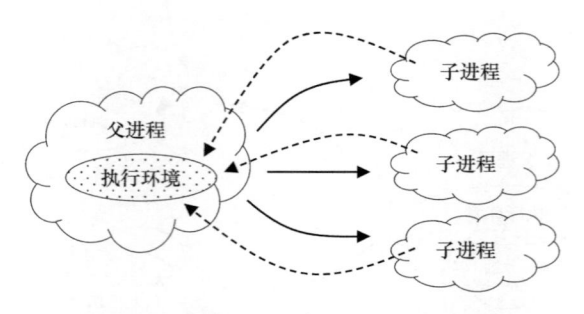

图 6-3 子进程引用父进程执行环境的情况

以下介绍在父进程进行子进程生成时，保存子进程所需要的父进程执行环境的方法。

> **例 6-6   fork-join_none 的正确使用**

在本例的描述中，用 fork 语句块生成子进程时，进行了当前执行环境的保存。因此，每个子进程生成时，循环变量 i 的值在每个子进程中都能够得到正确的引用。

```
module test;

  initial begin
    for( int i = 1; i <= 3; i++ )
      fork automatic int k = i;      // 子进程中的执行
        $write("%0d",k);              // 环境保存
      join_none
    #0 $display;
  end
endmodule
```

其中，在 fork 语句执行时，i 的值被保存为 k。因为 k 是 automatic 的，所以每个子进程均具有自己的 k 变量，能保存其生成时的循环次数 i 的值。也就是说，3 个子过程分别拥有自己的 k，其值依次为 1、2、3。因此会得到以下执行结果。

```
123
```

6.2.3 语句块命名

在 SystemVerilog 中，可以给 begin-end 和 fork 语句块进行命名，从而可以在语句块外部通过名称对其进行引用。语句块命名方法是在关键字 begin 或 fork 后面添加语句块名称，并用冒号 (:) 进行分隔。同样地，在与 begin 或 fork 配对的关键字之后也可以进行同样的命名。例如，如下所示的语句块命名。

```
begin: create_transaction
  ...
end: create_transaction
```

6.2.4 fork 语句块的有效利用

以下给出的一个简单示例，说明了 fork 语句块不仅可以进行子进程的生成，还可以进行进程之间的时序控制。

> **例 6-7　fork 语句块的有效利用**

首先，假设以下描述是测试平台的构成部分。其中，进程 p1 对变量 a 和 b 进行值的设定，进程 p2 监视两个变量 a 和 b 的变化情况，但是使用的是 $display 任务而不是 $monitor 任务。其中，forever 语句是一条无限重复进行的指令。

```
module test;
logic    a, b;

   initial begin: p1
      {a,b} = 2'b01;
   end

   initial begin: p2
      forever @(a,b)
         $display("@%0t: a=%b b=%b",$time,a,b);
   end
endmodule
```

但是，因为这个描述的执行结果是取决于 p1、p2 执行顺序的，所以是一种不正确的描述。例如，如果 p1 比 p2 先执行，则任务 $display 将得不到执行。相反，如果 p2 比 p1 先执行，则 $display 就会给出其显示的信息。

因此，上述描述的执行结果是取决于 p1 和 p2 执行顺序的。为了保证能够给出预期的信息显示，必须准备好测试平台的环境，以保证 p2 比 p1 先执行。最简单的解决方法是，如下所示进行一个延时的设定。

```
initial begin: p1
   #10 {a,b} = 2'b01;
end
```

除此之外，在不允许进行延时设定的情况下，还可以如下所示，通过 fork-join 的使用，也能解决问题。在这样的描述中，虽然也没有明确规定 p1 和 p2 哪个先执行，但是根据 SystemVerilog 的规则，p3 需要在 p2 之后执行。因为 p1 和 p2 比 p3 更早得到调度。

```
initial begin: p1
   fork
      {a,b} = 2'b01;    // p3
   join
end
```

6.3 基于定时的执行控制

本节将介绍 SystemVerilog 中所具备的定时执行控制方法。

6.3.1 基于定时的执行控制概述

SystemVerilog 的定时执行控制有两种，一种是利用延时（以 # 为操作符）进行的控制，另一种是利用事件（以 @ 为操作符）进行的控制。基于定时的时序控制遵循以下语法（详见参考文献 [1]）。

```
procedural_timing_control_statement ::= procedural_timing_control statement_or_null
delay_or_event_control ::=
   delay_control
 | event_control
 | repeat ( expression ) event_control
delay_control ::=
   # delay_value
 | # ( mintypmax_expression )
event_control ::=
   @ hierarchical_event_identifier
 | @ ( event_expression )
 | @*
 | @ (*)
 | @ ps_or_hierarchical_sequence_identifier
event_expression ::=
   [ edge_identifier ] expression [ iff expression ]
 | sequence_instance [ iff expression ]
 | event_expression or event_expression
 | event_expression , event_expression
 | ( event_expression )
procedural_timing_control ::=
   delay_control
 | event_control
 | cycle_delay
...
wait_statement ::=
   wait ( expression ) statement_or_null
 | wait fork ;
 | wait_order ( hierarchical_identifier { , hierarchical_identifier } ) action_block
edge_identifier ::= posedge | negedge | edge
```

例如，如下所示的执行控制。

```
#100 $finish;
forever #10 clk = ~clk;
@(posedge clock) rega = regb;
```

接下来，分别介绍利用延时和利用事件进行的时序控制。

6.3.2 延时控制

延时(以 # 为操作符)的时序控制具有从遇到要控制的指令那一时刻开始，需要经过指定的时间才开始执行该指令的功能。此外，在遇到延时控制时，不管延时的值是多少，当前进程皆会放弃其执行权。前述的例 6-6 中已经描述了这种情况，在此可以再回顾一遍。

```
for( int i = 1; i <= 3; i++ )
   fork automatic int k = i;
      $write("%0d",k);
   join_none
#0 $display;
```

其中，父进程中具有 #0 的延时控制，这个延时控制其实是有意设置的。虽然在 for 循环体内生成了子进程，但是由于使用了 join_none，父进程会继续执行。因此，父进程生成的子进程就变成了等待执行的状态，并且这种等待状态会持续下去，直到父进程被阻塞为止。因此，如果父进程不在某个地方进入阻塞状态，子进程的执行就不会开始。

为此，在 for 循环结束后设置了 #0 的延时控制，目的是为了使得父进程进入阻塞状态，给子进程执行的机会。

6.3.3 边缘敏感事件控制

事件控制是使得 net 和变量的值同步变化的控制方法。众所周知的控制事件有 posedge、negedge 和 edge，这些事件被称为边缘敏感事件，其意义见表 6-4。

表 6-4 边缘敏感事件控制

事件	意义
posedge	从 0 到其他值的变化。或者，从 x 或 z 到 1 的变化
negedge	从 1 到其他值的变化。或者，从 x 或 z 到 0 的变化
edge	posedge 或 negedge 的事件

关键字 or 和逗号 (,) 可以作为事件的 or 使用。在没有指定 posedge、negedge 和 edge 的情况下，在信号值发生变化之前进程处于阻塞状态。例如，像下面这样进行的事件控制。

```
always @(negedge clk) ...
always @(a, b, c, d, e) ...
always @(posedge clk, negedge rstn) ...
always @(a or b, c, d or e) ...
```

或者，像下面这样的广为人知的描述。

```
always @(posedge clk)
   q <= d;
```

其中，当 posedge clk 事件发生时，执行 q<=d 的操作。

在等待非紧凑数组的变化时，不能在整个数组中等待事件的发生。例如，下面的描述在编译时会给出出错信息。

```
bit       state[3];

always @(state)
   $display("@%0t: %b",$time,state.xor);
```

必须把这个描述改写成以下方式。

```
bit       state[3];

always @(state[0] or state[1] or state[2])
   $display("@%0t: %b",$time,state.xor);
```

@(posedge clk) 和 @(negedge clk) 等边缘敏感事件控制被经常使用。但也有需要在特定条件成立时事件控制指令才能得到执行的情况，此时还需要使用 iff 提供的功能。在此，iff 是 if and only if 的意思。

> 例 6-8 iff 的使用示例

在本例中，定义了一个使用事件控制的类，并在任务 check() 中使用有条件的 @(posedge clk)。在这种情况下，即使发生了 posedge clk 事件，但是如果不是 preset==1'b1 的条件同时出现，事件等待状态也不会解除。

```
class X;
bit    clk, preset;

task check;

   @(posedge clk)
      $display("@%0t: step-1",$time);

   @(posedge clk iff preset)         // iff
      $display("@%0t: step-2",$time);

endtask
endclass
```

为了确认上述 iff 条件的工作情况，在此准备了如下测试平台。

```
module test;
X    x;

   initial begin
      x = new;
      x.check();
   end

   initial
      forever #10 x.clk = ~x.clk;

   initial
      #100 $finish;

   initial
      #60 x.preset = 1;
endmodule
```

其执行结果如下所示。$time==30 和 $time==50 时会发生 posedge clk 事件，但是此时 preset != 1'b1，所以时间等待不会解除。但是，$time==70 时，posedge clk 事件会发生，并且 preset == 1'b1，所以事件等待被解除。

```
@10: step-1
@70: step-2
```

6.3.4 赋值定时控制

在阻塞和非阻塞赋值语句中，可以将表达式右侧的计算和给左侧变量的赋值在时间上进行分离，这一功能被称为赋值定时控制。例如，在以下的描述中，因为同时给变量 a 和 b 进行交互赋值，所以会产生竞争冒险状态。

```
fork
   #5 a = b;
   #5 b = a;
join
```

与此相对，以下的描述可以避免竞争冒险状态的发生。

```
fork
   a = #5 b;
   b = #5 a;
join
```

在上述的描述中，暂时保存表达式右侧 a 和 b 的值，保存的值在 #5 的延时之后被赋予表达式的左侧。

赋值定时控制的语法如下（详见参考文献 [1]）。

```
blocking_assignment ::=
   variable_lvalue = delay_or_event_control expression
 | ...
nonblocking_assignment ::=
   variable_lvalue <= [ delay_or_event_control ] expression
```

例如，可以如下所示进行赋值定时控制。

```
a = @(posedge clk) b;
a = #10 b;
a <= repeat(5) @(posedge clk) data;
```

在赋值定时控制中，在遇到赋值语句时，首先对表达式右侧的值进行计算并暂时保存。然后，在发生表达式右侧指定的事件时，再将暂时保存的值赋给表达式左侧的变量。这一功能见表 6-5。

表 6-5　赋值定时控制的等效表示（详见参考文献 [1]）

赋值定时控制	等效表示

`a = #5 b;`	```begin
	   temp = b;
	   #5 a = temp;
	end```

`a = @(posedge clk) b;`	```begin
	   temp = b;
	   @(posedge clk) a = temp;
	end```

`a = repeat(3) @(posedge clk) b;`	```begin
	   temp = b;
	   @(posedge clk);
	   @(posedge clk);
	   @(posedge clk) a = temp;
	end```

➢ 例 6-9　赋值定时控制的简单使用

为了避免变量 a 和 b 互换操作中的竞争冒险状态，可以使用如下所示的赋值定时控制。

```
module test;
logic   a, b;

   initial begin
      a = 1;
      b = 0;
      fork
         a = #5 b;
         b = #5 a;
      join
      $display("@%0t: a=%b b=%b",$time,a,b);
   end

   initial begin
      #1    a = 1'bx;
   end
endmodule
```

其执行结果如下所示。

```
@5: a=0 b=1
```

其中，$time==0 时，a 和 b 的值得到了临时保存，因此 $time==1 时的 a=1'bx 不会对结果产生影响。

6.3.5 事件等待控制

在满足某个条件之前等待执行的控制是事件等待控制，通常使用 wait 语句。例如，如下所示等待数据元素被放入队列。

```
int    q[$], index;
...
wait( q.size() > 0 ) index = q.pop_front;
...
```

当执行 wait 语句时，如果 q.size()== 0，则进入等待状态，直到 q.size()> 0。另一方面，wait 语句被执行时，如果 q.size()>0，则继续执行如下语句。

```
index = q.pop_front;
```

在这种情况下，进程不被阻塞。

6.3.6 事件控制和解除

@hierarchice_event_identifier 以及 @(event_expression) 的事件控制具有各种不同的用法。表 6-6 汇总了具有代表性的事件控制方式和解除时机。

表 6-6 事件控制方式和解除时机

指定方式	信号类型	解除时机
@a	a 为 net 或变量	如果 a 的值变化，则事件等待被解除
@(a, b)	a、b 为 net 或变量	如果 a 或 b 的值发生变化，则事件等待被解除
@ev	ev 为 event 类型	其他活动进程导致 ev 时间发生时，事件等待被解除
@(posedge clk)	clk 为 net 或变量	当发生 posedge clk 事件时，事件等待被解除。clk 表示时钟信号
@(negedge clk)	clk 为 net 或变量	当发生 negedge clk 事件时，事件等待被解除。clk 表示时钟信号
@(posedge clk, posedge reset)	clk、reset 为 net 或变量	当发生 posedge clk 或 posedge reset 事件时，事件等待被解除。在此，reset 和 clk 可以非同步动作。其中，clk 为时钟信号，reset 为复位信号

例如，在以下的描述中，s、a、b 中的任何一个信号值发生变化时，事件等待 @(s,a,b) 被解除，always 过程内的语句将被执行。

```
always @(s,a,b)
   if( s == 1'b0 )
      out = a;
   else
      out = b;
```

在组合逻辑电路的情况下，可以如上所述使用状态敏感的事件等待。但是在时序逻辑电路的情况下，需要如下所示使用边缘敏感的事件等待，当发生 posedge clk 或 posedge reset 事件时，事件等待被解除。

```
always @(posedge clk, posedge reset)
   if( reset == 1'b1 )
      q <= 1'b0;
   else
      q <= d;
```

在此，reset 是异步复位信号，clk 是时钟信号。只有在发生 clk 或 reset 指定的边缘事件时 q 才会被设定新值。如果没有发生上述边缘变化，则 q 就会保持为当前的值，即表现为存储器的性质。

另外需要注意的是，reset 出现在 always 过程的内部，clk 并没有在 always 过程的内部使用。实际上，在 always 过程中没有使用的边缘敏感信号通常被判定为时钟信号。

6.4 进程控制

6.4.1 wait 语句

wait 语句会在指定的条件满足之前阻塞当前正在执行的进程,并在条件满足后恢复其执行,进而执行 wait 语句的后续指令。这种等待事件的状态也被称为状态敏感。wait 语句遵循以下语法规则(详见参考文献 [1])。

```
wait ( expression ) statement_or_null
```

例如,当遇到以下 wait 语句时,进程会进入等待执行的状态,直到 enable==0。当 enable==0 时才进行 a=b 的操作。

```
wait( !enable ) a = b;
```

如果在执行到 wait 语句时 enable==0,则立即执行 a = b 的操作。

6.4.2 wait fork 语句

该语句等待当前进程直接生成的全部子进程执行结束。但是,子进程生成的孙进程除外。例如,在如下所示的描述中,父进程将被阻塞,直到 proc1、proc2、proc3 和 proc4 执行结束。

```
fork
   proc1();
   proc2();
join_any
fork
   proc3();
   proc4();
join_none
wait fork;
```

上述示例中,首先,在 proc1 或 proc2 结束之前父进程会被阻塞。当其中任何一个子进程执行结束后,父进程才会进行子进程 proc3 和 proc4 的创建。但是,此时这些子进程的执行还不会开始。当父进程执行到 wait fork 时,父进程就会进入等待状态,并开始执行子进程 proc3 和 proc4。如果此时 proc1 或 proc2 的执行还没有结束,则父进程最多会等待 3 个子进程执行结束。

➢ **例 6-10 wait fork 的使用示例**

下面介绍 wait fork 的使用示例。

```
module test;

   initial begin
      fork                    // fork-join_any
         #10 print(1);
         #20 print(2);
         #30 print(3);
      join_any
      fork                    // fork-join_none
         #1 print(4);
         #2 print(5);
         #3 print(6);
      join_none
      wait fork;              // wait fork
      $display("@%2t main completed.",$time);
   end

function automatic void print(int value);
   $display("@%2t value=%0d", $time, value);
endfunction
endmodule
```

其中，第一个 fork 语句会生成 3 个子进程。其中一个子进程结束后主进程会继续进行后续 3 个子进程的创建。在这个时间点上，一共有 5 个子进程被调度，主进程在 wait fork 语句中等待所有子进程的结束。第一个 fork 语句创建的子进程 print(3) 最晚结束执行。当所有子进程执行结束后，父进程才重新开始执行。

执行结果如下所示。

```
@10 value=1
@11 value=4
@12 value=5
@13 value=6
@20 value=2
@30 value=3
@30 main completed.
```

6.4.3　disable fork 语句

该语句用于中止当前进程生成的全部子进程的执行。当前进程生成了多个子进程，当其中一个子进程执行结束时，其他所有仍未执行结束的子进程都将被结束执行。在需要这样的执行控制的情况时，disable fork 语句能够提供有效的手段。disable fork 语句的使用方法很简单，其语法规则如下。

```
disable fork ;
```

> **例 6-11** disable fork 的使用示例

在本例中，主进程生成了 3 个进程，当其中任何一个子进程执行结束时，disable fork 语句的使用将会终止其他未执行结束的子进程。

```
module test;
   initial begin
      fork                     // fork-join_any
         #10 print(1);
         #20 print(2);
         #30 print(3);
      join_any
      disable fork;            // disable fork
      $display("@%2t main completed.",$time);
   end
function void print(int value);
   $display("@%2t value=%0d", $time, value);
endfunction
endmodule
```

其中，主进程生成了 3 个子进程。但是，如果其中一个子进程结束，其他子进程也会结束。在本例中，disable fork 语句终止了子进程 print(2) 和 print(3) 的执行。其执行结果如下所示。

```
@10 value=1
@10 main completed.
#-I Simulation completed at time 10 ticks
```

6.4.4 wait_order 语句

该语句在事件按照指定的顺序发生之前，会阻塞正在调用的进程。如果事件的发生不遵循指定的顺序，执行时会给出出错信息。其语法规则如下（详见参考文献 [1]）。

```
wait_order ( hierarchical_identifier { , hierarchical_identifier } )
   action_block
```

在上述语法规则中，可以在 action_block 上进行语句的填写。在 action_block 中填写的语句描述条件满足和不满足时的相应处理。此外，已经按照顺序发生的事件也可以再次发生，这样的情况不会给出出错信息。

例如，如下所示的 wait_order 语句。

```
wait_order(a,b,c);
```

直到事件按照 a → b → c 的顺序发生为止，阻塞当前的进程。活动开始时不遵循顺序的情况会发生错误。但是，对发生过一次的活动没有限制。例如，如果事件 a 和事件 b 按照这个顺序发生，在事件 c 发生之前，即使事件 a 再次发生也不会出错。

> **例 6-12 wait_order 的使用示例**
> 以下是一个需要按照 a → b → c 的顺序进行事件发生的示例。

```
module test;
event   a, b, c;

  initial begin
    wait_order(a,b,c)                  // 等待事件 a-b-c
      $display("@%0t: success",$time);
      else $display("@%0t: fail",$time);
    $display("@%0t: main completed.",$time);
  end

  initial begin
    #1 ->a;
    #1 ->b;
    #1 ->a;
    #1 ->b;
    #1 ->c;
  end
endmodule
```

在本例中，事件是按照给定的顺序发生的。当事件 c 发生时，wait_order 的阻塞控制结束。其执行结果如下所示。

```
@5: success
@5: main completed.
```

🔍 **参考 6-2** 上述示例的方法不能指定事件 a、b、c 发生的时间间隔。sequence 语句可以实现更灵活的事件控制。如下述的 sequence abc 语句，通过 @(posedge clk) a ##1 b ##1 c 将会等待事件 a、b、c 间隔一个时钟周期按顺序发生。

```
bit     clk, a, b, c;

  sequence abc;
    @(posedge clk) a ##1 b ##1 c;
```

```
    endsequence

    initial begin
        @abc $display("@%0t: unlocked",$time);
        $finish;
    end
...
```

6.5 进程和 RNG

在 SystemVerilog 中，每个进程都保留有自己的 RNG（Random Number Generator，随机数生成器），如图 6-4 所示。因此，在进程的并行处理中，即使改变某个进程的随机数生成方法，也不会对并行执行的其他进程的随机数生成产生影响。

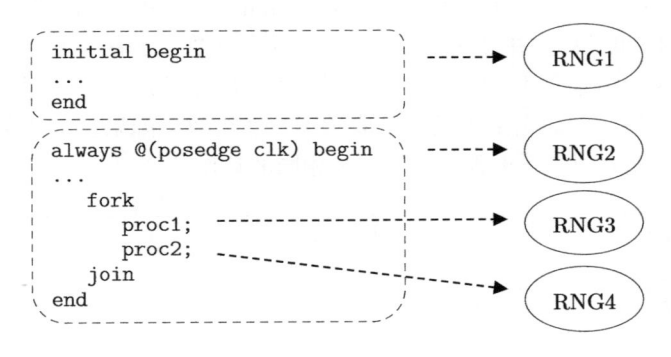

图 6-4　进程与 RNG

在父进程生成子进程时，父进程通过生成随机数来确定一个种子号，并将该种子号交付给子进程。例如，如果父进程生成了 2 个子进程，这些子进程的 RNG 将会被赋予不同的种子号。

> **例 6-13　子进程被赋予不同的种子号**

在本例中，制作了 2 个 generator 的子进程，以保证每个子进程都有自己的 RNG。为了使问题复杂化，对 2 个子进程使用了相同的任务。如以下测试平台所示，其中生成了 2 个 generator() 任务。但是，由于 generator() 任务是具有返回值的，所以必须设置为 automatic 属性。

```
module test;
bit    clk;

    initial begin
        fork
            generator("RNG-1");
```

```
            generator("RNG-2");
        join
    end

    initial forever #10 clk = ~clk;
    initial #500 $finish;

task automatic generator(string title);
repeat( 5 ) begin
    repeat( $urandom_range(1,7) ) @(posedge clk);
    $display("@%3t: %s-%0d",$time,title,$urandom_range(128,256));
end
endtask
endmodule
```

在上述 generator 任务中,设置了 $urandom_range(1,7) 的随机延时,显示 $urandom_range(128,256) 生成的随机数,并且这个操作会重复进行 5 次。其执行结果如下所示。从结果来看,两个子进程的执行结果是不同的。这个不同的执行结果的产生一方面是由于以随机延时产生的随机执行顺序,另一方面是由于随机生成的不同随机数。如果在上述两个子进程中均给定值来取代随机数,那么两个子进程将给出完全相同的动作。

```
@ 10: RNG-2-166
@ 70: RNG-1-134
@130: RNG-1-248
@150: RNG-2-186
@210: RNG-1-241
@290: RNG-2-250
@330: RNG-2-171
@350: RNG-1-163
@370: RNG-2-160
@410: RNG-1-147
```

6.6 特定的用户进程控制

在 SystemVerilog 中,进程是一个内置的类。也就是说,进程是一个名为 process 的类。通过将 process 类对象作为任务的参数传递,可以实现详细的进程控制。实际上,process 的类定义如下。

```
class process;
typedef enum { FINISHED, RUNNING, WAITING, SUSPENDED, KILLED } state;
static function process self();
function state status();
function void kill();
```

```
task await();
function void suspend();
function void resume();
function void srandom( int seed );
function string get_randstate();
function void set_randstate( string state );
endclass
```

process 类对象是在子进程生成时由内部系统创建的。由于 process 类没有定义构造函数，因此通过 new 构造函数的 process 类对象创建是非法的。process 类定义的进程控制方法见表 6-7。

表 6-7 process 类定义的进程控制方法

方法	意义
self()	返回正在调用此进程的类对象，使用方法如下所示 process p = process::self() ; 由于 new 构造函数无法进行 process 类对象的创建，因此 self() 方法是获取 process 类对象的唯一方法
status()	返回进程的状态 FINISHED：进程正常结束 RUNNING：进程正在执行中 WAITING：进程进入等待状态 SUSPENDED：暂时中止，等待重新执行 KILLED：强制结束
kill()	结束进程。此时进程的所有子进程也将终止
await()	等待其他进程的结束，与 p.await() 的作用相同。由于不能等待自己的结束，因此在 p.await() 中，p！=process::self()
suspend()	中止自己或其他进程的执行。该操作对已经中止的进程没有任何影响
resume()	恢复暂停进程的执行

对于 process 类对象，要引用其状态（status），必须使用作用域运算符进行，例如 process::FINISHED。同样，要引用对象的静态方法，也必须使用作用域运算符进行，例如 process::self()。

> **例 6-14 用户进程控制示例（详见参考文献 [1]）**

以下是基于 SystemVerilog LRM 示例给出的用户进程控制示例。

```
module test;
process   job[] = new [3];

initial begin
```

```
    foreach(job[i])
      fork automatic int k = i;
        begin
          job[k] = process::self();        // self()
          #k $display("@%0t: process-%0d ended", $time,k);
        end
      join_none

      foreach (job[i])     // 等待所有进程启动
        wait( job[i] != null );
      $display("@%0t: all processes started.",$time);
      job[0].await();        // 等待第一个进程完成
      $display("@%0t: main completed",$time);
    end
endmodule
```

本例生成了以下 3 个子进程。
- job[0]：以 $time==0 开始，以 $time==0 结束。
- job[1]：以 $time==0 开始，以 $time==1 结束。
- job[2]：以 $time==0 开始，以 $time==2 结束。

在 $time==0 时，所有子进程均开始执行。由于第一个子进程以 $time==0 为结束条件，因此主进程也在 $time==0 结束。

由于最后一个子进程以 $time==2 结束，因此仿真也需要在 $time==2 时结束。

本例的执行结果如下所示。

```
@0: all processes started.
@0: process-0 ended
@0: main completed
@1: process-1 ended
@2: process-2 ended
#-I Simulation completed at time 2 ticks
```

➢ 例 6-15 使用 suspend() 方法的示例

本例使用 process::self() 进行进程的自我引用。在进行进程的自我引用后，可以调用 suspend() 方法中止进程的活动。被 suspend() 方法中止活动的暂停进程将在 $time==10 时，通过其他进程 initial 得到进程的重新启动。

```
module test;
process   suspended;

    initial begin
```

```
      $display("@%0t: I'm going to suspend myself.",$time);
      suspended = process::self();        // self()
      suspended.suspend;                  // suspend()

      $display("@%0t: main completed.",$time);
   end

   initial begin
      #10;
      $display("@%0t: about to resume the suspended process.", $time);
      suspended.resume();                 // resume()
      $display("@%0t: resume() completed.",$time);
   end
endmodule
```

其执行结果如下所示。

```
@0: I'm going to suspend myself.
@10: about to resume the suspended process.
@10: resume() completed.
@10: main completed.
#-I Simulation completed at time 10 ticks
```

第 7 章

赋值语句

本章将对以下赋值语句进行介绍。
- 连续赋值语句。
- 行为赋值语句。

连续赋值语句是使用关键字 assign 修饰的赋值语句,并在语句中将赋值表达式右侧的值赋给左侧的 net 或变量。连续赋值语句表示"="右侧和左侧的 net 或变量是直接连接的,因此连续赋值语句总是不断地将赋值表达式右侧的值赋给左侧的 net 或变量。也就是说,右侧信号值的变化会根据延时反映在表达式的左侧。如图 7-1 所示,右侧相当于一个组合逻辑电路,左侧表示连接到该电路输出的状态。

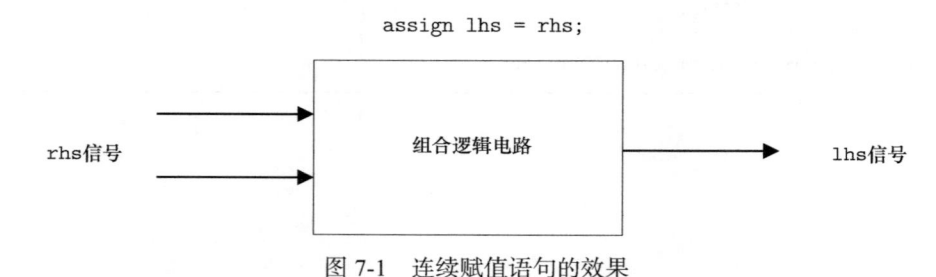

图 7-1 连续赋值语句的效果

再如,以下的连续赋值语句可以生成一个组合逻辑电路,如图 7-2 所示。在这种情况下,如果更新 error 或 warn 值,则 normal 也会同时更新。在这里,normal 可以是 net,也可以是变量。

```
assign normal = !error & !warn;
```

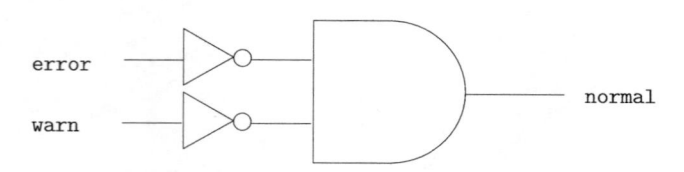

图 7-2 连续赋值语句生成的组合逻辑电路

另一方面,行为赋值语句仅在语句执行条件满足时才为变量进行赋值。也就是说,行为赋值语句仅是一个暂时的动作。因此,行为赋值语句表达式的左侧仅限于变量,不能在左侧指定为 net。也就是说,net 只能在信号随时传递的情况下才能使用。

例如，如果用行为赋值语句来描述，上述的连续赋值语句可以描述为如下所示的形式。

```
always @(error,warn)
  normal = !error & !warn;
```

在这种情况下，必须使用 always 过程来描述信号值变化的连续性，同时还必须将 normal 声明为变量。

因此，连续赋值语句和行为赋值语句在语法和功能上是不同的。

7.1 连续赋值语句

连续赋值语句需要在仿真过程之外使用关键字 assign 进行修饰。由于这也是 Verilog 可以使用的指令，所以在此只给出一个简单的示例。

> **例 7-1 使用连续赋值语句的示例（详见参考文献 [1]）**
> 以下的模块是一个以 Verilog 样式编写的加法器电路。

```
module adder (sum_out, carry_out, carry_in, ina, inb);
output [3:0]  sum_out;
output        carry_out;
input  [3:0]  ina, inb;
input         carry_in;
wire          carry_out, carry_in;
wire   [3:0]  sum_out, ina, inb;

assign {carry_out,sum_out} = ina + inb + carry_in;
endmodule
```

其中，assign 语句中"="左侧和右侧的 net 或变量是直接连接的，因此，赋值表达式右侧值的变化会直接传递到左侧。并且在本例的情况下，右侧值的变化到左侧的传递是没有延时的。

如下所示的测试平台显示了连续赋值语句随着右侧信号值的变化而更新左侧信号值的事实。测试平台通过为 adder 模块的输入生成随机数来进行 adder 的驱动，adder 在无延时的情况下完成计算，因此可以在 Inactive 区域中查看 adder 的计算结果。

```
module test;
logic         carry_out, carry_in;
logic  [3:0]  ina, inb, sum_out;

adder DUT(.*);
```

```
    initial begin
       $display("     carry_in ina inb {carry_out,sum_out}");
       repeat( 8 ) begin
          #10;
          carry_in = $random&1;      // 生成随机数以进行 adder
          ina = $random&15;          //   的驱动
          inb = $random&15;
       end
    end

    initial forever @(ina,inb,carry_in)   // 在 Inactive 区域中查看 adder
       #0 $display("@%3t:    %0d    %2d   %2d     %2d",  //   的计算结果
                   $time,carry_in,ina,inb,{carry_out,sum_out});

endmodule
```

其执行结果如下所示。

```
        carry_in ina inb {carry_out,sum_out}
@ 10:      0      4    2      6
@ 20:      0      1   10     11
@ 30:      1      3   14     18
@ 40:      0      2   12     14
@ 50:      0      7    4     11
@ 60:      1      7    6     14
@ 70:      1      0    6      7
@ 80:      0      7    5     12
```

7.2　行为赋值语句

行为赋值语句可以在以下过程或子过程中进行描述。
- initial。
- always。
- task。
- function。

行为赋值语句使用 =、<=、+= 等运算符将左侧和右侧的变量连接起来。以下即为一个典型的行为赋值语句示例。

```
initial begin
   data = 0;          // 阻塞赋值
end
```

行为赋值语句分为阻塞赋值语句和非阻塞赋值语句两种不同的类型。

7.2.1 阻塞赋值语句

在顺序执行语句块（sequential block）中，赋值语句是在后续语句执行之前执行赋值的语句。也就是说，直到该语句执行完毕，后续语句才开始执行。在此意义上，阻塞赋值语句即为阻塞后续语句的执行。在并行执行语句块（parallel block）中，不进行后续语句的执行阻塞。如以下的示例所示。

```
initial begin      // 顺序执行语句块
   a = 1;          // 阻塞后续语句的执行
   b = 2;
end

initial begin
   fork            // 并行执行语句块
      c = 1;       // 阻塞赋值，但在并行执行语句块中不阻塞其他语句
      d = 2;
   join_any
end
```

在上述示例中，直到赋值语句 a=1 执行完毕，赋值语句 b=2 才开始执行。另一方面，赋值语句 c=1 是非阻塞赋值语句，因此不阻塞赋值语句 d=2 的执行。也就是说，赋值语句 c=1 和 d=2 是同时执行的。

阻塞赋值语句具有以下语法规则（详见参考文献 [1]）。与 Verilog 相比，运算符的种类得到了增加。

```
blocking_assignment ::=
    variable_lvalue = delay_or_event_control expression
  | nonrange_variable_lvalue = dynamic_array_new
  | [ implicit_class_handle . | class_scope | package_scope ]
    hierarchical_variable_identifier select = class_new
  | operator_assignment
operator_assignment ::=
    variable_lvalue assignment_operator expression
assignment_operator ::=
    = | += | -= | *= | /= | %= | &= | |= | ^= | <<= | >>= | <<<= | >>>=
```

其中，复合运算符（+=、*= 等）是一次执行的。例如，可以使用以下所示的赋值表达式。

```
a &= b;      // 等同于 a = a & b;
```

7.2.2 非阻塞赋值语句

7.2.2.1 功能

非阻塞赋值语句可以在不阻塞执行流程的情况下进行该语句的调度，用于多个没有依赖关系变量的同时赋值，其调度的区域为 NBA（None Blocked Area，非阻塞区域）。

非阻塞赋值语句具有以下语法规则（详见参考文献 [1]）。此外，非阻塞赋值语句表达式左侧的变量不能指定为 automatic。

```
nonblocking_assignment ::= variable_lvalue <= [ delay_or_event_control ] expression
```

> 例 7-2　非阻塞赋值语句示例（详见参考文献 [1]）

以下使用 SystemVerilog LRM 中的示例说明非阻塞赋值语句的功能，本例以 Verilog 的样式编写。

```
module evaluates (out);
output out;
logic a, b, c;

   initial begin
      a = 0;
      b = 1;
      c = 0;
   end

   always c = #5 ~c;

   always @(posedge c) begin
      a <= b;                 // 在两个时间步中完成评估、计划和执行
      b <= a;
   end
endmodule
```

由于在 $time==5 时，@(posedge c) 才有事件发生，因此可以使得非阻塞赋值语句能够受到执行控制。此时，仿真器将临时保存语句块中赋值语句右侧的变量值，并将赋值语句的执行调度到 NBA。这意味着在 NBA 中执行以下的赋值操作。

```
a = 1;
b = 0;
```

在本例中，非阻塞赋值语句在 Active 区域受到控制，但其执行是在 NBA 中进行。当 NBA 开始执行时，语句块中的指令开始执行。结果，在 $time==5 时，变量的状态为 a==1，b==0。也就是说，变量 a 和 b 的值得到了交换。表 7-1 给出了非阻塞赋值语句的执行效果。

表 7-1 非阻塞赋值语句的执行效果

$time	调度区域	动作
5	Active	tmp1=1（计算 a<=b 的右侧，保存在 tmp1 中）
		tmp2=0（计算 b<=a 的右侧，保存在 tmp2 中）
	NBA	a=tmp1
		b=tmp2

其中，tmp1 和 tmp2 是仿真器进行变量值保存的临时变量。由此可以看出，非阻塞赋值语句会进行变量值的临时保存。

由于 always @(posedge c) 语句块中的非阻塞赋值语句不会立即执行，因此它们的执行结果不依赖于语句的执行顺序。例如，可以将上述 always 过程改写为以下形式。

```
always @(posedge c) begin
    b <= a;
    a <= b;
end
```

7.2.2.2 非阻塞赋值语句与时序逻辑电路

要在 SystemVerilog 中对时序逻辑电路进行描述，必须使用非阻塞赋值语句进行。如果使用阻塞赋值语句进行时序逻辑电路的描述，会出现设计与逻辑综合完成后网表仿真结果不一致的现象。

➢ 例 7-3 使用非阻塞赋值语句描述时序逻辑电路的示例

以下的描述将生成一个带有选择信号的触发器，如图 7-3a 所示。该触发器包含一个 2 输入多路复用器，并根据控制信号 s 的值，将 a 或 b 的值加载到 q 中。当然，也可以对电路描述稍加修改，生成如图 7-3b 所示的电路。其中，mux 是一个 2 输入多路复用器。有关详细信息，请参阅供应商提供的 RTL 逻辑综合相关文档。

```
module one_of(input clk,s,a,b,output logic q);

    always @(posedge clk)
        if( s == 1'b0 )
            q <= a;
        else
            q <= b;
endmodule
```

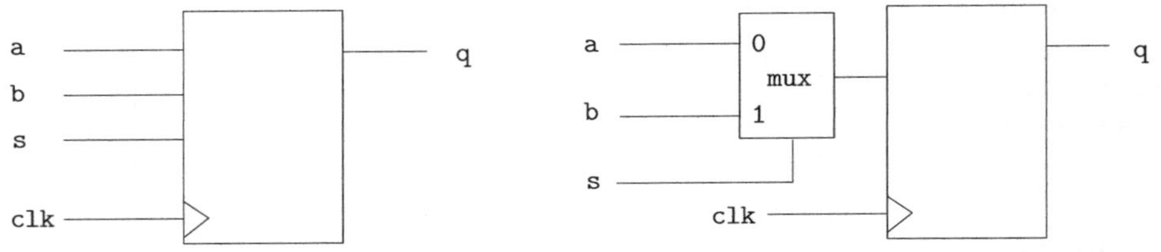

图 7-3 时序逻辑电路的示例

7.2.2.3 赋值表达式左侧变量的限制

automatic 变量不能作为非阻塞赋值语句的左侧变量。例如,在如下所示的非阻塞赋值语句中,假设左侧的变量 a 是 automatic 的,并且该语句在 Active 区域受到控制,在 NBA 中执行。

```
a <= b;
```

此时,在 Active 区域中,计算赋值语句的右侧变量值并将其存储在临时变量 tmp 中。然后在 NBA 中执行 a=tmp 的操作。

由于这样的非阻塞赋值语句执行需要跨越不同的调度区域,所以在 Active 区域的执行结束时需要进行进程的返回。此时,automatic 变量 a 的值则会消失。这就是 automatic 变量不能作为非阻塞赋值语句左侧变量的原因。

7.3 模式赋值

对于结构体、数组等变量,可以通过模式的指定进行变量值的设置。模式通常以 '{...} 进行描述,也可以在 {} 内指定与一个成员对应的数据或索引。其中,通过指定关键字或索引进行的变量值设置方法称为位置指定方法,不指定关键字或索引进行的变量值设置方法称为相对顺序指定方法。进行位置指定时,需要在位置和值之间用冒号(:)对两者进行分隔。例如,如下的模式赋值描述。

```
int ival = '{ 7:1, 0:1, defaut:0 };
```

该模式赋值描述的是对 int 型变量 ival 的赋值操作,将其位 7 设置为 1,位 0 设置为 1,其他位设置为 0。因此,变量 ival 的值为 ival==32'h0000_0081。

> **例 7-4 模式赋值语句示例**

以下是一个模式赋值语句的示例。

```
typedef struct { real x, y; } real_point;

module test;
parameter SIZE = 5;
int        iarray[SIZE] = '{ default:  1 };
integer    state = '{ 31:1, 16:1, 1:1, default:0 };
real_point pt = '{ x:1.23, y:4.56 };
int        a, b, c, d, e;

   initial begin
      $write("iarray:");
      foreach(iarray[i])
         $write(" %0d",iarray[i]);
      $display;
      $display("state=%h",state);
      $display("pt={%g,%g}",pt.x,pt.y);
```

```
        iarray = '{ 0, 1, 2, 3, 4 };
        '{a,b,c,d,e} = iarray;
        $display("a=%0d b=%0d c=%0d d=%0d e=%0d",a,b,c,d,e);
    end
endmodule
```

模式赋值语句中的模式描述也可以出现在赋值语句的左侧，但不能在其中指定索引。本例的执行结果如下所示。

```
iarray: 1 1 1 1 1
state=80010002
pt={1.23,4.56}
a=0 b=1 c=2 d=3 e=4
```

第 8 章

运算符和表达式

相较于 Verilog，SystemVerilog 新增了许多运算符，本章对这些运算符进行简要介绍。

8.1 运算符

SystemVerilog 具有以下运算符（详见参考文献 [1]），其中包括可在 Verilog 中使用的运算符。

```
assignment_operator ::=
  = | += | -= | *= | /= | %= | &= | |= | ^= | <<= | >>= | <<<= | >>>=
conditional_expression ::=
  cond_predicate ? { attribute_instance } expression : expression
unary_operator ::=
  + | - | ! | ~ | & | ~& | | | ~| | ^ | ~^ | ^~
binary_operator ::=
  + | - | * | / | % | == | != | === | !== | ==? | !=? | && | || | ** | < | <= | >
  | >= | & | | | ^ | ^~ | ~^ | >> | << | >>> | <<< | -> | <->
inc_or_dec_operator ::= ++ | --
stream_operator ::= >> | <<
```

在此列出的是在常规表达式中使用的运算符，断言中使用的序列、属性运算符等未包括在其中。

上述运算符的优先级顺序见表 8-1（详见参考文献 [1]）。例如，在如下所示的描述中，点（.）比乘法运算符（*）具有更高的优先级，因此点运算在乘法之前进行，并且不必将 sample.state 括在括号中。

```
sample.state*10
```

另外，还需要注意 &&、||、== 等的优先级顺序。这些运算符常常会同时出现，如果正确地记住它们的优先级顺序，就能给出明确的描述。例如，在如下所示的描述中，运算符 == 的优先级高于运算符 ||，因此能够先执行。因此，不需要将比较部分括在括号中。

表 8-1 SystemVerilog 运算符、优先级顺序和结合规则

运算符	结合规则	优先级顺序
() [] :: .	左	最高
+ - ! ~ & ~& | ~| ^ ~^ ^~ ++ --（一元）	不适合	
**	左	
* / %	左	
+ -（二元）	左	
<< >> <<< >>>	左	
< <= > >= inside dist	左	
== != === !== ==? !=?	左	
&（二元）	左	
^ ~^ ^~（二元）	左	
|（二元）	左	
&&	左	
||	左	
?:（条件运算符）	右	
-> <->	右	
= += -= *= /= %= &= ^= |= <<= >>= <<<= >>>= := :/ <=	不适合	
{} {{}}	嵌套	最低

```
if( up_dwn == 0 || up_dwn == 3 )
   next_count = count;
```

以上这个描述与下面的描述具有完全相同的效果，但下面的描述显得更加明确，而且更容易理解。在此，建议采用灵活的描述方法。

```
if( (up_dwn == 0) || (up_dwn == 3) )
   next_count = count;
```

以下介绍了多个 SystemVerilog 的运算符，但更多的介绍参见关于 SystemVerilog LRM 的说明书（详见参考文献 [1]）。

> **例 8-1 运算符使用示例**

本例是一些常用运算符的使用示例，需要记住它们的优先级顺序。

```
always @(posedge clk or posedge reset) begin
   if( reset )
      data_out <= 0;
   else if( read && !write && !stack_empty )
      data_out <= stack[read_ptr];
   else if( write && !read && !stack_full )
      stack[write_ptr] <= data_in;
end
```

在本例的第四行中，如果 read 为真，write 为假，stack_empty 为假，则 else if 为真。由于运算符 (!) 的优先级高于运算符 (&&)，因此在运算符 (&&) 之前进行 !write 的运算。其他描述也是如此。

以下内容将围绕添加到 SystemVerilog 中的运算符来对运算符的功能进行分类。

8.1.1 赋值运算符

与 C/C++ 一样，SystemVerilog 中可以使用以下赋值运算符。

= | += | -= | *= | /= | %= | &= | |= | ^= | <<= | >>= | <<<= | >>>=

除运算符 = 以外，其余均为复合运算符，但其执行过程均为一次性完成的。除此之外，这些运算符都是阻塞运算符。即在顺序语句块中使用时，在赋值语句完成之前，后续语句的执行将被阻塞。例如，在以下描述中，将给出 a=2 的执行结果。

```
begin
   a = 1;
   a *= 2;
   $display("a=%0d",a);
end
```

8.1.2 自增和自减运算符

在 SystemVerilog 中，可以像 C/C++ 那样使用运算符 ++ 和 --。这些运算符执行的是复合指令的操作，需要与某个变量或指令一起使用。例如，如果将 a 作为变量，则 a++、++a、a--、--a 都是可以使用的复合指令。其中，++ 表示将 a 的值加 1，-- 表示将 a 的值减 1。

如果运算符位于变量之前，则在运算执行之后进行变量值的引用。如果运算符位于变量之后，则在执行运算之前进行变量值的引用。具体例子请参见例 8-2。

参考 8-1 将这些运算符应用于关联数组时需要加以谨慎。例如，在 a[key]++ 的操作中，a[key] 被用作 LHS。此时，如果数据元素 a[key] 不存在，则自动将 a[key] 添加到数组中。key 的初始值是预先在关联数组中确定的值，并且先进行数据元素的添加，然后再进行 a[key] 的加 1 操作。

> **例 8-2 自增运算符的使用示例**
> 自增运算符的使用示例如下所示。

```
module test;
int    value;

   initial begin
      value = 1;
      $display("value=%0d",value++);    // 1
      $display("value=%0d",value);      // 2
```

```
        $display("value=%0d",++value);    // 3
    end
endmodule
```

执行后将得到以下的结果。

```
value=1
value=2
value=3
```

8.1.3 算术运算符

SystemVerilog 的算术运算符有表 8-2 所示的几种类型。

表 8-2　算术运算符

运算符	功能
a+b	加
a–b	减
a*b	乘
a/b	除
a%b	模除（求取 a 除以 b 的余数）
a**b	幂

其中，运算符 % 被称为模除运算符，即求取 a 除以 b 的余数，a%b 的计算结果使用变量 a 的符号。因此，如果 a 为有符号数，则接收结果的变量也需要是一个有符号数，否则无法得到正确的结果。

在 SystemVerilog 中，可以使用幂运算符。为了进行 x^y 的运算，可以通过 x**y 的描述进行。例如，如下所示的描述。

```
x = 2;
x = x**0.5;
```

其运算结果为 x 等于 $\sqrt{2}$。

> **例 8-3　算术运算符示例**

本例进行幂运算和负数的模除运算。

```
module test;
int    a, b, c;
logic signed [4:0]    la,lb,lc;
real   ra, rb;

    initial begin
        a = -12;
        b = 7;
        c = a%b;
        $display("c=%0d",c);         // c == -5

        la = -9;
        lb = 5;
        lc = la%lb;                  // lc == -4
        $display("lc=%0d",lc);

        ra = 2;
        rb = 0.5;
        $display("ra=%g",ra**rb);    // 平方根
    end
endmodule
```

其执行结果如下所示。

```
c=-5
lc=-4
ra=1.41421
```

8.1.4 比较运算符

SystemVerilog 的比较运算符类型见表 8-3。

表 8-3　比较运算符

运算符	意　义
a===b	如果相等，则返回 1，否则返回 0。比较包括 x 和 z，判定结果不会变成 x
a!==b	a===b 的否定形式。如果不相等，则返回 1，否则返回 0。比较包括 x 和 z
a==b	如果相等，则返回 1，否则返回 0。但是，如果 a 或 b 中的任何一个包含 x 或 z 值，则比较结果为 x
a!=b	a==b 的否定形式。如果不相等，则返回 1，否则返回 0。但是，如果 a 或 b 中的任何一个包含 x 或 z 值，则比较结果为 x

对于比较运算符 ===，则要求进行是否完全相等的判定，并且可以进行包括 x 和 z 的判定，判定结果可以是 0 或 1。另一方面，对于比较运算符 ==，当进行包含 x 或 z 值的判定时，则认为是非法的比较操作，因此判定结果为 x。

➤ 例 8-4 比较运算符的使用示例

本例示出了 === 和 == 运算符之间的差异。

```
module test;
logic [3:0]   a, b;

    initial begin
        a = 4'b0000;
        b = 4'b0000;
        print(a,b);
        b = 4'b0101;
        print(a,b);
        a = 4'b010z;
        print(a,b);
        b = 4'b010z;
        print(a,b);
        a = 4'b010x;
        print(a,b);
        b = 4'b010x;
        print(a,b);
    end

function void print(logic [3:0] x,y);
    $display("4'b%b ==  4'b%b   %b",x,y,x==y);
    $display("4'b%b === 4'b%b   %b",x,y,x===y);
endfunction
endmodule
```

执行后会得到如下结果。

```
4'b0000 ==  4'b0000  1
4'b0000 === 4'b0000  1
4'b0000 ==  4'b0101  0
4'b0000 === 4'b0101  0
4'b010z ==  4'b0101  x
4'b010z === 4'b0101  0
4'b010z ==  4'b010z  x
4'b010z === 4'b010z  1
4'b010x ==  4'b010z  x
4'b010x === 4'b010z  0
4'b010x ==  4'b010x  x
4'b010x === 4'b010x  1
```

8.1.5 通配符比较运算符

通配符比较运算符见表 8-4。其中，通配符是与 0、1、x 和 z 均能匹配的数据位。

表 8-4 通配符比较运算符

运算符	意义
a==?b	与 a==b 相同。但是，b 中的 x 或 z 被视为通配符
a!=?b	a==?b 的否定形式，与 a!=b 相同。但是，b 中包含的 x 或 z 被视为通配符

其中，因为 a==?b 中的？在变量 b 侧，所以在 b 中出现 x 和 z 的值时即当作？来处理，也就是将 b 中出现的 x 和 z 值作为无关项来处理。此时，a 中出现的 x 和 z 不作为通配符来处理。例如，4'b010z ==? 4'b0101 的结果为 x。

> **例 8-5 通配符比较运算符示例**

本例是 ==? 和 !=? 运算符的使用示例。

```
module test;
logic [3:0]   a, b;

   initial begin
      a = 4'b0000;
      b = 4'b0000;
      print(a,b);
      b = 4'b0101;
      print(a,b);
      a = 4'b010z;
      print(a,b);
      b = 4'b010z;
      print(a,b);
      a = 4'b010x;
      print(a,b);
      b = 4'b010x;
      print(a,b);
      a = 4'b110x;
      print(a,b);
   end

function void print(logic [3:0] x,y);
   $display("4'b%b ==? 4'b%b   %b",x,y,x==?y);
   $display("4'b%b !=? 4'b%b   %b",x,y,x!=?y);
endfunction
endmodule
```

其执行结果如下所示。

```
4'b0000 ==? 4'b0000   1
4'b0000 !=? 4'b0000   0
4'b0000 ==? 4'b0101   0
4'b0000 !=? 4'b0101   1
4'b010z ==? 4'b0101   x
4'b010z !=? 4'b0101   x
4'b010z ==? 4'b010z   1
4'b010z !=? 4'b010z   0
4'b010x ==? 4'b010z   1
4'b010x !=? 4'b010z   0
4'b010x ==? 4'b010x   1
4'b010x !=? 4'b010x   0
4'b110x ==? 4'b010x   0
4'b110x !=? 4'b010x   1
```

8.1.6 逻辑运算符

逻辑运算符 AND（&&）和 OR（||）连接的表达式的计算结果为一个逻辑值。如果逻辑值为真，则得到 1，如果逻辑值为假，则得到 0，如果为非法判定，则得到 x 的结果。例如，如果 expr1 和 expr2 为真，则 expr1 && expr2 也为真。

以下规则适用于逻辑运算符。
- 首先进行第一个操作数的运算。
- 在 AND 运算中，如果第一个操作数为假，则不进行下一个操作数的运算。
- 在 OR 运算中，如果第一个操作数为真，则不进行下一个操作数的运算。

一元逻辑否定运算符（!）进行逻辑非的运算，将逻辑真的 1 转换为 0，将逻辑假的 0 转换为 1。其他的情况则给出结果 x。

> **例 8-6　逻辑运算符的使用示例**

本例是使用 AND(&&) 和 OR(||) 的示例。在 a||b 中，因为 a 为 x，而 b 为真，所以 a||b 为真。

```
module test;
logic [3:0]      a, b;

   initial begin
      a = '1;
      b = 2;
      assert( a&&b )
         $display("a&&b OK");
      a = 'x;
      assert( a||b )
         $display("a||b OK");
   end
endmodule
```

执行后得到如下结果。

```
a&&b OK
a||b OK
```

8.1.7 位运算符

作为二进制按位运算符，有 AND(&)、OR(|)、XOR(^)、XNOR(^~, ~^)、NEGATION(~) 等多种类型。表 8-5 ~ 表 8-9 分别给出了这些二进制按位运算符的运算功能。

表 8-5 AND(&) 运算符

&	0	1	x	z
0	0	0	0	0
1	0	1	x	x
x	0	x	x	x
z	0	x	x	x

表 8-6 OR(|) 运算符

|	0	1	x	z
0	0	1	x	x
1	1	1	1	1
x	x	1	x	x
z	x	1	x	x

表 8-7 XOR(^) 运算符

^	0	1	x	z
0	0	1	x	x
1	1	0	x	x
x	x	x	x	x
z	x	x	x	x

表 8-8 XNOR(^~, ~^) 运算符

^~	0	1	x	z
0	1	0	x	x
1	0	1	x	x
x	x	x	x	x
z	x	x	x	x

表 8-9 NEGATION(~) 运算符

a	~a
0	1
1	0
x	x
z	x

这些位运算符对进行运算的两个操作数的值按位进行逻辑运算。例如，如下所示的位运算符使用。

```
logic [3:0]     a, b, c;
a = 4'b1000;
b = 4'b1001;
c = a ^ b;
```

在这种情况下，变量 c 的值等于 4'b0001。

8.1.8 单变量逻辑运算符

单变量逻辑运算符有以下几种。

& | ~& | | | ~| | ^ | ~^ | ^~

这些运算符的操作数为 1 个变量，对组成操作数的位从左到右重复按位进行运算，以获得一个逻辑值。首先，对操作数的 MSB 及其右侧的位执行按位逻辑运算，然后将运算结果与

MSB 右侧的第 2 位执行按位逻辑运算。重复此操作，直到 LSB 为止。例如，假设有如下所示的变量 a 声明。

```
logic [3:0]   a;
```

于是，&a 的意思即为

```
a[3]&a[2]&a[1]&a[0]
```

> **例 8-7　单变量逻辑运算符的使用示例**

本例是单变量逻辑运算符的使用示例。

```
module test;
logic [3:0]   a, b, c, d;
    initial begin
        a = '0;
        b = '1;
        c = 4'b0110;
        d = 4'b1000;
        $display(" &a=%b  &b=%b  &c=%b  &d=%b",&a,&b,&c,&d);
        $display("~|a=%b ~|b=%b ~|c=%b ~|d=%b",~|a,~|b,~|c,~|d);
    end
endmodule
```

本例的执行结果如下所示。

```
 &a=0  &b=1  &c=0  &d=0
~|a=1 ~|b=0 ~|c=0 ~|d=0
```

8.1.9　移位运算符

移位运算符的功能见表 8-10。

表 8-10　移位运算符

运算符	运算形式	功能
a<<n	逻辑	将变量 a 的位向左移 n 位，右侧的空位用 0 填充
a<<<n	算术	
a>>n	逻辑	将变量 a 的位向右移 n 位，左侧的空位用 0 填充
a>>>n	算术	将变量 a 的位向右移 n 位。左侧的空位，如果 a 为无符号数，则用 0 填充，如果 a 为有符号数，则用 a 的符号填充

8.1.10 条件运算符

条件运算符遵循以下语法规则（详见参考文献 [1]）。

```
conditional_expression ::=
  cond_predicate ? { attribute_instance } expr1 : expr2
```

条件运算符的含义见表 8-11。

表 8-11 条件运算符

cond_predicate	结果
真	返回 expr1 的计算结果，并且不计算 expr2
假	返回 expr2 的计算结果，并且不计算 expr1
x 或 z	如果 expr1==expr2 为真，则返回计算结果之一 如果 expr1==expr2 不为真，则根据每个表达式的不同值分别按位进行计算

如果 cond_predicate 为 x 或 z，且 expr1==expr2 不为真，则按照表 8-12 所示的规则，将 expr1 与 expr2 分别按位进行计算。

表 8-12 当 expr1==expr2 不为真时条件运算符的解决方法

?:	0	1	x	z
0	0	x	x	x
1	x	1	x	x
x	x	x	x	x
z	x	x	x	x

➢ 例 8-8　cond_predicate 为 x 或 z 的示例

在如下所示的描述中，验证 cond_predicate 为 x 或 z 时的行为。

```
module test;
logic [3:0]   z, a, b;
logic         c;

  initial begin
    a = '1;
    b = 'z;
    c = 1;
    check_print();      // z == '1

    c = 0;
    check_print();      // z == 'z
```

```
        c = 'x;
        check_print();      // z == 'x

        c = 'z;
        check_print();      // z == 'x

        b = 4'b01xz;
        check_print();      // z == 4'bx1xx
    end

function void check_print;
    z = c ? a : b;
    $display("a=%b b=%b c=%b z=%b",a,b,c,z);
endfunction
endmodule
```

执行后，将得到以下的结果。当 c 等于 x 或 z 时，必须按照表 8-12 进行结果的计算。

```
a=1111 b=zzzz c=1 z=1111
a=1111 b=zzzz c=0 z=zzzz
a=1111 b=zzzz c=x z=xxxx
a=1111 b=zzzz c=z z=xxxx
a=1111 b=01xz c=z z=x1xx
```

8.1.11 拼接运算符

拼接运算符是一种具有 { ... } 形式的运算符，用于变量值的拼接。其中，在 {} 中描述的表达式必须具有固定的位数。例如，{ a, 1'b0 } 是正确的描述，但 { a, '1 } 是不正确的描述。

拼接运算符有时也用作数组的拼接，可以使用类似于 {1, 2, a[1:2], 4} 的方式来进行数组的初始化。拼接运算符还可用于字符串的拼接。除此之外，此运算符也可应用于 LHS 表达式的操作数，如下例所示。

> **例 8-9　拼接运算符的使用示例**

在本例中，拼接运算符将多个变量的内部成员拼接成一组，并作为一个变量进行处理。本例中，还需要确保每个成员都得到了正确的赋值。

```
class X;

function void set(output bit [5:0] val);
    val = 6'b01_0011;
endfunction
```

```
endclass

module test;
X         x;
bit       a, b;
bit [3:0] c;

   initial begin
      x = new;

      x.set({a,b,c[3],c[2:1],c[0]});         // 拼接
      $display("a=%b b=%b c=%b",a,b,c);
   end
endmodule
```

上述描述实际上等同于执行了下面的赋值语句。

```
{a,b,c[3],c[2:1],c[0]} = 6'b01_0011;
```

执行结果如下。

```
a=0 b=1 c=0011
```

8.1.12 inside 运算符

SystemVerilog 中，inside 运算符可以检查表达式的值是否包含在某个集合中。当表达式的值包含在集合中时，inside 运算会返回 1，不包含时则返回 0。然而，如果表达式的值既没有包含在集合中，又在比较过程中遇到了 x 的变量值，则 inside 运算的结果也为 x。inside 运算符具有以下语法规则（详见参考文献 [1]）。

```
inside_expression ::= expression inside { open_range_list }
```

此外，inside 运算符进行整数比较时可以使用类似于 ==? 的通配符比较。inside 运算符的左侧为作为搜索目标的表达式，右侧为待搜索的表达式或集合，在 { } 中的成员以逗号进行分隔。

> **例 8-10 inside 运算符的使用示例**

本例是一个具有几种 inside 运算符使用情况的示例。

```
module test;
int        q[$] = { 3, 4, 5 };
int        val;
logic [2:0] a;
logic      r;
byte       b;
```

```
    initial begin
        val = 3;
        r = val inside { 1, 2, q };
        $display("r=%b",r);      // 1
        a = 3'b101;
        r = a inside { 3'b1?1 };
        $display("r=%b",r);      // 1
        a = 3'bz11;
        r = a inside { 3'b1?1, 3'b011 };
        $display("r=%b",r);      // x
        b = 10;
        r = b inside {[0:3], [8:20]};
        $display("r=%b",r);      // 1
        b = 200;
        r = b inside {[0:3], [8:20]};
        $display("r=%b",r);      // 0
    end
endmodule
```

如果 open_range_list 被指定为数组或队列，那么其中的所有元素将成为搜索的目标。例如，本例中的 { 1, 2, q } 与 { 1, 2, 3, 4, 5 } 是相同的，val inside {1,2,q} 将返回 1。

3'b101 inside { 3'b1?1 } 的结果为 1。这是因为 3'b101 ==? 3'b1?1 为真，所以 3'b101 inside { 3'b1?1 } 会返回 1 的结果。然而，3'bz11 inside { 3'b1?1, 3'b011 } 的结果为 x。这是因为左侧的 z 不是无关项的值，因此结果为 x。

执行后将会得到以下结果。

```
r=1
r=1
r=x
r=1
r=0
```

8.1.13 比特流运算符

通过比特流运算符可以轻松执行数据比特位的反转或字节交换等操作。当在赋值语句右侧使用比特流运算符时，将进行一个打包的操作；当在赋值语句左侧使用比特流运算符时，将进行一个解包的操作。比特流运算符的使用方法如下。

```
{ stream_operator [ slice_size ] stream_concatenation }
```

其中，stream_operator 为 << 或 >> 中的任意一个。运算符 >> 从左到右进行位的提取，运算符 << 的操作则相反。slice_size 表示一次提取的位数，默认值为 1。在运算符 >> 的操作中，由于无论一次进行几位的位提取，其结果均与一次 1 位的逐位提取结果相同，因此不需要进行 slice_size 的指定。对于运算符 >>，即使进行了 slice_size 的指定，该指定也将被忽略。

例如，{ << { 4'b1110 } } 的操作，自右向左地从数据 4'b1110 中进行位的逐位提取，得到的结果为 4'b0111。而 { << 2 { 4'b1110 } } 的操作，自右向左地从数据 4'b1110 中以 2 位为单位进行位提取，得到的结果为 4'b1011。

此外，slice_size 也可以被指定为类型，而不只是数值。例如，将 slice_size 指定为 byte，表示进行以 8 位为单位的位提取操作。

> **例 8-11　比特流运算符使用示例（1）**
> 本例是一个分别使用 <<、>> 比特流运算符的示例。

```
module test;
int   i,
      j = { "A", "B", "C", "D" };
byte  b;

   initial begin
      i = { >> {j}};              // "A" "B" "C" "D"
      $display("%s%s%s%s expected ABCD",
               i[31:24],i[23:16],i[15:8],i[7:0]);
      i = { << byte {j}};         // "D" "C" "B" "A"
      $display("%s%s%s%s expected DCBA",
               i[31:24],i[23:16],i[15:8],i[7:0]);
      i = { << 16 {j}};           // "C" "D" "A" "B"
      $display("%s%s%s%s expected CDAB",
               i[31:24],i[23:16],i[15:8],i[7:0]);
      b = { << { 8'b0011_0101 }};           // 'b1010_1100
      $display("b=%h expected ac",b);
      b = { << 4 { 6'b11_0101 }};           // 'b0101_11
      $display("b=%h expected 17",b);
      b = { >> 4 { 6'b11_0101 }};           // 'b1101_01
      $display("b=%h expected 35",b);
      b = { << 2 { { << { 4'b1101 }} }};    // 'b1110
      $display("b=%h expected 0e",b);
   end
endmodule
```

执行后，可得到如下所示的结果。

```
ABCD expected ABCD
DCBA expected DCBA
CDAB expected CDAB
b=ac expected ac
b=17 expected 17
b=35 expected 35
b=0e expected 0e
```

> **例 8-12　比特流运算符使用示例（2）**

在本例中，在赋值语句的左侧使用了比特流运算符。

```
module test;
int           a, b, c;
logic [10:0]  up [3:0];
logic [11:1]  p1, p2, p3, p4;

   initial begin
      { >> { a, b, c }} = 96'h000000a1_000000a2_000000a3;
      $display("a=%h b=%h c=%h",a,b,c);
      { << int { a, b, c }} = 96'b1;
      $display("a=%h b=%h c=%h",a,b,c);
      up[3] = 11'h1ab;
      up[2] = 11'h2cd;
      up[1] = 11'h3ef;
      up[0] = 11'h412;
      { >> {p1, p2, p3, p4}} = up;
      $display("p1=%h p2=%h p3=%h p4=%h",p1,p2,p3,p4);
   end
endmodule
```

执行后的结果如下。

```
a=000000a1 b=000000a2 c=000000a3
a=00000001 b=00000000 c=00000000
p1=1ab p2=2cd p3=3ef p4=412
```

> **例 8-13　比特流运算符使用示例（3）**

```
module test;
byte   q[$];
int    i;
```

```
    initial begin
        i = 32'h12_34_56_78;
        { >> {q}} = i;
        $display("q: %h %h %h %h",q[0],q[1],q[2],q[3]);
        { << byte {q}} = i;
        $display("q: %h %h %h %h",q[0],q[1],q[2],q[3]);
    end
endmodule
```

在本例中，分别使用 << 、>> 比特流运算符，通过赋值语句右侧的值为队列 q 进行值的设定，同时清除队列 q 的原有内容，其执行结果如下。

```
q: 12 34 56 78
q: 78 56 34 12
```

在赋值语句左侧使用动态数组时，通常需要指定数组操作的条件。例如，如下所示的示例。

> ➤ 例 8-14　比特流运算符使用示例（4）
> 在本示例中，通过比特流运算符 << 进行动态数组及 byte 类型变量的赋值。

```
module test;
byte    ub[], b1, b2;
int     i;

    initial begin
        i = 32'h12_34_56_78;
        { << byte { ub with [0:1],b1,b2 } } = i;
        $display("ub[0]=%h ub[1]=%h b1=%h b2=%h",
                 ub[0], ub[1], b1, b2 );
    end
endmodule
```

其中，因为 ub 是动态数组，所以其成员数量没有限制。在本例中，如果不对动态数组 ub 的成员数量进行限制，则变量 i 的值将全部赋给动态数组 ub，从而使得变量 b1 和 b2 得不到赋值。执行后的结果如下。

```
ub[0]=78 ub[1]=56 b1=34 b2=12
```

8.2 操作数

8.2.1 部分选择

使用部分选择可以进行连续多个位的访问，其操作如下。

```
vect[msb_expr:lsb_expr]
```

其中，msb_expr 和 lsb_expr 须为常量表达式，因为该形式的部分选择是在编译时确定的。也可使用非常量表达式来进行部分选择的构建，这种方法被称为带索引的部分选择（indexed part-select）。带索引的部分选择可参照如下所示的方法进行。

```
up_vect[base_expr +: width]
down_vect[base_expr -: width]
```

其中，base_expr 为整数型表达式，width 须为正整数（常数）。up_vect 表示从 base_expr 位开始向上访问 width 位。down_vect 表示从 base_expr 位开始向下访问 width 位。例如，对于如下所示的变量。

```
logic [31: 0] a_vect;
logic [0 :31] b_vect;
```

将按如下方式执行。

```
a_vect[ 0 +: 8]   →   [0:7]    →   a_vect[7:0]
a_vect[15 -: 8]   →   [15:8]   →   a_vect[15:8]
b_vect[ 0 +: 8]   →   [0:7]    →   b_vect[0:7]
b_vect[15 -: 8]   →   [15:8]   →   b_vect[8:15]
```

首先，需要确定部分选择的区间，然后，需要与实际的位方向一致。

> **例 8-15 带索引的部分选择使用示例**
> 本例是一个带索引的部分选择示例，但它不是一种易于理解的表达方式。

```
module test;
logic [31: 0] a_vect;
logic [0 :31] b_vect;
```

```
    initial begin
       a_vect[ 0 +: 8] = 8'h12;    // a_vect[7:0]
       a_vect[15 -: 8] = 8'h34;    // a_vect[15:8]
       $display("a_vect=%h",a_vect);
       b_vect[ 0 +: 8] = 8'hab;    // b_vect[0:7]
       b_vect[15 -: 8] = 8'hcd;    // b_vect[8:15]
       $display("b_vect=%h",b_vect);
    end
endmodule
```

其执行结果如下。

```
a_vect=xxxx3412
b_vect=abcdxxxx
```

8.2.2 非紧凑数组

关于非紧凑数组，必须指定索引才能在算术表达式中进行引用。例如，如下所示的非紧凑数组。

```
logic [7:0]    mem[1024];
```

该数组为一个非紧凑数组，为数组分配了 1024 字节的存储区域，但每一个字节之间，其存储区域均为各自独立的。因此，为了在算术表达式中使用 mem，必须进行如 mem[10] 那样的索引指定。

8.3 带标记成员的操作

带标记成员的操作可用于共用体变量引用成员与标记成员的一致性检查。对于一个共用体变量的成员标记，遵照以下语法 (详见参考文献 [1]) 进行。

```
tagged member_identifier [ expression ]
```

使用上述方法可以将一个共用体变量标记为 member_identifier 的成员访问，并通过表达式 [expression] 为成员 member_identifier 设置变量值。此时，如果以其他成员名称对该共用体变量进行引用，则会导致执行错误的发生。

> 例 8-16 带标记成员的使用示例

对共用体变量附上标记后，在进行不匹配成员的引用时将会发生执行错误。

```
typedef union tagged {
    int     i;
    real    r;
} data_t;

module Top;
data_t data;
    initial begin
        data = tagged i 10*2;
        $display("a.i=%0d",data.i);    // 正确
        $display("a.r=%g",data.r);     // 错误标记
        data = tagged r 3.14;
        $display("a.r=%g",data.r);     // 正确
    end
endmodule
```

其中，共用体变量 data 被标记为成员 i，此时如果对其以其他成员名称进行引用，将导致执行错误的发生。例如，data.r 的引用将导致执行错误的发生。只有当重新将共用体变量 data 标记为成员 r 时，才能进行 data.r 的引用。实际执行结果如下。

```
a.i=20
#-W Inconsistent use of a tagged member: write=i read=r
a.r=0.0
a.r=3.14
```

第 9 章

执 行 语 句

本章主要介绍 SystemVerilog 的常用功能和新增功能。

9.1 if 语句

if 语句的一般格式如下 (详见参考文献 [1])，其中，unique_priority 功能是 Verilog 的扩展。

```
conditional_statement ::=
   [ unique_priority ] if ( cond_predicate ) statement_or_null
   { else if ( cond_predicate ) statement_or_null }
   [ else statement_or_null ]

unique_priority ::= unique | unique0 | priority
```

这里的 unique_priority 是用于匹配或不匹配条件状态限制的关键字，在没有 unique_priority 时，语句则会变成一个普通的 if 语句。unique_priority 的特点如下。

- 在 unique-if 和 priority-if 语句中，如果不存在 else 选项，则在条件不满足的状态下会产生执行错误，但 unique0 不会产生此错误。
- unique 是限定 if-else-if 条件声明中不存在重叠条件的关键字。这意味着，因为条件是具有互斥性的，所以对条件的判断也不依赖于其出现的顺序。

9.1.1 所有条件的列举

在 unique-if 和 priority-if 语句中，意味着所有可能的条件都需要被列举，因此在无 else 选项的情况下，发生不满足条件的状态时会产生执行错误。例如，假设有以下的描述。

```
bit [2:0]   a;
...
unique if( a == 0 )
   $display("0");
else if( a == 2 )
   $display("2");
else if( a == 7 )
   $display("7");
```

在上述示例中，当 a 的取值为 1、3、4、5 或 6 时，则会因为不存在满足条件的 if-else-if 语句，所以在实际执行时会发生执行错误。上述示例虽然是 unique-if 语句的情况，但也同样适用于 priority-if 语句的情况。

这一功能在 RTL 逻辑综合领域被称为所有条件功能，即虽然变量 a 可取 0~7，但是如果根据规范，a 只能取 0、2 或 7 的话，则可以以上述方法进行电路描述，以期获得由逻辑综合带来的最优化逻辑。

9.1.2 unique-if 语句和 unique0-if 语句

unique 是限定 if-else-if 条件声明中不存在重叠条件的关键字。在 unique-if 语句中，条件重叠会导致执行错误，但是 unique0-if 语句不会给出出错信息。例如，如下所示的描述。

```
bit     a, b, c;

a = 1;
b = 1;
c = 0;
unique if( a )
    a = 0;
else if( b )
    b = 0;
else if( c )
    c = 0;
```

其中，因为第一个 if 条件和第二个 else-if 条件同时成立，因此会导致出错信息的出现。在逻辑综合领域，这个功能被称为并行条件。通过 unique 限定的条件声明可以实现 RTL 逻辑综合阶段的逻辑优化。

> **例 9-1　unique-if 语句使用示例**

在 unique-if 语句执行的过程中，如果没有找到相应条件的处理选项，则会发生执行错误。

```
module test;
logic [3:0]   a;

    initial begin
        a = 0;
        check(a);
        a = 2;
        check(a);
        a = 3;
        check(a);
    end
```

```
task check(input [3:0] a);
   unique if ((a==0) || (a==1)) $display("0 or 1");    // unique-if
   else if (a == 2) $display("2");
   else if (a == 4) $display("4");
endtask
endmodule
```

执行后会得到如下结果。

```
0 or 1
2
#-E UniqueIf_N001.sv (L14) Nomatch violation: test
```

9.1.3 priority-if 语句

priority 是指定 if-else-if 条件必须按照它们的编写顺序进行判定的关键字，这样的指定会影响逻辑优化的处理。

> 例 9-2　priority-if 语句使用示例

在本例中，由于可能存在多个 if 语句条件同时满足的情况，因此需要设置 priority-if 语句来进行逻辑优化。

```
logic [3:0]     data;
logic [2:0]     state;
...
priority if( data[0] )
   state = 3'b010;
else if( data[2] || data[1] )
   state = 3'b110;
else
   state = 3'b000;
```

其中，如果 data==4'b1111，则第一个 if 语句和第二个 else-if 语句的条件均会得到满足。因此，为实现逻辑的优化，在此必须使用关键字 priority。

9.2　case 语句

case 语句的语法规则如下所示 (详见参考文献 [1])。

```
case_statement ::=
    [ unique_priority ] case_keyword ( case_expression )
    case_item { case_item } endcase
  | [ unique_priority ] case_keyword ( case_expression ) matches
    case_pattern_item { case_pattern_item } endcase
  | [ unique_priority ] case ( case_expression ) inside
    case_inside_item { case_inside_item } endcase

unique_priority ::= unique | unique0 | priority
case_keyword ::= case | casez | casex
```

由此可见，在没有 unique_priority 的情况下，该语句只是一个普通的 case 语句。在 case_expression 与 case_item_expression 匹配时，则将执行与匹配的 case_item_expression 相对应的语句。在 case_expression 与任何 case_item_expression 都不匹配时，如果已经指定了默认的 case_item，则将执行与默认的 case_item 相对应的语句。case_item 的相关语法如下所示（详见参考文献 [1]）。在 case_inside_item 中，可以进行 open_range_list 的指定。

```
case_item ::=
    case_item_expression { , case_item_expression } : statement_or_null
  | default [ : ] statement_or_null
case_pattern_item ::=
    pattern [ &&& expression ] : statement_or_null
  | default [ : ] statement_or_null
case_inside_item ::=
    open_range_list : statement_or_null
  | default [ : ] statement_or_null
```

> ➤ 例 9-3 case 语句使用示例

本例描述了一个 4 输入的多路复用器。其中，如果 select==0，选择执行 out=a 的语句。select 取其他值的情况，也是如此选择相对应的语句进行执行。但是，在 select 中含有 x 或 z 时，选择执行语句 out=1'bx。

```
module mux4_case(input a,b,c,d,input [1:0] select,output logic out);

always @(a or b or c or d or select) begin
    case (select)
      0 : out = a;
      1 : out = b;
```

```
      2 : out = c;
      3 : out = d;
      default out = 1'bx;
    endcase
end
```

9.2.1　unique-case 语句和 unique0-case 语句

在 case 语句中，可以像 if-else-if 语句那样，进行 unique 和 unique0 的使用。其意义也是一样的，即需要满足以下两个条件。
- 用 case_item_expression 描述的条件具有互斥性。
- 所有条件被列举。

如果上述两个条件没有得到满足，unique-case 语句就会出现执行错误。

> **例 9-4　unique-case 语句使用示例**

在本例所示的 unique-case 语句中，可能会出现不满足 unique 的条件互斥性要求，因此在实际执行时会发生执行错误。

```
module test;
logic [0:3]   key,
              key_value[] = { 0, 1, 2, 4, 8, 6 };
logic [0:1]   data;

  initial
    foreach(key_value[i]) begin
      key = key_value[i];
      #10;
    end

  initial $monitor("@%2t: data=%0d",$time,data);

  always @(key)
    unique casez (key)            // unique-case
      4'b???1:    data = 0;
      4'b??10:    data = 1;
      4'b?1?0:    data = 2;
      4'b1000:    data = 3;
      default:    data = 0;
    endcase
endmodule
```

其中，在 key==6 的情况下，因为同时使得两个条件得到满足，因此违反了 unique-case 的条件互斥性要求。其执行结果如下所示。

```
@ 0: data=0
@20: data=1
@30: data=2
@40: data=3
#-E UniqueCase_N001.sv (L15) Unique-case violation: test
@50: data=1
```

9.2.2　priority-case 语句

在 priority-case 语句中，priority 的使用与 if-else-if 语句中的情况相同，都是需要列出所有的条件，并从上到下按描述的顺序进行条件的搜索。对于 case 语句给定的条件，如果存在特定的 case 条件找不到对应的 case_item 的情况，则在实际执行时将会给出一条违反 priority-case 的出错信息。例如，在如下所示的示例中，当 a=4，5，6，7 时，将会给出违反 priority-case 的出错信息。

```
priority casez(a)
   3'b00?: $display("0 or 1");
   3'b0??: $display("2 or 3");
endcase
```

9.2.3　casez 和 casex

case 语句中也具有考虑 do-not-care 条件的语句。其中，casez 语句以 z 为通配符，casex 语句以 x 和 z 为通配符，并逐位进行比较。在这些语句中，可以使用 ? 来代替 z。

> **例 9-5　casez 语句使用示例**

本例是一个从 SystemVerilog LRM 示例修改而来的例子，本例自 Verilog 时代以来就广为人知。

```
module test;
logic [7:0] ir;

   initial begin
      ir = '1;
      casez (ir)
         8'b1???????: $display("instruction1");
         8'b01??????: $display("instruction2");
         8'b00010???: $display("instruction3");
         8'b000001??: $display("instruction4");
      endcase
   end
endmodule
```

其执行结果如下。

```
instruction1
```

> **例 9-6　casex 语句使用示例**

本例是一个从 SystemVerilog LRM 示例修改而来的例子，本例自 Verilog 时代以来就广为人知。建议读者自己动手进行计算，而不是使用模拟器。

```
module test;
logic [7:0] r, mask;

   initial begin
      r = 8'b01100110;
      mask = 8'bx0x0x0x0;
      casex (r ^ mask)
         8'b001100xx: $display("stat1");
         8'b1100xx00: $display("stat2");
         8'b00xx0011: $display("stat3");
         8'bxx010100: $display("stat4");
      endcase
   end
endmodule
```

其执行结果如下。

```
stat2
```

9.3　inside 运算符与 if 语句及 case 语句

inside 运算符也可以用于 if 语句和 case 语句。if 语句的条件表达式中使用的 inside 运算符很容易理解，但 case 语句中的语法有点特殊。

9.3.1　if 语句和 inside 运算符

if 语句可以在条件表达式中使用 inside 运算符，而不需要任何特殊的语法。

> **例 9-7　if 语句中使用 inside 运算符的示例**

可以像如下所示的那样，在 if 语句的条件表达式中使用 inside 运算符。

```
module test;
int    iarray[5] = { 1, 2, 3, 4, 5 },
       a;

   initial begin
      a = 11;
      if( a inside { iarray, [8:20] } )      // inside
         test1();
      else
         test2();
   end
...
endmodule
```

在本例中，因为 a==11，所以 if 语句的条件为真，执行语句 test1()。

9.3.2　case 语句和 inside 运算符

为了在 case 语句中使用 inside 运算符，需要借助如下所示的特定语法 (详见参考文献 [1])。

```
[ unique_priority ] case ( case_expression ) inside
   case_inside_item { case_inside_item } endcase

case_inside_item ::=
   open_range_list : statement_or_null
 | default [ : ] statement_or_null
```

其中，可以在 case_inside_item 里指定值、区间以及区间的列表。尽管这是一个方便的功能，但其语法描述变得难以阅读。

> **例 9-8　case 语句中使用 inside 运算符的示例**

首先，可以像如下所示的那样，在 case 语句中使用 inside 运算符。由于是 inside 运算符，因此可以在 case_item 中使用区间。

```
task check(input logic [WIDTH-1:0] a);
   case (a) inside                        // inside
   1:
        $display("a=1");
   [2:4]:
        $display("a=%0d in [2:4]",a);
```

```
      [10:12], [20:30]:
          $display("a=%0d in [10:12] or [20:30]",a);
      default:
          $display("unmatch a=%0d",a);
   endcase
endtask
```

接下来准备如下所示的测试程序。

```
module test;
parameter WIDTH=8;
logic [WIDTH-1:0]   a;

   initial begin
      a = 1;
      check(a);
      a = 3;
      check(a);
      a = 11;
      check(a);
      a = 21;
      check(a);
      a = 65;
      check(a);
   end
endmodule
```

其执行结果如下。

```
a=1
a=3 in [2:4]
a=11 in [10:12] or [20:30]
a=21 in [10:12] or [20:30]
unmatch a=65
```

9.4 循环语句

接下来进行循环语句的介绍。另外，在循环语句的循环体内，通常还可以使用 continue 和 break 语句。SystemVerilog 的循环语句有如下所示的几种类型。
- for 语句。
- repeat 语句。

- foreach 语句。
- while 语句。
- do-while 语句。
- forever 语句。

下面依次介绍这些语句。

9.4.1 for 语句

for 语句的语法规则如下所示 (详见参考文献 [1])。

```
for ( [ for_initialization ] ; [ expression ] ; [ for_step ] )
   statement_or_null
```

在 SystemVerilog 中，可以通过 for_initialization 来定义 for 循环的控制变量。该控制变量具有 automatic 属性，只能在循环体内使用。循环结束时，控制变量被释放，无法再使用其值。除此之外，循环是否继续可以通过 expression 来判定，并且通过 for_step 进行循环控制变量的更新。

➢ 例 9-9　for 语句使用示例

如下所示，在 for 语句中，通常在循环体内确定控制循环变量。前一个 for 循环执行数组的初始化，后一个 for 循环执行数组内容的确认。

```
module test;
int    iarray[10];

  initial begin
    for( int i = 0; i < iarray.size(); i++ ) begin
       iarray[i] = i;
    end

    $write("iarray:");
    for( int i = 0; i < iarray.size(); i++ )
       $write(" %0d",iarray[i]);
    $display;
  end
endmodule
```

在 SystemVerilog 中，可以使用与 C/C++ 相同的语法来进行 for 循环的描述。但是，当循环体中有多个语句时，则必须使用 begin-end 块来进行包围，这一点与 C/C++ 不同。在上述的两个 for 语句中，虽然循环控制变量使用了相同的变量名 i，但两者实际是完全不同的变量，并且不可在循环体外进行变量 i 的引用。本例的执行结果如下所示。

```
iarray: 0 1 2 3 4 5 6 7 8 9
```

对于类似于本例这样的简单循环描述，采用后续的 foreach 语句将更加方便。

9.4.2 repeat 语句

repeat 语句是按照指定的次数来执行循环的指令。因此，如果不能正确进行循环次数的描述，则 repeat 循环将不会得到执行。其语法规则如下 (详见参考文献 [1])。

```
repeat ( expression ) statement_or_null
```

例如，如下所示的 repeat 循环。

```
module test;
int     q[$];

   initial begin
     repeat( 8 )
        q.push_back($urandom_range(0,255));
        ...
   end
endmodule
```

对于不需要使用循环控制变量的循环，最好使用 repeat 循环。例如，在循环体中不需要引用循环控制变量的情况下，就没有必要使用 for 循环。在如下所示的 for 循环体中，控制变量 i 没有在循环体中引用。因此，automatic 变量 i 就没有得到有效的利用。

```
for( int i = 0; i < 8; i++ ) begin
   assert( sample.randomize() );
   $display("data=%3d",sample.data);
end
```

在这种情况下，像如下所示的那样使用 repeat 语句则会更有效。

```
repeat( 8 ) begin
   assert( sample.randomize() );
   $display("data=%3d",sample.data);
end
```

> 例 9-10 repeat 语句使用示例

repeat 语句通常用于等待时钟事件发生的情况。例如，在如下所示的描述中，将等待 5 次时钟事件的发生。

```
module test;
bit    clk;

   clocking cb @(posedge clk); endclocking

   initial begin
      repeat( 5 ) @cb;       // ##5
      $display("@%0t: main completed",$time);
      $finish;
   end

   initial forever #10 clk = ~clk;
endmodule
```

执行结果如下所示。

```
@90: main completed
```

9.4.3　foreach 语句

foreach 语句是一种使用方便的循环控制语句，且可用于所有的数组类型。对于一个 foreach 语句，只需要指定数组名称和循环控制变量的名称，即可描述一个循环处理，并且编译器会自动创建指定的循环控制变量。但是，当自动进行循环控制变量的指定时，控制变量被描述为 automatic 属性且禁止写入。其语法如下所示（详见参考文献 [1]）。

```
foreach ( ps_or_hierarchical_array_identifier [ loop_variables ] )
   statement

loop_variables ::= [ index_variable_identifier ]
   { , [ index_variable_identifier ] }
```

➢ **例 9-11　foreach 语句使用示例（1）**

本例为一个最典型的 foreach 语句示例。

```
module test;
int    iarray[10];

   initial begin
      foreach(iarray[i])
         iarray[i] = i;
```

```
        foreach(iarray[i])
            $display("iarray[%0d] = %0d",i,iarray[i]);
    end
endmodule
```

在上述两个 foreach 语句中,循环控制变量 i 均被指定为 int 型。其中,前一个 foreach 循环进行数组的初始化处理,后一个 foreach 语句依次显示数组的数据元素值。虽然两个 foreach 语句均使用了名称相同的循环控制变量 i,但它们是两个相互独立的不同变量。

本例的执行结果如下。

```
iarray[0] = 0
iarray[1] = 1
iarray[2] = 2
iarray[3] = 3
iarray[4] = 4
iarray[5] = 5
iarray[6] = 6
iarray[7] = 7
iarray[8] = 8
iarray[9] = 9
```

foreach 语句可用于各种类型的数组,并且其循环控制变量的类型由所使用的数组类型决定。例如,对于动态数组 a[],循环控制变量的类型为 int 型,而对于关联数组 a[string],循环控制变量的类型为 string 型。

在以下所示的示例中,将 foreach 语句应用于队列的处理,在这样的进行队列处理的 foreach 循环中,其控制变量被指定为 int 型。

> **例 9-12　foreach 语句使用示例(2)**

对于队列,可以使用 foreach 语句进行处理,就像对数组的处理一样。

```
module test;
string    qs[$] = { "hello", "world", "from", "Tokyo" };

    initial begin
        foreach(qs[i])
            $display("qs[%0d] = %s",i,qs[i]);
    end
endmodule
```

由此可见,由于队列是数组的一种,因此可以当作常规的数组进行处理。本例的执行结果如下所示。

```
qs[0] = hello
qs[1] = world
qs[2] = from
qs[3] = Tokyo
```

在如下所示的示例中,将 foreach 语句应用于关联数组的处理。

➢ 例 9-13 foreach 语句使用示例(3)

本例为一个带有字符类型索引的关联数组处理示例。其中,用于 foreach 语句的循环控制变量需要结合关联数组的索引类型来进行指定。

```
module test;
int     area_code[string] = '{
        "San Francisco":415,
        "San Jose":408,
        "Berkeley":510,
        "New York":212,
        "Los Angeles":213 };

   initial begin
      $display("%-20s Area Code","City");
      $display("------------------------------");

      foreach(area_code[i])
         $display("%-20s %3d",i,area_code[i]);
   end
endmodule
```

在本例中,由于关联数组的索引为 string 型,因此可按字典顺序进行排序。在经过 foreach 语句的循环处理后,会按照索引的顺序返回对应的数据值。

本例的执行结果如下所示。

```
City                 Area Code
------------------------------
Berkeley             510
Los Angeles          213
New York             212
San Francisco        415
San Jose             408
```

9.4.4 while 语句

while 语句是一种只要条件为真就会重复执行的循环语句。while 语句具有以下语法规则（详见参考文献 [1]）。

```
while ( expression ) statement_or_null
```

在执行 while 语句时，如果条件 (expression) 不成立，则 while 循环结束并移至下一条指令。

> 例 9-14　while 语句使用示例

在如下所示的示例中，依次检索存储在队列中的整数。

```
int    q[$];
...
initial begin
   while( q.size() ) begin
      val = q.pop_front();
      ...
   end
end
```

其中，只要队列 q 中有数据，就将队列中的第一个数据取出并放入到变量 val 中。如果队列 q 一开始就为空，则 while 循环体内部的语句永远不会被执行。

9.4.5 do-while 语句

在 SystemVeilog 中还可以使用 do-while 语句，do-while 语句的语法规则如下（详见参考文献 [1]）。其中，在关键字 while 之后以条件表达式和分号结束。

```
do statement_or_null while ( expression ) ;
```

do-while 语句首先执行 statements_or_null，并且只要 expression 条件表达式的值为真，便重复执行 do 语句块中的 statements_or_null。该语句的特点是 do 语句块中的 statements_or_null 至少执行一次。

> 例 9-15　do-while 语句使用示例

在本例中，将按顺序进行 enum 中定义的标签的显示。其中，do-while 语句假定至少有一个 enum 标签存在，并从 enum 中定义的第一个标签开始依次进行标签的显示，直到将要显示的 enum 标签等于第一个 enum 标签为止。这就是 do-while 语句描述的循环处理。

```
typedef enum { RED, YELLOW, GREEN, BLUE, WHITE } color_e;

module test;
color_e   color, first_color;

   initial begin
      first_color = color.first();
      color = first_color;

      do begin                                 // do-while
         $display("%-8s = %0d",color.name,color);
         color = color.next();
      end while( color != first_color );
   end
endmodule
```

执行本例后会得到如下所示的结果。

```
RED      = 0
YELLOW   = 1
GREEN    = 2
BLUE     = 3
WHITE    = 4
```

9.4.6　forever 语句

forever 语句将进行无限次的循环执行，其语法规则如下 (详见参考文献 [1])。

forever statement_or_null

在 forever 语句描述的循环中，如果不使用定时控制语句，则会成为一个简单的无限循环，仿真不会正确进行。因此，在 forever 语句中必须使用定时控制语句。例如，如下所示的 forever 语句的使用。

```
initial
   forever #10 clk = ~clk;
```

9.5　return 语句

在 SystemVerilog 中，可以像 C/C++ 那样使用 return 语句，其语法规则如下（详见参考文献 [1]）。

return [expression] ;

其中，return expression 用于函数值的返回。对于不需要返回值的任务或无法返回值的函数，为进行这样的任务或函数的调用返回需要使用无 expression 的 return 语句。

> **例 9-16　return 语句使用示例**

在本例中，函数 sum 计算数组所有数据元素的和。当数组索引达到给定的值时求和计算终止。

```
function int sum(byte ar[],int last_index);
   sum = 0;
   foreach(ar[i]) begin
      sum += ar[i];
      if( i == last_index )
         return sum;
   end
endfunction
```

9.6　break 语句

在以下循环语句的循环体中，可以使用 break 语句，以便从循环体中跳出。
- for 语句。
- foreach 语句。
- forever 语句。
- while 语句。
- repeat 语句。

在如下所示的示例中，在 foreach 循环体内使用了 break 语句。

> **例 9-17　在 foreach 循环体内使用 break 语句的示例**

```
module test;
int    q[$] = { 10, 20, 30, -1, 40, 50 },
       val;

   initial begin
      foreach(q[i]) begin
         val = q[i];
         if( q[i] == -1 )
            break;
         $display("got: %0d",val);
      end
   end
endmodule
```

除了 for 和 foreach 语句外，在其他几种循环语句中也可以使用 break 语句。例如，while 和 forever 语句等。

> 例 9-18　在 forever 循环体内使用 break 语句的示例

如本例所示，break 语句能有效终止 forever 的循环。在以下的 forever 语句中，当 count 变为 5 时循环便终止。

```
module test;
bit    clk;
int    count;

   initial forever #10 clk = ~clk;

   initial begin
      forever begin
         @(posedge clk) count++;
         $display("@%0t: count=%0d",$time,count);
         if( count == 5 )
            break;
      end
      $finish;
   end
endmodule
```

9.7　continue 语句

continue 语句可结束本次循环的进行，直接跳转到下一次循环的开始。也就是说，其功能为跳过该语句之后的语句继续进行循环的执行。例如，在如下所示的 for 循环体内（下面的语法详见参考文献 [1]），如果执行了 statement_or_null 中的 continue 语句，则将跳过 for 循环体内 continue 语句之后的所有语句直接执行 for_step 语句，并继续 for 循环的进行。

```
for ( [ for_initialization ] ; [ expression ] ; [ for_step ] )
   statement_or_null
```

continue 语句通常在 for 循环语句中使用，但也可以在 for 以外的循环语句中使用。例如，在如下所示的示例中，在 foreach 循环语句中使用了 continue 语句。

> 例 9-19　在 foreach 循环体内使用 continue 语句的示例

如本例所示，在 foreach 循环体内也可以使用 continue 语句。

```systemverilog
module test;
int    q[$] = { 10, 20, 30, -1, 40, 50 },
       val;

   initial begin
      foreach(q[i]) begin
         val = q[i];
         if( val == -1 )
            continue;
         $display("got: %0d",val);
      end
   end
endmodule
```

第 10 章

任务和函数

SystemVerilog 相较 Verilog 有以下变化。
- 在任务和函数内部无需用 begin-end 来包围描述。
- 可以定义无返回值的函数。
- 可以为任务和函数的参数设置默认值。

SystemVerilog 允许定义无返回值的函数，因此可以像处理任务一样处理函数。在任务不需要事件控制或延迟控制的情况下，将其定义为无返回值的函数更实用。

10.1 任务

10.1.1 端口信号列表

可以为任务端口信号指定以下方向。
- input。
- inout。
- output。
- ref。

如果端口信号方向没有被指定，则适用以下规则。
- 如果第一个端口信号没有指定方向，则默认为 input。
- 如果第二个及以后的端口信号没有指定方向，则采用前一个端口信号的方向。

例如，如下所示的示例。

```
task mytask(a, b, output logic [15:0] u, v);
    ...
endtask
```

其中，端口信号 a 和 b 的方向为 input，端口信号 u 和 v 的方向为 output。

除此之外，还可以指定端口信号的数据类型。如果端口信号的数据类型没有被指定，则适用以下规则。
- 如果第一个端口信号没有指定数据类型，则数据类型默认为 logic。
- 如果端口信号的方向已经指定，但没有指定数据类型，则数据类型默认为 logic。
- 否则，采用前一个端口信号的数据类型。

例如，如下所示的示例。

```
task mycheck(input a,[1:0]b,output int q);
   ...
endtask
```

其中，端口信号 a 和 b 的数据类型是 logic。

10.1.2 任务内的描述

在 SystemVerilog 中，任务内的描述无需用 begin-end 来包围，如下面的示例所示。

> **例 10-1　任务定义示例**

与 Verilog 不同，SystemVerilog 的任务描述被简化了。如在本例中，没有使用 begin-end 来包围任务内部的描述。

```
module test;
event   ev;

   initial begin
      @ev;
      $display("@%0t: main completed.",$time);
   end

   initial trigger(ev);

task trigger(event e);
   #10;
   ->e;
endtask

endmodule
```

执行后将显示以下信息。

```
@10: main completed.
```

10.2 函数

在 SystemVerilog 中，可以使用无返回值的函数，并且函数的使用限制与 Verilog 相同。函数会自动分配一个与函数名同名的变量，用于函数值的返回。

10.2.1 函数的限制

SystemVerilog 的函数有以下限制。
- 函数必须在不消耗仿真时间的情况下返回。具体来说，不能在函数中使用延时（#、##）、fork-join、fork-join_any、wait、wait_order、expect 等。
- 不能在函数中调用任务。

根据第一条限制，乍一看，似乎在函数中不能进行时序的控制，但这是错误的。这是因为函数限制中不包括 fork-join_none 的使用，由于 fork-join_none 不消耗仿真时间，所以可以在函数中自由使用。因此，可以用函数取代许多任务的描述。

10.2.2 端口信号列表

与任务一样，SystemVerilog 可以为函数端口信号指定以下方向。
- input。
- inout。
- output。
- ref。

如果端口信号方向没有被指定，则适用以下规则。
- 如果第一个端口信号没有指定方向，则默认为 input。
- 如果第二个及以后的端口信号没有指定方向，则采用前一个端口信号的方向。

例如，如下所示的示例。

```
function logic [15:0] myf(int a,int b,output logic [15:0] u, v);
    ...
endfunction
```

其中，端口信号 a 和 b 的方向为 input，端口信号 u 和 v 的方向为 output。

同样地，也可以为函数端口信号指定数据类型。如果函数端口信号的数据类型没有被指定，则适用以下规则。
- 如果第一个端口信号没有指定数据类型，则数据类型默认为 logic。
- 如果端口信号的方向已经指定，但没有指定数据类型，则数据类型默认为 logic。
- 否则，采用前一个端口信号的数据类型。

例如，如下所示的示例。

```
function void mycheck(input a,[1:0]b,output int q);
    ...
endfunction
```

其中，端口信号 a 和 b 的数据类型是 logic。

10.2.3　函数内的描述

在函数内部，描述不需要用 begin-end 包围。

> ➢ 例 10-2　函数定义示例

如本例所示，与 Verilog 不同，在 SystemVerilog 函数内部不需要用 begin-end 来进行描述的包围。在如下所示的函数 count_ones 中，进行输入变量 a 中值为 1 的位数量计算。以下代码并不是为了说明 count_ones 函数的重要性，而是为了说明如何在函数中调用 $left、$right、$increment 等系统函数。

```
function int count_ones(input bit [7:0] a);
int     left, right, inc;

  left = $left(a);         // 7
  right = $right(a);       // 0
  inc = $increment(a);     // +1
  count_ones = 0;

  while( 1 ) begin
    if( a[right] )
        count_ones++;
    if( left == right )
        break;
    right += inc;
  end

endfunction
```

在本例中，使用了系统函数 $left()、$right()、$increment() 获取紧凑数组的信息。因此，计算结果不依赖于数组的维度定义。例如，无论输入变量 a 是 bit[7:0] 还是 bit[0:7]，函数都能正确计算其中值为 1 的位数量。

🔍 参考 10-1　如果为了计算一个紧凑数组中值为 1 的位数量，使用系统函数 $countbits() 或 $countones() 会更加合适，没有必要编写像例 10-2 那样的函数。

10.3　参数默认值的设置方法

当任务和函数具有参数时，通常会考虑为这些参数进行默认值的设置。对于具有参数默认值设置的任务和函数，通常情况下可以进行无参数的调用，除非参数值与默认值不同的情况下，否则不需要为任务和函数的调用设置参数值。在 SystemVerilog 中，这是允许的。进行任务和函数参数默认值设置的语法规则如下（详见参考文献 [1]）。

```
subroutine( [ direction ] [ type ] argument = default_expression);
```

在此，如果通过 default_expression 为参数设置了默认值，则该任务或函数即为具有参数默认值的任务或函数。此时，在进行任务或函数调用的一方，只有在不使用默认值的情况下才需要为调用设置参数值。例如，如下所示的示例。

```
function void print(int a[],int left=0,int right=-1);
   ...
endfunction
```

当调用该 print 函数时，如果没有为参数 left 指定值，则默认其值为 0。同样地，如果没有指定 right 的值，则默认为 –1。在这样的函数声明中，唯一必需的函数调用参数是数组变量 a[]。

因此，可以通过 print(array) 的调用进行数组全部数据元素的显示。如果只需要显示数组中的部分数据元素，可以进行诸如 print(array,3,10) 的调用。此外，在任务或函数的调用中，还可以使用形参名称进行调用实参的指定。例如，如下所示的函数调用。

```
print(.a(array));
print(.a(array),.left(3),.right(10));
print(.left(3),.a(array));
```

> 例 10-3　具有参数默认值的函数调用示例

本例介绍具有参数默认值的函数调用。

```
module test;

   initial begin
      range_value("3");
      range_value(.msg("1000"),.right(5000));
      range_value("20",.left(15),.right(30));
   end
function void range_value(string msg,int left=0,int right=100);
   $display("%s in [%0d:%0d]",msg,left,right);
endfunction

endmodule
```

执行后，会得到如下所示的结果。

```
3 in [0:100]
1000 in [0:5000]
20 in [15:30]
```

10.4 具有返回值函数的调用

通常情况下，需要在表达式中进行具有返回值的函数的调用。否则，编译器会发出警告信息。例如，如下所示的示例。

```
std::randomize(a,b,c);
```

如果进行以上的描述，编译器将会发出警告信息。这是因为这个语句没有接收函数的返回值。实际上，这种警告很有必要。因为生成随机数的操作并不总是能成功的，所以上述的描述是不安全的。相比之下，以下的描述更为理想。

```
assert( std::randomize(a,b,c) )
    else $display("%s(L%0d) randomize failed.",`__FILE__,`__LINE__);
```

除了上述的修改方法以外，也可以使用如下所示的方法避免警告信息的出现。

```
void'(std::randomize(a,b,c));
```

在这种情况下，将函数视为无返回值的 void 函数调用。

10.5 递归调用

在任务和函数中进行递归调用时，需要进行 automatic 声明。automatic 声明使变量在堆栈区中被分配，从而实现可重入性。在模块内，函数需要进行 automatic 声明，但在类内，函数默认为 automatic 属性。

> **例 10-4　递归调用示例**（详见参考文献 [1]）

在进行递归调用时，通常必须进行 automatic 声明。下面所示的函数是在模块内定义的，因此需要进行 automatic 声明。

```
module test;

  initial begin
    for( int i = 0; i <= 7; i++ ) begin
      $display("%0d! = %0d",i,factorial(i));
    end
  end

function automatic int factorial(int n);    // automatic 函数
  if( n < 2 )
    return 1;
  else
    return n*factorial(n-1);
endfunction

endmodule
```

在本例中，函数 factorial 被声明为 automatic 函数。参数 n 和返回值 factorial 都会被分配在堆栈区中。如此，递归调用才可以正常执行。其执行结果如下。

```
0! = 1
1! = 1
2! = 2
3! = 6
4! = 24
5! = 120
6! = 720
7! = 5040
```

参考 10-2 在函数返回值的机制中，由于函数名被定义为一个进行函数值返回的变量，因此可以在函数中通过计算表达式直接对该变量进行赋值，从而像如下所示的那样，不需要在函数中使用 return 语句。

```
function automatic int factorial(int n);
   factorial = n < 2 ? 1 : n*factorial(n-1);
endfunction
```

10.6 类方法和递归调用

在类内部定义的类方法默认是 automatic 属性的。根据这个属性，可以安全地进行类方法的递归调用。在如下所示的示例中，将例 10-4 中的 factorial 函数改写成了类方法，但省略了修饰符 automatic 的显式使用。

▶ 例 10-5 类方法中的递归调用示例

在类内部，所有方法都是 automatic 属性的，因此在类方法中进行的递归调用无需特殊的声明。

```
class sample_t;
...
function int factorial(int n);
   if( n < 2 )
      return 1;
   else
      return n*factorial(n-1);
endfunction

endclass
```

在本例中，在类 sample_t 内部定义了一个函数 factorial()。由于该函数没有显式声明 automatic 或 static 属性，所以会默认为 automatic 属性。因此，递归调用可以正确进行。

10.7 方法内的变量初始化

在 static 方法内初始化变量时需要特别注意。并且，这些注意事项同样适用于具有 static 属性的 begin-end 块。

> ➤ 例 10-6　变量初始化示例

在本例中，在 static 方法内进行变量初始化时会引发一些问题。

```
program test1;

function logic [7:0] sum(logic [7:0] a,b);
logic [7:0] tmp = 0;

   for( int i = a; i <= b; i++ )
      tmp += i;

   sum = tmp;
   $display("%m sum=%0d",sum);
endfunction

endprogram


program automatic test2;

function logic [7:0] sum(logic [7:0] a,b);
logic [7:0] tmp = 0;
   for( int i = a; i <= b; i++ )
      tmp += i;

   sum = tmp;
   $display("%m sum=%0d",sum);
endfunction

endprogram
```

如上所示，本例在方法内的变量声明时进行了变量的初始化，初始化会出现以下情况。
- 在 static 方法内，变量只在仿真开始时进行一次初始化。
- 在 automatic 方法内，在每次调用方法时变量都会进行初始化。

因此，在 test1 的方法 sum() 中，tmp 变量只会初始化一次。而在 test2 的方法 sum() 中，tmp 变量在每次调用方法时都会进行初始化。为了验证上述过程，我们准备了如下的测试平台。

```
module top;

test1 TEST1();
test2 TEST2();

   initial begin
      TEST1.sum(1,10);
      TEST2.sum(1,10);

      TEST1.sum(1,10);
      TEST2.sum(1,10);
   end

endmodule
```

其执行结果如下。

```
top.TEST1 sum=55
top.TEST2 sum=55
top.TEST1 sum=110
top.TEST2 sum=55
```

观察上述执行结果可以发现，第二次调用 TEST1.sum(1,10) 时没有得到正确的结果。这是因为 TEST1.sum() 是 static 型的，因此如下所示的 TEST1.sum() 中的变量初始化只在仿真开始时执行一次，并在仿真执行过程中不再进行初始化。

```
logic [7:0]     tmp = 0;
```

因此会得到前述的执行结果。

而 TEST2.sum() 是 automatic 属性的，因此每次调用方法 TEST2.sum() 时，都会进行如下所示的变量初始化，从而能够得到正确的执行结果。

```
logic [7:0]     tmp = 0;
```

除此之外，以下示例提醒我们，在 automatic 方法内对 static 变量进行初始化时也需要特别注意。

> ▶ 例 10-7 在 automatic 方法中初始化 static 变量

在 automatic 方法内声明的 static 变量也只能进行一次初始化，如本例所示。

```
class X;

function void check(byte val);
static int    calls = 0;
shortint      si = 100;

   calls++;
   $display("calls=%0d si=%0d",calls,si);
   si = val;
endfunction

endclass

module test;
X    x;

   initial begin
      x = new;
      x.check(10);
      x.check(20);
   end
endmodule
```

在本例中，方法 check() 在类中定义，因此是 automatic 型的。由于变量 calls 被声明为 static，因此 calls 的初始化只会在仿真开始时进行一次。而变量 si 则是 automatic 的，因此每次进行方法调用时都会对其进行初始化。

本例的执行结果如下。

```
calls=1 si=100
calls=2 si=100
```

10.8 作为参数的数组

SystemVerilog 可以将数组作为函数或任务的参数。当通过值传递的方式进行任务或函数的调用时，作为实际参数的数组会被复制。

如果声明一个动态数组作为形式参数，那么该形式参数可以指向多种类型的数组作为实际参数，如固定大小的数组、动态数组和队列等，以实现调用参数的传递。因此，使用动态数组作为形式参数可以提高函数或任务的适用性。

> ▶ 例 10-8 以动态数组为参数的示例

以动态数组为形式参数，可以适应于各种类型数组的实际参数，如本例所示。

```
function void print(byte a[]); // 以动态数组为形式参数
   $write("array:");
   foreach(a[i])
      $write(" %3d",a[i]);
   $display;
endfunction
```

由于上述 print() 函数以动态数组作为函数的形式参数，因此在测试平台进行的 print() 函数调用中，各种固定大小的数组、动态数组、队列等均能作为 print() 函数的实际参数，并且都能使得测试平台正常工作。

```
module test;
byte  fa[5] = '{ 1, 2, 3, 4, 5 },
      da[] = '{ 10, 20, 30, 40, 50, 60, 70, 80, 90 },
      q[$] = { -10, -20, -30, -40, -50, -60 };

   initial begin
      print(fa);
      print(da);
      print(q);
   end

endmodule
```

本例旨在说明如何以动态数组的形式参数进行 3 种不同类型数组实际参数的接收。很明显，固定大小的数组 fa 可以作为动态数组被接收。另一方面，由于队列 q 实际是一个 q[0:$] 的数组，因此也同样可以作为动态数组接收。

本例的执行结果如下。

```
array:   1   2   3   4   5
array:  10  20  30  40  50  60  70  80  90
array: -10 -20 -30 -40 -50 -60
```

10.9 导入和导出

SystemVerilog 提供了与其他语言接口的 DPI(Direct Programming Interface，直接编程接口) 功能，在此以与 C/C++ 的接口为例，介绍其用法。

如图 10-1 所示，若要在 SystemVerilog 中使用 C/C++ 定义的例程，则需要使用 import 语句进行。相反，若要在 C/C++ 中使用 SystemVerilog 中定义的例程，则需使用 export 语句进行。

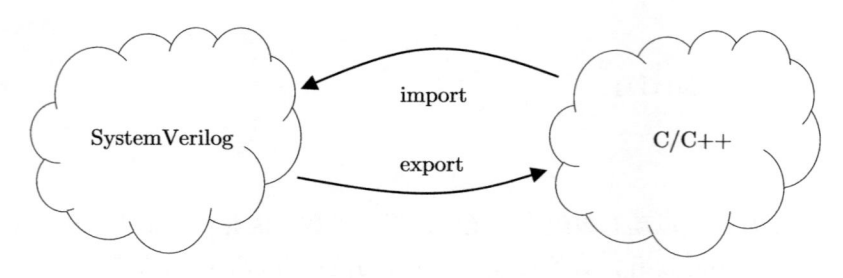

图 10-1 导入和导出

在任何情况下，都必须遵循先声明后使用的原则。例如，如下所示的导入和导出声明。

```
import "DPI-C" function void c_layer(string msg);
export "DPI-C" function sv_layer;
```

在 import 的情况下，只要进行了这个 import 声明，就可以使用相应的 C/C++ 例程。在 export 的情况下，除了进行 export 声明以外，还必须在 SystemVerilog 中定义相应例程的实体。以下是一个包括 export 例程定义在内的导入和导出描述的完整示例。

```
module test;

   import "DPI-C" function void c_layer(string msg);
   export "DPI-C" function sv_layer;

   initial begin
      c_layer("step-1");
   end

function void sv_layer(string msg);
   $display("sv_layer: %s",msg);
endfunction

endmodule
```

C/C++ 端的定义示例如下。

```
#include <stdio.h>
#include <svdpi.h>
```

```
extern void sv_layer(const char *msg);

void c_layer(const char *msg)
{
   printf("c_layer: %s\n",msg);
   sv_layer("step-2");                    // 调用 SystemVerilog 层函数
}
```

上述这些文件经过编译后即可执行，执行时将给出如下的信息显示。

```
c_layer: step-1
sv_layer: step-2
```

第 11 章

时 钟 块

时钟块是 SystemVerilog 中的一种语法结构，用于与时钟同步变化的信号时序设置。一旦设置了时序，信号值就会在指定时序与时钟事件同步变化。通过时钟块，无需对各个信号的变化分别进行管理，使得信号变化的管理变得更加方便。

时钟块使用关键字 clocking 和 endclocking 进行描述。在 clocking 之前，还可以加上 default 或 global。时钟块的语法如下（详见参考文献 [1]）。

```
clocking_declaration ::=
    [ default ] clocking [ clocking_identifier ] clocking_event ;
    { clocking_item }
    endclocking [ : clocking_identifier ]
    | global clocking [ clocking_identifier ] clocking_event ;
    endclocking [ : clocking_identifier ]
```

其中，clocking_event 指定了进行时钟块操作的事件，例如，@(posedge clk)。事件可以是 posedge、negedge 和 edge。与 posedge 和 negedge 相比，edge 是具有 DDR(Double Date Rate，双倍速率) 的意思。

如果在 clocking 前面添加关键字 default，则被声明为标准时钟块。对于需要时钟事件的 SystemVerilog 函数，如果未在 clocking 之前添加关键字，则会使用标准时钟块。例如，可以在断言的 sequence 和 property 中使用标准时钟块。通过定义标准时钟块，可以从 sequence 和 property 的描述中省略时钟事件，从而实现更高层次的抽象。

如果在 clocking 前面添加关键字 global，则会产生全局作用域的时钟块，这一功能主要用于形式化验证。具体细节不再赘述，详细内容请参见 SystemVerilog LRM（详见参考文献 [1]）。

时钟块的语法本身相当复杂，因此我们将不进行语法的详细介绍，而是从示例中学习如何使用时钟块。有关语法的更多信息，请参见 SystemVerilog LRM（详见参考文献 [1]）。

11.1 最简单的时钟块

最简单的时钟块如下。

```
clocking cb @(posedge clk); endclocking
```

通过这种声明方式，表示事件等待可以使用简化形式的 @cb 来代替 @(posedge clk)。

> 例 11-1　标准时钟块的使用示例

当指定 1 个时钟周期的延时时，必须如下所示进行标准时钟块的声明。

```
module test;
bit     clk;

   default clocking cb @(posedge clk); endclocking

   initial begin
      ##2 $display("@%0t: ##2 delayed",$time);
   end

   initial forever #10 clk = ~clk;
   initial #50 $finish();
endmodule
```

在此使用了 ##2 延时，其延时时长为 2 个标准时钟周期。##2 相当于以下的描述。

```
repeat (2) @(posedge clk);
```

11.2　时钟块的偏移

时钟块允许指定信号的方向（input、output、inout）。其中，inout 表示输入和输出。时钟偏移是指在时钟事件发生前或发生后多长时间间隔内对信号值进行采样或对信号值进行设置。

如图 11-1 所示，时钟事件通常发生在时钟边沿，由于在此为 input 信号进行了时钟偏移的设定，从而使得 input 信号的处理能够以设定的时间间隔提前于时钟事件发生之前进行，这意味着 input 信号在时钟事件发生之前就已得到采样。同样地，output 信号的时钟偏移设定指的是其处理滞后于时钟事件发生的时间间隔。

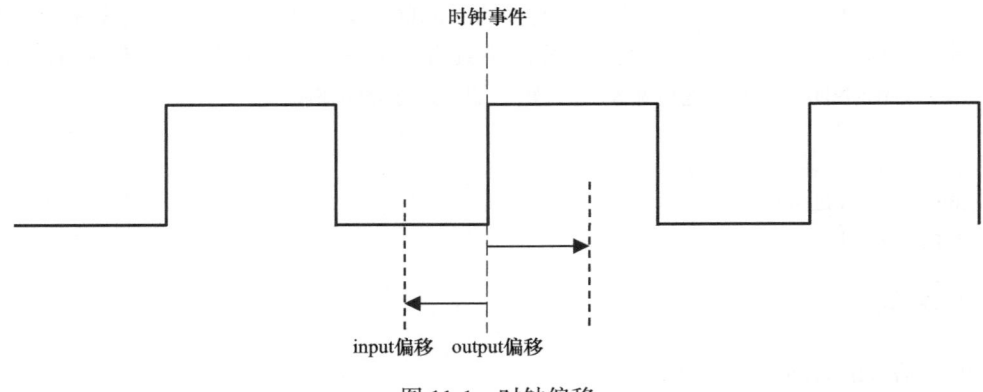

图 11-1　时钟偏移

例如，可以如下所示进行时钟偏移的设定。

```
clocking cb1 @(posedge clk);
   default input #1step output negedge;
   input ... ;
   output ... ;
endclocking
```

其中，使用了关键字 default 进行描述，可同时对时钟块内所有信号的处理进行时钟偏移设定。按照此关键字 default 描述的时钟偏移设定，当 @(posedge clk) 事件发生时，output 信号的值将在下一个 @(negede clk) 事件上进行设置。也就是说，在 @(posedge clk) 事件发生时，output 信号的值是上一个 @(negede clk) 事件设定的值。

如果要单独为某个信号进行时钟偏移设定，可使用以下所示的描述进行。

```
clocking cb @(clk);
   input #1ps address;
   input #5 output #6 data;
endclocking
```

时钟块内的信号定义不仅可以来自本地端口的信号，还可以来自外部端口的信号，如下所示。

```
clocking bus @(posedge clock1);
   default input #10ns output #2ns;
   input      data, ready,
              enable = top.mem1.enable;
   output     negedge ack;
   input      #1step addr;
endclocking
```

除此之外，在进行时钟偏移设定时，偏移的时间间隔必须为常数。并且，具有 #0 时钟偏移设定的 input 信号在 Observed 区域中采样。不具有时钟偏移设定或具有 #0 时钟偏移设定的 output 信号在 Re-NBA 区域中进行驱动。例如，如下所示的示例。

```
clocking cb @(posedge clk);
   input  #0   address;
   output #0 data1;
   output    data2;
endclocking
```

此时，信号的时间见表 11-1。

表 11-1 采样和操作时间

信号	采样和操作时间
address	在 Observed 区域采样
data1	在 Re-NBA 区域驱动
data2	在 Re-NBA 区域驱动

➢ 例 11-2 时钟偏移设定的使用示例

使用时钟偏移设定的时钟块示例如下。

```
module test;
bit clk, a, b;

clocking cb @(posedge clk);
   input #1   a;                   // 输入时钟偏移
   output #2  b;                   // 输出时钟偏移
endclocking

   initial #100 $finish;
   initial $monitor("@%2t: b=%b",$time,b);
   initial forever #10 clk = ~clk;

   always @(cb)
      cb.b <= ~cb.a;

   initial begin
      #20 a = 1;
      #40 a = 0;
   end
endmodule
```

其中，根据时钟块的定义，信号 b 的值会在 @(posedge clk) 事件发生两个时钟后更新，其执行结果如下。

```
@ 0: b=0
@12: b=1
@32: b=0
@72: b=1
```

11.3　时钟事件和 Observed 区域

当时钟事件发生时，将进行如下处理。

- 对信号值进行采样。
- 在 Observed 区域解除事件等待进程的阻塞。

利用此特性，可准确采集 DUT 的响应。

> **例 11-3　时钟块与事件等待的使用示例**

本例说明了 @(cb) 和 @(posedge clk) 之间的区别。下面为一个含有时钟块与事件等待的测试平台描述。

```
module test;
bit     clk, q, d = 1;

clocking cb @(posedge clk); endclocking

dut DUT(.*);

    always @(negedge clk) begin
       d = ~d;
    end

    always @(cb)
       $display("@%0t: EVENT-1 d=%b q=%b",$time,d,q);

    always @(posedge clk)
       $display("@%0t: EVENT-2 d=%b q=%b",$time,d,q);

    initial forever #10 clk = ~clk;
    initial #60 $finish;

endmodule
```

其中，由于在 Observed 区域进行时钟块事件的解除，因此包含 EVENT-1 的 $display 语句需要在 DUT 响应稳定后执行。另外，包含 EVENT-2 的 $display 语句与 DUT 存在冲突。这里的 DUT 是一个如下所示的简单模块。

```
module dut(input clk,d,output logic q);

always @(posedge clk)
   q <= d;
endmodule
```

其执行结果如下。

```
@10: EVENT-2 d=1 q=0
@10: EVENT-1 d=1 q=1
@30: EVENT-2 d=0 q=1
@30: EVENT-1 d=0 q=0
@50: EVENT-2 d=1 q=0
@50: EVENT-1 d=1 q=1
```

在此需要注意的是，在包含 EVENT-1 的 $display 语句执行时 q == d，而在包含 EVENT-2 的 $display 语句执行时，q 的值为 q == d 之前的 d。并且，包含 EVENT-1 的 $display 语句是在包含 EVENT-2 的 $display 语句之后执行。

参考 11-1 正如本例所示，在无法使用程序块的验证环境中，可以通过时钟块的使用实现对 DUT 响应的可靠采样。

11.4 周期延时

周期延时（## 操作符）是一种等待时钟事件发生指定次数的语法描述。例如，如下所示的周期延时描述。

```
default clocking cb @(posedge clock); endclocking
...
##3 a = b;
```

其中，##3 表示在 3 个时钟周期后执行 a = b。这里，1 个周期延时的时长由标准时钟块 cb 确定。

> **例 11-4 周期延时的使用示例**

时钟块必须被定义为标准时钟块时才可以使用周期延时。例如，如下所示的周期延时描述。

```
module test;
logic  a, b, q, clock;

default clocking cb @(posedge clock);
   input  a;
   output q;
endclocking

   initial begin
      clock = 0;
      repeat (5) #10 clock = ~clock;
   end
```

```
    initial
       ##1 $display("@%3t the first clock",$time);
    initial
       ##2 $display("@%3t the second clock",$time);
    initial
       ##3 $display("@%3t the third clock",$time);
endmodule
```

其执行结果如下。

```
@ 10 the first clock
@ 30 the second clock
@ 50 the third clock
```

在断言中也可以使用周期延时。在这种情况下，时钟事件由 property 或 sequence 指定。例如，如下所示的周期延时描述。

```
sequence seq;
   a ##2 b;
endsequence

property p;
   @(posedge clk) z |-> seq;
endproperty
```

其中，周期延时 ##2 的时钟周期由 property p 中的 @(posedge clk) 设定。

> ➢ 例 11-5 标准时钟块和断言

在本例中，使用了标准时钟块，且使用了周期延时。因为定义了标准时钟块，所以在断言中没有写明时钟事件，而是在每次发生时钟事件 @(posedge clk) 时，都对断言表达式进行计算。

```
module test;
bit    clk, req, gnt, check;

   default clocking cb @(posedge clk);    // 默认时钟域
      property check_req_gnt;
         $rose(check) |-> req ##[1:3] gnt;
      endproperty
   endclocking

   assert property (check_req_gnt)
      else
         $display("@%0t: FAIL",$time);
   cover property (check_req_gnt)
      $display("@%0t: PASS",$time);
```

```
        initial begin #20 req = 1; #20 req = 0; #20 req = 1; end
        initial begin #40 gnt = 1; #20 gnt = 0; #20 gnt = 1; end
        initial begin #20 check = 1; #20 check = 0; #20 check = 1; #20 check = 0; end
        initial repeat (10) #10 clk = ~clk;
endmodule
```

其执行结果如下。

```
@50: PASS
@90: PASS
```

第 12 章

进程同步和通信

为了实现进程间的同步，SystemVerilog 具备以下的功能。
- 旗语（Semaphore）。
- 信箱（Mailbox）。
- 事件（Event，如 @ev、->ev、ev.triggered() 等）。

本章将分别对这些功能进行介绍。旗语是共享资源访问控制时使用的进程通信机制。信箱是用于分离数据生成器（producer)和数据处理器（consumer）的 FIFO 队列。通过该 FIFO 队列的使用，可以使得数据生成的进程和数据处理的进程并行执行。

12.1 旗语

旗语是用于互斥性共享资源访问控制的功能，实现多个进程访问时的共享资源独占控制。通过旗语功能的控制，只有在一定上限数以内的进程才被允许访问共享资源，超过上限数的进程将处于等待状态，直到出现资源空闲时才允许新的访问，如图 12-1 所示。

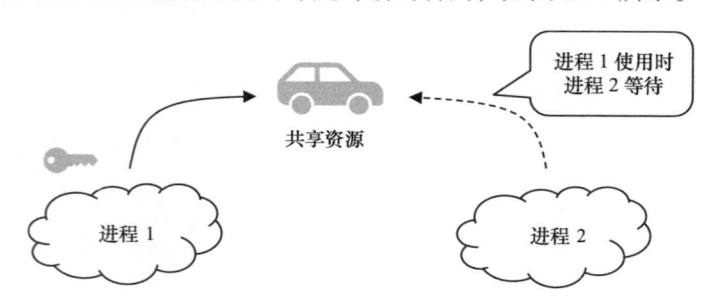

图 12-1 旗语的示意图

旗语是作为 SystemVerilog 的类来使用的。使用时首先定义旗语的类句柄，然后使用构造函数 new 将旗语类对象指定给句柄。例如，如下所示的旗语类对象分配。

```
semaphore mutex;
mutex = new(3);
```

从概念上讲，旗语是一个装有一定数量钥匙的桶。只要存在可用的钥匙，就可以进行共享资源的访问。如果所有钥匙都不可用，则请求钥匙的进程就必须等待，直到有可用的空闲钥匙为止。

旗语的锁定机制非常简单。使用旗语时不需要提供共享数据的任何信息，同时也可以通过旗语的继承来派生新的类。通过旗语类的继承，可以自定义方法 get()。由于旗语是一个类，因此具有自己的方法，见表 12-1。

表 12-1 旗语的方法

方法	意义
function new(int keyCount = 0);	用指定的钥匙数创建并初始化一个旗语桶。如果 put 返回的钥匙数大于 get 获取的钥匙数，就会出现钥匙数超过 keyCount 的现象
function void put(int keyCount = 1);	将指定数量的钥匙返还到旗语桶。默认返还的钥匙数为 1。当返还的钥匙数能够满足处于等待状态的进程访问需要时，则等待进程将恢复执行
task get(int keyCount = 1);	获取指定数量的钥匙。如果旗语桶中有足够数量的钥匙，则调用该任务的进程正常执行。如果桶中的钥匙数不足，则调用该任务的进程将被阻塞并进入等待状态，直到有足够数量的空闲钥匙可供获取
function int try_get(int keyCount = 1);	获取指定数量的钥匙，但不会阻塞调用该函数进程的执行。如果旗语桶中存在指定数量的钥匙，则返回一个正整数；如果桶中钥匙数量不足，则返回 0

➢ 例 12-1 旗语的使用示例

本例是一个具有 3 个钥匙的旗语示例。

```
module test;
semaphore      lock;
int            rs;

   initial begin
      lock = new(3);          // 创建一个具有 3 个钥匙的旗语

      lock.get(3);
      print(.keyc(3));

      lock.get(2);
      print(.keyc(2));

      rs = lock.try_get(2);
      if( rs )
         print("try_get passed:",2);
      else
         print("try_get failed:",2);
   end

   initial #10 lock.put(2);

function void print(string msg="got",int keyc);
   $display("@%0t: %s %0d keys",$time,msg,keyc);
endfunction
endmodule
```

在本例中，方法 get(3) 会立即取得 3 个钥匙。但是，由于方法 get(2) 执行时已经不存在空闲钥匙，所以要等到 $time == 10 时，由方法 put(2) 将钥匙返还。此时，在方法 get(2) 获取钥匙后，将不再存在空闲钥匙。因此，随后的方法 try_get(2) 的操作也将失败。其具体的执行结果如下。从中可以看出，try_get 的失败并没有产生进程的阻塞，并进行了函数值的返回。

```
@0: got 3 keys
@10: got 2 keys
@10: try_get failed: 2 keys
```

接下来，介绍两个进程进行共享资源访问时的独占控制。

> **例 12-2　两个进程访问共享资源的示例**

本例创建了两个进程（P1 和 P2）来访问共享资源。这两个进程独立执行，并分别独占共享的资源。当一个进程完成处理后，它会解锁共享资源并将其提供给另一个进程进行访问。每个独占共享资源的进程处理时间是随机确定的。由于只有一个钥匙，当其中一个进程正在使用共享资源时，另一个进程必须等待。

```systemverilog
module test;
  bit           clk;
  semaphore     mutex;

    initial begin
      mutex = new(1);

      fork
         proc("P1");
         proc("P2");
      join
    end

    initial forever #10 clk = ~clk;
    initial #200 $finish;

task automatic proc(string name);
  forever begin
    mutex.get(1);
    $display("@%3t: %s got a key",$time,name);
    repeat( $random&3 ) @(posedge clk);
    mutex.put(1);
    $display("@%3t: %s released a key",$time,name);
  end
endtask
endmodule
```

其执行结果如下。

```
@  0: P1 got a key
@  0: P1 released a key
@  0: P1 got a key
@ 30: P1 released a key
@ 30: P2 got a key
@ 70: P2 released a key
@ 70: P1 got a key
@ 70: P1 released a key
@ 70: P2 got a key
@ 70: P2 released a key
@ 70: P1 got a key
@ 90: P1 released a key
@ 90: P2 got a key
@110: P2 released a key
@110: P1 got a key
@150: P1 released a key
@150: P2 got a key
@190: P2 released a key
@190: P1 got a key
```

12.2 信箱

信箱是一个包含 producer 和 consumer 的 FIFO 队列，如图 12-2 所示。FIFO 队列可以定义为有限大小和无限大小两种。FIFO 队列满时，producer 不能写入数据。FIFO 队列为空时，consumer 必须等待。

图 12-2 信箱示意图

与旗语相同，信箱也是作为 SystemVerilog 的类来使用的，并使用构造函数 new 将类对象分配给类句柄，其使用方法如下。

```
mailbox    fifo;
fifo = new(3);
```

信箱也是一个类，其方法见表 12-2。

表 12-2　信箱的方法

方法	意义
`function new(int bound = 0);`	创建一个信箱。如果 bound 为 0，则该信箱具有无限的大小，producer 不会被阻塞。如果 bound 不为 0，则该信箱为有限大小
`function int num();`	返回信箱中消息的数量，该返回值是一个仅在下一个 get 或 put 生效之前有效的临时变量值
`task put(singular message);`	将消息写入信箱（FIFO）。在信箱满的情况下，该写入进程会进入等待状态，直到信箱出现空位
`function int try_put(singular message);`	将消息写入信箱（FIFO），但调用该方法的进程不会被阻塞。如果信箱有空位，写入消息并返回一个正整数。如果信箱已满，则返回 0
`task get(ref singular message);`	从信箱中取出一条消息。如果信箱为空，该取出进程会进入等待状态，直到所需要的消息被写入
`function int try_get(ref singular message);`	从信箱中取出一条消息，但调用该方法的进程不会被阻塞。如果信箱为空，则返回 0。如果可以成功取出消息，则返回一个正整数。如果不能正确取出，则返回一个负整数
`task peek(ref singular message);`	从信箱复制一条消息。如果信箱为空，该复制进程会进入等待状态，直到所需消息被写入
`function int try_peek(ref singular message);`	从信箱中复制一条消息，但调用该方法的进程不会被阻塞。如果信箱为空，则返回 0。如果能正确复制消息，则返回一个正整数。如果无法正确复制消息，则返回一个负整数

如果 producer 写入的消息类型与 consumer 检索的消息类型不一致，则检索可能无法正确进行。在这种情况下，执行时可能发生异常终止。

➢ 例 12-3　信箱的使用示例

本例是一个大小为 3 的信箱的使用示例。在写入 3 条消息之前，信箱中还有空间，因此 put() 方法可以立即返回。如果消息写入数量超过这个限制，put() 方法就会进入等待状态。

```
module test;
  mailbox   mb;             // 定义一个信箱
  shortint  val;

    initial begin
      mb = new(3);
      #10 mb.put(100); $display("@%0t: put val=%0d",$time,100);
      #10 mb.put(200); $display("@%0t: put val=%0d",$time,200);
      #10 mb.put(300); $display("@%0t: put val=%0d",$time,300);
      #10 mb.put(400); $display("@%0t: put val=%0d",$time,400);
    end
    initial begin
      #50;
      while( mb.num > 0 ) begin
        mb.get(val);
```

```
            $display("@%0t: got val=%0d",$time,val);
        end
    end
endmodule
```

其执行结果如下所示。

```
@10: put val=100
@20: put val=200
@30: put val=300
@50: got val=100
@50: got val=200
@50: got val=300
@50: put val=400
@50: got val=400
```

在本例中，当值 300 写入信箱时，信箱存满，因此值 400 的写入将被阻塞。在 $time == 50 时将进行消息的取出，因此值 400 的写入操作可继续执行。在此，是在取出数据值 100、200、300 时，才写入数据值 400。

接下来将介绍两个并行进程通过 FIFO 队列进行数据收发的示例。

> 例 12-4　两个并行进程使用信箱的示例

在本例中，主进程产生了 producer 和 consumer 两个子进程，每个子进程都独立执行。子进程 producer 在 FIFO 队列中写入数据，子进程 consumer 从 FIFO 队列中取出数据。如果 FIFO 队列中所需数据不存在，则子进程 consumer 将等待，直到有数据写入 FIFO 队列。

```
module test;
mailbox  fifo;
bit      clk;

   initial begin
      fifo = new(5);
      fork
         consumer();
         producer();
      join
   end

   initial forever #10 clk = ~clk;
   initial #200 $finish;
endmodule
```

producer 一次写入多个数据，其描述如下。

```
task producer();
int      delay, num_data;

   forever begin
      delay = $random&7;
      repeat( delay ) @(posedge clk);
      num_data = $urandom_range(1,5);
      $write("@%3t: put %0d data:",$time,num_data);
      for( int i = 0; i < num_data; i++ ) begin
         fifo.put($time+i);
         $write(" %0d",$time+i);
      end
      $display;
   end
endtask
```

consumer 从 FIFO 队列中获取数据，其描述如下。

```
task consumer();
int      data;

   forever begin
      fifo.get(data);
      $display("@%3t: got data %0d",$time,data);
   end
endtask
```

以下为本例的执行结果。由结果可以看出，在 producer 写入数据后，consumer 才能进行取出数据的操作，数据写入和取出操作交替进行。

```
@ 30: put 2 data: 30 31
@ 30: got data 30
@ 30: got data 31
@ 50: put 3 data: 50 51 52
@ 50: got data 50
@ 50: got data 51
@ 50: got data 52
@ 70: put 5 data: 70 71 72 73 74
@ 70: got data 70
@ 70: got data 71
@ 70: got data 72
@ 70: got data 73
@ 70: got data 74
@190: put 2 data: 190 191
@190: got data 190
@190: got data 191
```

12.3 参数化信箱

在信箱中，当 producer 和 consumer 的数据类型不一致时，会导致执行时出现错误。为避免这个错误，可以为信箱添加数据类型，其一般形式如下。

```
mailbox #(type = dynamic_type)
```

使用这种形式的信箱，可以在编译时检查 producer 和 consumer 的数据类型是否一致，从而可以发现两者数据类型的不一致。

> **例 12-5　参数化信箱**

在本例中，信箱 mb 被指定为 string 型。因此，在写入和读取时也必须指定 string 型变量。如果指定了类型不正确的变量，则会发生编译错误。

在以下的描述中，mb.peek(ival) 和 mb.put(12.3) 由于数据类型不正确而发生编译错误。

```
module test;
mailbox #(string)   mb;
string              data;
int                 ival;

  initial begin
    mb = new(5);
    mb.put("book");     // 正确
    mb.peek(ival);      // 错误
    mb.get(data);       // 正确
    mb.put(12.3);       // 错误
  end
endmodule
```

12.4 命名事件

12.4.1 概述

一个事件数据类型的变量即为一个命名事件。当对一个命名事件进行操作时，可以在该事件发生之前阻塞其执行，从而可以预测其执行过程。图 12-3 给出了使用命名事件对 generator 进程和 driver 进程进行同步的情况。

在图 12-3 中，如果 driver 需要 generator 的某些服务，则可通过 get 事件的发生来解除 generator 的等待，重新开始 generator 的执行。同时，driver 将停止执行，进入等待状态，直到 generator 的服务准备就绪。另一方面，generator 开始执行并在服务准备就绪后，通过 item_ready 事件的发生重新启动 driver 的执行。这种基于事件的同步方式，其优点在于无需知道通信方是哪个进程。例如，在这个示例中，driver 进程并没有意识到与其通信的进程是 generator。

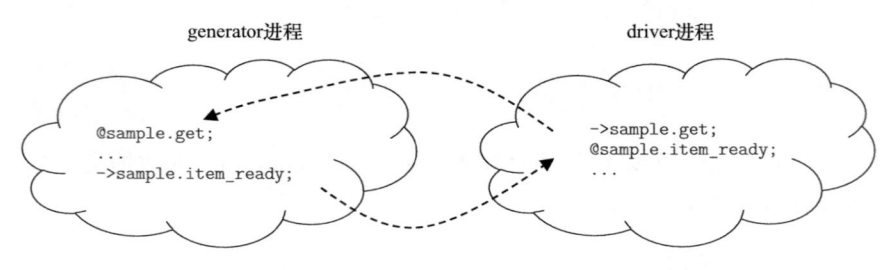

图 12-3 通过命名事件实现进程同步

进程中的事件等待使用以下语法（详见参考文献 [1]）进行描述。

```
@ hierarchical_event_identifier
```

必须在某处解除事件等待的进程，对于事件的解除（trigger）使用以下语法（详见参考文献 [1]）进行描述。

```
-> hierarchical_event_identifier ;
```

例如，如下所示的事件同步描述。

```
event    ev;

initial begin
   @ev;                               // 等待，直到事件被解除
   $display("@%0t: released",$time);
end

initial begin
   #10 ->ev;                          // 事件解除
   ...
end
```

在本例中，在 $time == 0 时，事件 @ev 被阻塞进入等待状态。在 $time == 10 时，该事件等待被解除。但在如下所示的描述中，由于没有 #10 的延时，因此不能确保事件等待被正确解除。

```
event    ev;

initial begin
   @ev;                              // 等待，直到事件被解除
   $display("@%0t: released",$time);
end

initial begin
   ->ev;                             // 事件可能解除，也可能不解除
   ...
end
```

在该描述中，事件等待 @ev 和事件解除 ->ev 同时发生时，会产生竞争冒险，导致的结果会因两者执行顺序的不同而不同，见表 12-3。

表 12-3　执行顺序和事件解除

执行顺序	结果
事件等待 @ev 在事件解除 ->ev 之前执行	事件等待 @ev 将被解除
事件解除 ->ev 在事件等待 @ev 之前执行	事件等待 @ev 将得不到解除

如果上述这种情况在相同的仿真时刻发生，则必须使用之后将要介绍的 triggered 方法。由于事件解除 ->ev 的状态不会被保存，所以如果事件等待 @ev 错过了事件解除时机，事件等待将不会得到正确解除。

除此之外，事件等待中的事件也可以不限于一个，可以等待多个事件的发生，如以下示例所示。

> **例 12-6　多个事件等待解除的示例**

在本例中，由于类内的事件控制，任务 double_check() 会进入到等待状态，直到事件 ev1 或者 ev2 中任意一个事件发生而解除。

```
class X;
event    ev1, ev2;

task check;
   @ev1 $display("@%0t: ev1 released",$time);
   @ev2 $display("@%0t: ev2 released",$time);
endtask

task double_check;
   @(ev1 || ev2) $display("@%0t: either ev1 or ev2 released",$time);
endtask

endclass
```

测试平台如下所示。

```
module test;
X    x;

   initial begin
      x = new;
      fork
         x.check();
         x.double_check();
      join
      $display("@%0t: main completed",$time);
   end

   initial
      #10 ->x.ev1;

   initial
      #50 ->x.ev2;
endmodule
```

其执行结果如下。

```
@10: ev1 released
@10: either ev1 or ev2 released
@50: ev2 released
@50: main completed
```

12.4.2 triggered 方法

事件等待（@ev）是边缘敏感的，因此并不具有一个 ev 的状态值，也不会保留事件是否发生的状态。因此，事件等待的进程可能会错过事件解除（->ev）的时机。

当 ev 事件发生时，将检索处于等待 ev 事件状态的进程。如果 ev 事件等待进程存在，则解除这个进程的事件等待。如果不存在，则什么都不会发生。此时，ev 事件等待的解除操作结束，并且解除的操作也完全不会留下任何记录。因此，对于事件解除操作完成之后发生的事件等待，要等到下一次事件发生时才能解除。

鉴于此，当事件等待和事件解除的执行顺序重叠时（即事件等待和事件解除在同一时刻发生），仿真的结果会变得不稳定。下面介绍发生这种情况的示例，并说明作为解决方案的 triggered 方法。

> **例 12-7 事件等待和事件解除同时发生的示例**

@ev 的事件等待与时钟事件 @(posedge clk) 或 @(negedge clk) 不同，不会保留边缘的状态。

这意味着，如果事件等待未能在此次触发操作中被解除，它将被迫继续等待，直到下一次触发操作的到来。本例示出了这种情况的发生。在本例中，由于 trigger_ev() 先于 check_ev() 执行，因此在事件等待 @ev 尚未被采样的情况下就执行了 ev 的事件等待解除，即 ->ev 的操作。这样的情况将导致 check_ev() 的事件等待没能被解除，其等待状态将被迫持续下去，直到下一次事件等待解除操作的到来。

```
module test;
event    ev;

   initial begin
     fork
        trigger_ev();
        check_ev();
     join
     $display("@%0t: main completed.",$time);
   end

task trigger_ev();
   ->ev;
endtask

task check_ev();
   @ev;
   $display("@%0t: ev released.",$time);

endtask

endmodule
```

为了解决这个问题，SystemVerilog 引入了能够获取事件状态的 triggered 方法，其使用方法如下（详见参考文献 [1]）。

```
hierarchical_event_identifier.triggered
```

该方法的定义如下（详见参考文献 [1]）。

```
function bit triggered();
```

对于 triggered 方法，如果在当前仿真时刻事件触发已经发生，则返回 1'b1；如果没有发生，则返回 1'b0。在此，建议使用如下所示的事件等待解除方法，该方法是最有效的事件等待解除方法。

```
wait ( hierarchical_event_identifier.triggered )
```

例如，解除事件（->hierarchical_event_identifier）即使比 wait 命令先行发生，上述 wait 语句给出的事件等待也会被正确解除。需要注意的是，此方法只能用于事件解除和 wait 事件等待在同一仿真时刻发生的情况。

> **例 12-8　triggered 方法的使用示例**

在本例中，使用 ev.triggered 代替了例 12-7 中的 @ev。因为这个方法可以保存事件已经发生的状态，所以能够确切地捕捉事件的触发。该描述中的 wait 语句用于事件等待，以等待 ev 事件的发生，进而得以解除。

```
module test;
event    ev;

  initial begin
    fork
       trigger_ev();
       check_ev();
    join
    $display("@%0t: main completed.",$time);
  end

task trigger_ev();
   ->ev;
endtask

task check_ev();
   wait( ev.triggered() );
   $display("@%0t: ev released.",$time);
endtask
endmodule
```

执行结果如下所示。由此可以看出，事件等待被正确解除了。

```
@0: ev released.
@0: main completed.
```

12.4.3　作为参数的事件对象

在 SystemVerilog 中调用任务或函数时，可以将事件对象作为参数传递。例如，可以做如下的描述。

```
task trigger( event ev );
   ->ev;
endtask
```

这段描述表明，事件的实体被传递，即可以在定义事件变量的作用域外部定义事件的别名。

12.4.4　事件资源的释放

如果将事件句柄设置为 null，将断开句柄和事件控制的关联。如果没有事件等待对象需要解除的话，这样的操作能够使得事件所使用的资源得到释放。例如，如下所示的描述。

```
event    ev;
...
ev = null;
```

这样的描述可以进行事件资源的释放。但是，如果存在 @ev 的事件等待进程，则处于事件等待状态的进程永远得不到解除。

12.4.5　比较事件

操作符"=="和"!="也可用于事件变量之间的比较。例如，如下所示的描述。

```
event    e1, e2;
...
if( e1 == e2 )
   $display( "e1 and e2 are the same event" );
```

可以像上述的描述那样进行事件变量的比较。

12.4.6　事件的别名

在事件句柄中应用赋值语句可以定义事件的别名。例如，如下所示的描述。

```
event    ev1, ev2;
ev1 = ev2;
```

因此，ev1 和 ev2 为同一个事件。

> **例 12-9　事件别名的使用示例**

事件别名定义的示例如下。

```
module test;
event    ev1, ev2;

   initial begin
      @ev1 $display("@%0t: ev1 released",$time);
   end

   initial begin
      #10;
      ev2 = ev1;
      ->ev2;           // ev1 被 ev2 的发生解除
   end
endmodule
```

在本例中，@ev1 的事件等待被 ->ev2 的事件发生解除。其执行结果如下所示。

```
@10: ev1 released
```

第 13 章

检 查 器

13.1 概述

简单来说,检查器(checker)是一个用于有序整合验证功能的容器。例如,断言由属性和序列组成,但它们分散在测试平台的各处,难以组织。检查器不仅可以整合这些断言,还可以提供断言的组织环境。检查器可以在以下范围内定义。

- module。
- interface。
- program。
- checker。
- package。
- generate。
- $unit。

检查器的语法如下所示(详见参考文献[1])。

```
checker_declaration ::=
    checker checker_identifier [ ( [ checker_port_list ] ) ] ;
        { { attribute_instance } checker_or_generate_item }
    endchecker [ : checker_identifier ]
```

以下是检查器语法的总结。

1)检查器的定义以关键字 checker 开始,以关键字 endchecker 结束。关键字 checker 后必须有检查器名称。endchecker 的后面可以使用冒号来附加名称。此名称可用作注释。

2)可以为检查器指定参数(checker_port_list)。

3)可以在 checker_or_generate_item 中描述检查器的内容。检查器的内容决定其功能。

例如,checker_or_generate_item 可以包含以下功能。

- 并行断言。
- 检查器的声明和引用。
- 覆盖定义。
- 标准时钟块。

- 过程块 (initial、always、always_comb、always_latch、always_ff、final)。

13.2 检查器的实例化

要使用检查器，需要创建一个实例。检查器的实例可以在任何可以使用断言的地方创建。此外，可以在过程块或模块内实例化检查器。检查器实例在 Reactive 区域中执行。

> **例 13-1 检查器的使用示例（详见参考文献 [1]）**

在本例中，首先在模块之外定义一个检查器。此检查器中使用了断言，如果比较条件不满足，则将 failure 置为 1'b1。

```
checker mutex(logic [31:0] sig,event clock,output bit failure);
   assert property (@clock $onehot0(sig) )
      failure = 1'b0;
   else
      failure = 1'b1;
endchecker : mutex
```

此外，该检查器使用 $onehot() 系统函数来进行独热码的检查。以下是使用该检查器的测试平台示例。

```
module test;
logic [31:0]  bus;
logic    res, scan;
bit     clk;

mutex check_bus(bus,posedge clk,res);    // 检查器实例
   always @(posedge clk)
      scan <= res;
   initial $monitor("@%2t: scan=%b",$time,scan);
   initial repeat (10) #10 clk = ~clk;
   initial begin
      #20 bus = 1;
      #40 bus = 3;
      #20 bus = 0;
   end
endmodule
```

上述示例中，在 $time == 60 时 bus == 3，此时出现违反独热码规则的情况。在其他时间节点时均为正常。

检测到违反独热码规则的时间为 $time == 70。当 $time == 70 时，mutex 将 failure 设置为 1'b1。但是，由于检查器是在 Reactive 区域中执行，因此此时 res 的变化不会传递给 test 模块中的 scan 信号。当 $time == 90 时，res 的变化才会传递给 scan 信号。因此，得到以下的执行结果。

```
@ 0: scan=x
@30: scan=0
@90: scan=1
```

除此之外，也可以在过程中使用检查器实例，如下例所示。

> **例 13-2   在过程块中实例化检查器的示例**

如下所示，首先进行检查器的定义。

```
checker ex1(x,y,event clock,output logic state);
   assert property (@clock x ##1 y)
        state = 1;
      else
        state = 0;
endchecker
```

其中，当发生时钟事件时，如果 x == 1'b1，并且在下一个时钟事件中 y == 1'b1，则该属性条件将被满足并将 state 设置为 1。否则，state 将被设置为 0。

测试平台如下所示。

```
module test;
logic    a, b, st;
bit      clk;

   always @(posedge clk)
      ex1 C1(a,b,posedge clk,st);         // 检查器实例

   always @(posedge clk)
      $display("@%0t st=%b",$time,st);
   initial begin
     #20 a = 1;
     #40 a = 0;
   end
   initial
     #40 b = 1;
   initial repeat (10) #10 clk = ~clk;
endmodule
```

执行结果如下。

```
@10 st=x
@30 st=0
@50 st=0
@70 st=1
@90 st=0
```

在本例中，在 $time == 50 时 state == 1'b1，该值将在 $time == 70 时显示输出。

13.3 检查器中的随机变量

在 SystemVerilog 中，通过给检查器内的变量添加关键字 rand，可以进行随机变量的定义。随机变量的值将根据 assume 中的约束而自动生成。

➤ 例 13-3 检查器中随机变量的示例

首先，在检查器内进行随机变量的定义。为了使 $onehot0({a,b}) == 1'b1 成立，对随机变量 a 和 b 设置如下的约束。

```
checker check(logic clk, output logic out1, out2, out3);
rand bit a, b, c;

  m: assume property (@(posedge clk) $onehot0({a,b}))
     $display("@%3t: a=%b b=%b c=%b",$time,a,b,c);

assign out1 = a;
assign out2 = b;
assign out3 = c;

endchecker : check
```

其次，如下所示对检查器进行实例化。在此，测试平台只负责时钟的生成。

```
module test;
logic    a, b, c;
bit      clk;

check C1(clk,a,b,c);

  initial
    repeat (20) #10 clk = ~clk;

endmodule
```

本例的执行结果如下所示。

```
@ 10: a=0 b=0 c=1
@ 30: a=0 b=1 c=1
@ 50: a=0 b=1 c=1
@ 70: a=0 b=0 c=0
@ 90: a=0 b=1 c=0
@110: a=1 b=0 c=1
```

```
@130: a=0 b=0 c=0
@150: a=1 b=0 c=1
@170: a=1 b=0 c=0
@190: a=0 b=1 c=1
```

从执行结果可以看出，$onehot0(\{a,b\}) == 1'b1$。

13.4 DUT 输出采样

由于检查器在 Reactive 区域中执行，因此可以在没有竞争状态的情况下对 DUT 的输出进行采样。换句话说，检查器在 DUT 执行完成后执行，因此在检查器执行时，DUT 的输出是稳定的，如图 13-1 所示。

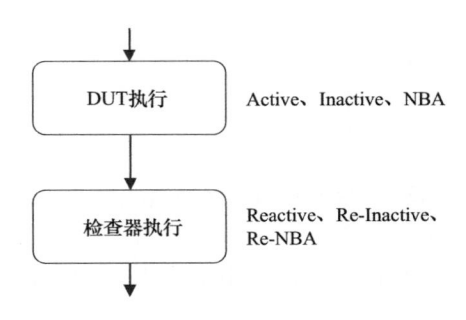

图 13-1 DUT 与检查器执行时间

通过使用检查器，可以轻松进行时序逻辑电路的验证，如图 13-2 所示。此时，如果在检查器内部具有 always 过程的描述，则可以在时钟事件发生时对 DUT 输出进行采样。另外，由于还可利用 initial 过程，因此还可包含各种初始化处理。

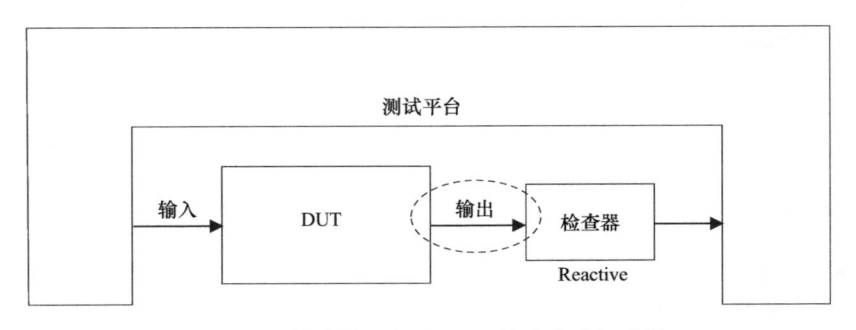

图 13-2 使用检查器对 DUT 的响应进行采样

以下是一个简单的时序逻辑电路示例，将使用检查器对其输出进行采样。

➤ **例 13-4 通过检查器对 DUT 输出进行采样**

首先，准备时序逻辑电路。下面是一个简单的触发器电路。

```
module dut(input clk,reset,[3:0] d,output logic [3:0] q);

    always @(posedge clk,posedge reset)
        if( reset == 1'b1 )
            q <= 0;
        else
            q <= d;
endmodule
```

检查器将对上述时序逻辑电路的输出进行采样。由于时序逻辑电路在 NBA 区域执行，而检查器在 Reactive 区域执行，因此检查器所接收的比较数据一定是时序逻辑电路已经执行完成的结果。检查器的描述如下所示。

```
checker monitor(input logic clk,reset,[3:0] d,q);

    initial $display("      d  q");
    always @(posedge clk)
        $display("@%3t: %2d %2d",$time,d,q);
    always @(posedge reset)
        $display("@%3t: %2d %2d *RESET*",$time,d,q);
endchecker
```

以下代码为在测试 DUT 的测试平台中，同时创建一个检查器实例和一个时序逻辑电路实例。

```
module test;
bit        clk;
logic      reset;
logic [3:0]  d, q;

monitor MONITOR(.*);
dut DUT(.*);

    initial begin
        reset = #1 1;       // reset DUT
        reset = #1 0;

        repeat( 8 ) begin
            @(negedge clk);
            d = $random&15;
        end
        @(negedge clk) $finish;
    end

    initial forever #10 clk = ~clk;
endmodule
```

本例的执行结果如下所示。

```
            d   q
@  1:   x   0  *RESET*
@ 10:   x   x
@ 30:  10  10
@ 50:   4   4
@ 70:   2   2
@ 90:  12  12
@110:   1   1
@130:  10  10
@150:   1   1
@170:   3   3
```

由执行结果可以看出，除了复位时刻外，d == q 成立。

第 14 章

程　序

SystemVerilog 的程序（Program）是用于测试平台的语法描述，而不是用于设计的语法描述。程序与模块（Module）具有相似的功能，但在以下几个方面存在显著不同。
- 程序不能具有设计的层次结构。例如，不能将模块的实例放在程序中。
- 程序内不能使用 always 过程块。
- 程序所描述的逻辑在 Reactive 区域执行。这意味着程序的语句在设计的响应信号稳定后执行，因此，能够使得设计和测试平台之间不会出现冲突。
- 程序内所有的 initial 过程块执行完毕后，该程序结束。
- 所有程序结束后，仿真结束。

程序在 Reactive 区域执行，这是一种特殊的限制。例如，不应在程序内生成时钟。此外，程序结束意味着仿真结束，这会导致其他正在执行的测试组件不能正常结束。因此，不能在 UVM 库等验证包中使用程序。

14.1 语法

由于程序和模块一样具有较多的功能，因此程序的语法定义也较为复杂。其原因是程序的语法需同时包括 Verilog 的功能和 extern 的声明描述。常见的程序语法结构可以总结如下（详见参考文献 [1]）。

```
program_ansi_header [ timeunits_declaration ]
    { non_port_program_item } endprogram [ : program_identifier ]

program_ansi_header ::=
    {attribute_instance} program [ lifetime ] program_identifier
        { package_import_declaration } [ parameter_port_list ]
        [ list_of_port_declarations ] ;

non_port_program_item ::=
    { attribute_instance } continuous_assign
  | { attribute_instance } module_or_generate_item_declaration
  | { attribute_instance } initial_construct
```

```
| { attribute_instance } final_construct
| { attribute_instance } concurrent_assertion_item
| timeunits_declaration
| program_generate_item
```

程序的语法要点总结如下。
- 程序以关键字 program 开始，以关键字 endprogram 结束。
- 在关键字 program 之后，可以指定 lifetime（static 或 automatic）。
- 使用 program_identifier 指定程序名称。
- 在 non_port_program_item 中描述程序的内容。

non_port_program_item 可以描述许多功能，其中代表性的功能如下。
- 变量和线网的声明。
- 时钟块。
- 连续赋值语句。
- initial 过程块。
- final 过程块。

从语法上可以看出，程序中不能使用 always 过程块。下面是一个简单的程序示例，如本示例所示，程序使用 initial 过程块和 forever 语句代替 always 过程块。这个程序在 posedge clk 事件发生时进行随机数的生成，并将生成的随机数赋给变量 a 和 b。

```
program test(input logic clk,output logic [7:0] a,b);
logic [7:0]   ta, tb;

initial forever
   @(posedge clk) begin
      assert( std::randomize(ta,tb) with { ta < 32; tb < 32; } );
      a = ta;
      b = tb;
   end

endprogram
```

14.2 程序的特点

程序在 Reactive 区域执行的优势体现在多个方面。以下通过示例对其加以介绍。

> **例 14-1 Reactive 区域的特点**

首先，如下所示，定义一个设计（dut）。在这个设计中，时钟事件发生时，将输入 d 的值赋给输出 q。由于使用了非阻塞赋值语句进行 q 的赋值，因此 d 的值需要在 NBA 区域执行完毕后才会赋给 q。

另一个 always 过程块用于 q 值的确认。由于 $display 任务在 Inactive 区域执行，因此会在非阻塞赋值语句 q <= d 生效之前，将 q 的值显示输出。也就是说，这个 display 任务不能显示最新的 q 值。

```
module dut(input logic clk,logic [3:0] d,output logic [3:0] q);

    always @(posedge clk)
        q <= d;

    always @(posedge clk)
            #0 $display("@%3t:   d=%2d q=%2d DUT",$time,d,q);
endmodule
```

> 无法显示最新的 q 值

为解决这一问题，接下来，如下所示，准备了一个新的测试平台（test）。在该测试平台中，为 dut 输入赋予初值的 initial 过程块在 @(negedge clk) 事件发生时进行 d 值的更新，从而能够保证更新后的 d 值在 dut 的 always 过程块执行之前已处于稳定状态。

该测试平台还提供了另一个 initial 过程块，在与 dut 相同的时钟事件中进行 q 值的确认。

```
program test(input logic clk,logic [3:0] q,output logic [3:0] d);

    initial d = 0;

    initial forever
        @(negedge clk) d <= $urandom&15;

    initial forever
        @(posedge clk) $display("%3t:   d=%2d q=%2d TEST",$time,d,q);
endprogram
```

由于该 $display 任务位于 program 块中，因此在 Reactive 区域执行，这与 dut 的 $display 任务执行时间完全不同。为了验证这一结论，在此定义了如下所示的 top 模块。

```
module top;
bit      clk;
bit [3:0]   d, q;

dut DUT(.*);
test TEST(.*);

    initial forever #10 clk = ~clk;
    initial #80 $finish;
endmodule
```

其执行结果如下所示。由结果可以看出，在 DUT 中 d！= q，而在 TEST 中 d == q。也就是说，只有在 DUT 的赋值语句 q <= d 生效后，TEST 的 $display 任务才执行。

```
@ 10: d= 0 q= x DUT
@ 10: d= 0 q= 0 TEST
@ 30: d=10 q= 0 DUT
@ 30: d=10 q=10 TEST
@ 50: d= 7 q=10 DUT
@ 50: d= 7 q= 7 TEST
@ 70: d= 4 q= 7 DUT
@ 70: d= 4 q= 4 TEST
```

以下是有关本例的要点总结。

虽然在 dut 的 $display 任务前有 #0 的延时，但 $display 任务执行时，赋值操作 q <= d 尚未完成，因此会出现上述 d！= q 的 DUT 执行结果。而在 test 的 $display 任务执行时，赋值操作 q <= d 已经完成，赋值已经生效。

这也是 Reactive 区域的特点，如图 14-1 所示。

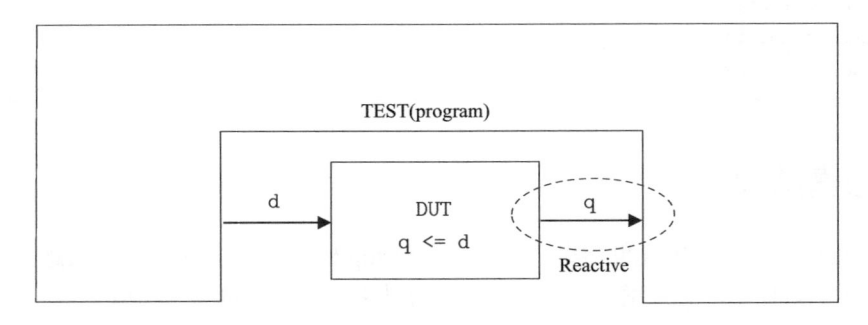

图 14-1 使用 program 块对 DUT 响应进行采样

如本例所示，SystemVerilog 的 program 块提供了一种便捷的方法，可以在没有竞争的情况下对来自 DUT 的响应进行采样。然而，由于其结束条件的限制，program 块通常并不是理想的选择，也存在着一些问题。例如，当 program 块中所有的 initial 过程块执行结束时，仿真也会结束。

在使用 SystemVerilog 的 program 块时，必须充分理解这些特点并在实践中加以应用。此外，在诸如 UVM 的验证库中，应避免使用 program 块。

14.3 程序控制

在程序中可以使用 $exit 任务来终止程序的执行，并且 $exit 的调用将终止所有的 initial 过程块。

➢ 例 14-2　使用 $exit 语句的示例

本例说明了 $exit 的用法和作用。通过本例，可以看到 $exit 也终止了事件等待的进程。

```
program test;

  initial begin
    fork
      #10 $display("@%0t: thread-1 started.",$time);
      #50 $display("@%0t: thread-2 started.",$time);
    join
  end

  initial #20 $exit;                // 终止程序
  final $display("@%0t: main completed.",$time);

endprogram
```

其执行结果如下所示。

```
@10: thread-1 started.
@20: main completed.
#-I Simulation completed at time 20 ticks
```

14.4　仿真结束

当程序执行结束时，仿真也结束。此时，即使 top 模块处于事件等待的状态，仿真也会结束。如下的示例说明了当程序的 initial 过程块执行结束时，仿真也随之结束。

➢ 例 14-3　仿真的结束

为了验证程序执行结束时仿真也会结束，在此准备了以下所示的程序，该程序在 $time == 50 时结束。

```
program test(input clk);

  initial begin
    repeat( 3 ) @(posedge clk);
    $display("@%3t: %m completed.",$time);
  end
endprogram
```

接下来，准备如下所示的 top 模块，该模块应在 $time == 120 时结束。

```
module top;
  bit     clk;

test TEST(.*);

  initial begin
    $display("@%3t: %m started.",$time);
    #120 $display("@%3t: %m completed.",$time);
  end

  initial forever #10 clk = ~clk;
endmodule
```

本例的执行结果如下所示。

```
@  0: top started.
@ 50: top.TEST completed.
#-I Simulation completed at time 50 ticks
```

由执行结果可以看出，top 模块本应在 $time == 120 时显示一条输出信息，但是由于仿真在 $time == 50 时就结束了，因此这条信息输出语句也没有得到执行。

第 15 章

接　　口

近年来，验证技术使用类来构建验证环境。在这种情况下，与 DUT 的通信需要使用接口（Interface）来进行，如图 15-1 所示。在 DUT 侧，通过接口进行端口的声明，并且在类定义中将变量定义为指向接口实例的指针。这个变量也被称为虚接口（vif）。除此之外，在设计中，接口的使用还可以保持端口信号列表的灵活性。因此，接口在近年来的设计验证领域发挥着重要的作用，本章将对接口进行概述和介绍。

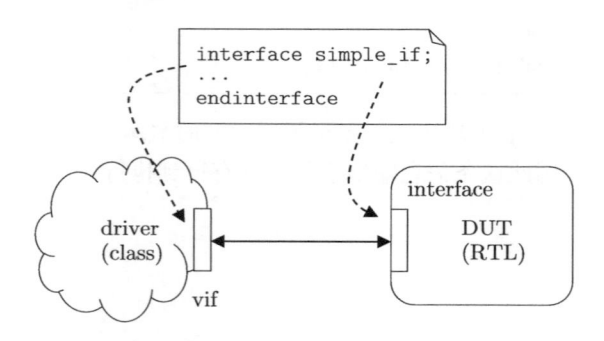

图 15-1　验证环境中使用的接口示例

15.1　语法

接口具有复杂的语法，但如果限定在标准用法下，可以将其简化如下（详见参考文献 [1]）。

```
interface_declaration ::=
   interface_ansi_header [ timeunits_declaration ]
      { non_port_interface_item }
      endinterface [ : interface_identifier ]
interface_ansi_header ::=
   {attribute_instance } interface [ lifetime ]
      interface_identifier
      { package_import_declaration } [ parameter_port_list ]
         [ list_of_port_declarations ] ;
```

接口语法的要点总结如下。
- 接口定义以关键字 interface 开始，以关键字 endinterface 结束。
- 接口名称（interface_identifier）必须在关键字 interface 之后。
- 可以在接口名称后指定参数（parameter_port_list）。
- 可以声明接口的端口信号列表（list_of_port_declaration）。
- 接口的详细定义在 non_port_interface_item 中进行描述。

non_port_interface_item 具有以下语法（详见参考文献 [1]）。

```
non_port_interface_item ::=
    generate_region
  | interface_or_generate_item
  | program_declaration
  | modport_declaration
  | interface_declaration
  | timeunits_declaration

interface_or_generate_item ::=
    { attribute_instance } module_common_item
  | { attribute_instance } extern_tf_declaration

extern_tf_declaration ::=
    extern method_prototype ;
  | extern forkjoin task_prototype ;
```

由上述语法定义可以看出，non_port_interface_item 可以包含许多不同的内容，其中有代表性的项目如下所示。
- clocking。
- modport。
- initial。
- always。
- task。
- function。
- covergroup。

下面主要介绍接口的标准用法。

15.2 接口功能概述

SystemVerilog 接口的目的是简化模块之间的连接。在功能上，接口可以说是广义的模块端口。

像模块一样，可以为接口创建实例，并且可以将接口实例作为模块之间的连接端口。此外，接口可以包含信号，并且这些信号的方向（input、inout、output 等）可以根据每个模块的具体情况而改变，接口的功能是通过 modport 的内容实现的。使用接口时，可以通过改变接口中的定义来简单地改变模块之间的连接，而无需更改每个模块中的端口信号列表。

在接口中可以编写 initial 和 always 过程块，利用这些过程块可以轻松地进行信号值的初始化和协议检查等操作。以下给出的是一个接口定义完整示例，该示例是对 SystemVerilog LRM （详见参考文献 [1]）中的示例稍作修改而来。

首先，如下所示，定义一个 interface。

```
interface simple_if(input logic clk);
logic          req, gnt;
logic [7:0]    addr, data;

clocking cb @(posedge clk);
input    gnt;
output   req, addr;
inout    data;
endclocking

modport DUT (input clk,req,addr,output gnt,inout data);
modport TEST (clocking cb);

endinterface
```

其次，如下所示，在 DUT 侧的模块中，通过接口实例的使用，以接口定义中的 modport 进行模块端口信号的声明。有关端口信号的添加和更改只需在 simple_if 中进行。

```
module dev1(simple_if.DUT mp);   // 某个设备模块
   ...
endmodule
```

然后，如下所示，测试平台使用程序块进行测试。从中可以看到，在接口示例内，信号、时钟块和 modport 等均需使用作用域操作符（.）。

```
program test(simple_if.TEST mp); // 测试平台

   initial begin
      mp.cb.req <= 1;
      wait( mp.cb.gnt == 1 );
         ...
      mp.cb.req <= 0;
   end
endprogram
```

最后，给出如下所示的 top 模块。

```
module top;
logic   clk;

simple_if SIF(clk);
test TEST(SIF);
dev1 DUT(SIF);
endmodule
```

像这样，top 模块只是向 DUT 和测试平台传递接口实例，但是 DUT 和测试平台均可以通过相应的 modport 进行信号的传递。

15.3 基于通用接口的连接

在接口没有明确确定的情况下，或者当多个接口连接在一起时，可以使用通用接口进行连接。在此，可以将之前的示例改写成如下所示的形式。

```
module dev1(interface intf);   // 某个设备模块
   ...
endmodule
```

intf 将转换为连接到模块 dev1 实例的接口。这样的转换工作是由 SystemVerilog 编译器完成的。

15.4 modport

虽然在接口中定义了许多信号，但通常一个模块只需要访问部分信号。在这种情况下，可以使用 modport 来限制对信号的访问。对于前述示例中的 test 模块，由于使用了 modport 的端口定义，因此可以使得 test 只能访问时钟块 cb 中定义的信号，如下所示。

```
program test(simple_if.TEST mp);   // 测试平台
   ...
endprogram
```

modport 具有以下的语法结构（详见参考文献 [1]）。

```
modport_declaration ::= modport modport_item { , modport_item } ;

modport_item ::= modport_identifier( modport_ports_declaration
   { , modport_ports_declaration } )
modport_ports_declaration ::=
   { attribute_instance } modport_simple_ports_declaration
```

```
  | { attribute_instance } modport_tf_ports_declaration
  | { attribute_instance } modport_clocking_declaration
modport_simple_ports_declaration ::=
  port_direction modport_simple_port { , modport_simple_port }
modport_simple_port ::=
  port_identifier
 | . port_identifier ( [ expression ] )
```

尽管 modport 的语法结构具有一定的复杂性，但在实践中所需的知识可以总结如下。
- 在关键字 modport 之后指定 modport 的名称（modport_identifier）。
- 在名称之后定义要通过 modport 访问的端口信号列表。
- 端口信号列表使用括号 () 括起来，并用逗号分隔列表中的各个信号。
- 在进行端口信号定义时，需要指定端口信号的方向（input、inout、output 等）和端口信号的名称。如果与前一个端口信号方向相同，则可以省略该端口信号方向的指定。
- 可以将时钟块指定为端口信号列表。
- 端口信号的声明必须在接口定义内进行，因此 modport 中的端口信号不能包含数据类型和维的定义。
- 不允许有空的端口信号列表。

例如，可以如下所示，定义一个 modport（详见参考文献 [1]）。

```
interface intf;
wire     a, b, c, d;
modport master (input a, b, output c, d);
modport slave (output a, b, input c, d);
endinterface
```

15.5 参数化接口

在接口的定义中，可以通过接口参数的添加来实现接口的通用化。例如，如果在之前的 simple_if 接口定义中添加参数，将会成为如下所示的接口定义。

```
interface p_simple_if #(WIDTH=8) (input logic clk);
logic              req, gnt;
logic [WIDTH-1:0]  addr, data;

clocking cb @(posedge clk);
input   gnt;
output  req, addr;
inout   data;
endclocking
```

```
modport DUT (input clk,req,addr,output gnt,inout data);
modport TEST (clocking cb);

endinterface
```

如此一来,即可在创建 simple_if 的接口实例时,通过参数来指定接口定义中的信号位宽,如下所示。

```
module top;
logic   clk;

p_simple_if #(.WIDTH(4)) SIF(clk);    // 4-bit
...
endmodule
```

但是,由于 p_simple_if 的参数化,会使得模块 dev1 和 test 测试平台无法直接进行接口 p_simple_if 的引用。因此,必须如下所示使用通用接口进行接口的引用。

```
module dev1(interface intf);     // 某个设备模块
   ...
endmodule

program test(interface intf);    // 测试平台
   ...
endprogram
```

这样的通用接口的引用,在 SystemVerilog 编译器中,dev1 和 test 均会得到拓展以适应接口 p_simple_if 的位宽。

15.6 虚接口

虚接口(virtual 接口)表示指向接口实例的指针,并可以像使用类句柄那样使用这个指针。因为无法在类内进行接口的定义,所以必须使用虚接口来进行接口的引用。图 15-2 给出了接口实例和虚接口之间的关系。

```
module top;                    interface simple_if(input bit clk);
bit   clk;                     ...
...                            endinterface
simple_if sif(clk);
...                            class sample_t;
endmodule                      virtual simple_if vif;
                               ...
                               endclass
```

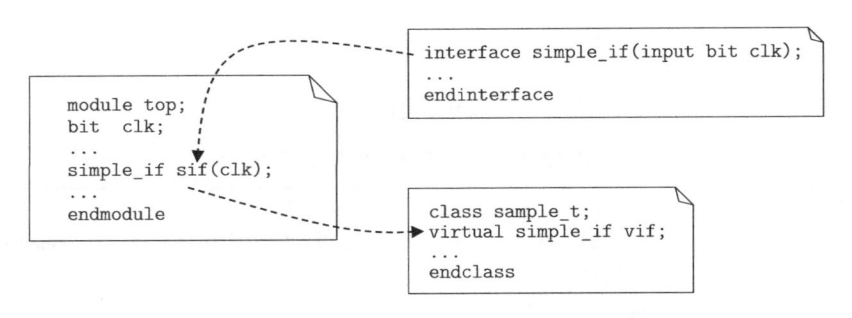

图 15-2 接口实例和虚接口

在类内部，可以按如下所示的方式进行虚接口（变量 vif）的声明。

```
class sample_t;
string    name;
virtual simple_if vif;          // 虚接口

function new(string name);
    this.name = name;
endfunction

function void set_vif(virtual simple_if sif);
    vif = sif;
endfunction

endclass
```

此时，类内声明的虚接口被初始化为 null，因此在使用该接口前还必须使用接口实例对其进行初始化。在该类的定义中，提供了名为 set_vif() 的方法，用来进行虚接口的设置。

> **例 15-1　虚接口的使用示例**

在本例中，将构建一个验证环境，用来验证一个模块的操作。该模块在时钟事件的同步下进行信号 a 和 b 的交换，如图 15-3 所示。构建验证环境的要素见表 15-1。

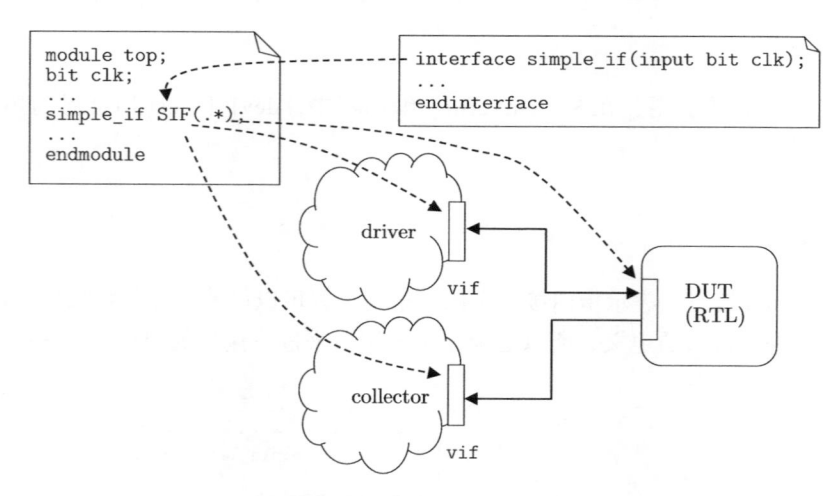

图 15-3　使用虚接口的验证环境

表 15-1　验证环境中使用的要素

验证要素	功能
simple_if	一个包含驱动 DUT 所需信号的接口，并且定义了 DUT 需要使用的 modport
data_item_t	一个生成 DUT 驱动信号的类
driver	生成随机数以驱动 DUT

（续）

验证要素	功能
collector	检查来自 DUT 的响应
dut	在时钟信号的同步下，进行信号 a 和 b 的交换操作
top	用于构建验证环境的 top 模块

首先，如下所示进行接口 simple_if 的定义。

```
interface simple_if(input bit clk);
logic   a, b;

   clocking cb @(posedge clk); endclocking
   modport DUT(input clk,inout a,b);
   initial begin
      a = 0;
      b = 0;
   end
endinterface
```

其次，定义如下所示的待验证模块。模块定义中，使用了接口 simple_if 中的 modport 定义，进行模块端口的声明。

```
module dut(simple_if.DUT mp);
   always @(posedge mp.clk) begin
      mp.b <= mp.a;
      mp.a <= mp.b;
   end
endmodule
```

为使用类来进行 DUT 操作的验证，进行了如下所示的类定义。

```
class data_item_t;
rand bit [15:0]   aux;
bit               a, b;

function void post_randomize();
   a = ^aux;
   b = aux[0];
endfunction
endclass
```

并且，在如下所示的 test_t 类定义中，声明了虚接口 vif。

```
class test_t;
data_item_t   item;
virtual simple_if vif;

function new;
endfunction
function void set_vif(virtual simple_if sif);
   vif = sif;
endfunction

extern task run();
extern task driver();
extern task drive_dut();
extern task collector();
extern function void check();
endclass
```

然后，在任务 run() 中生成进程 driver 和进程 collector。

```
task test_t::run();
   item = new;
   fork
      driver();
      collector();
   join
endtask
```

进程 driver 会随机生成 DUT 的输入，并将其传递给 DUT。这样的信号传递是通过虚接口的使用进行的，以更新接口信号 a 和 b 的值，并将其设置为 DUT 的输入。

```
task test_t::driver();
   forever begin
      @(negedge vif.clk);
      assert( item.randomize() );     ← 在类实例 item 中进行随机数的生成
      drive_dut();
   end
endtask

task test_t::drive_dut();
   vif.a <= item.a;        ← 设置 DUT 的输入
   vif.b <= item.b;
endtask
```

在如下所示的 collector 任务中，会对 DUT 的响应进行采样并检查 DUT 的操作是否正确。

```
task test_t::collector();
   forever begin
      @vif.cb;
      check();
   end
endtask
```

> 使用时钟块事件等待，以便在 Observed 区域解除事件等待之后对 DUT 的响应进行采样

```
function void test_t::check();
string    result;
   result = (item.a == vif.b) && (item.b == vif.a) ? "PASS" : "FAIL";
   $display("@%3t: _a=%b _b=%b a=%b b=%b %s",
             $time,item.a,item.b,vif.a,vif.b,result);
endfunction
```

最后，在如下所示的 top 模块中还必须进行 test_t 类实例的新建，并使用虚接口设置方法对其进行设置。

```
module top;
bit      clk;
test_t   test;

simple_if SIF(.*);
dut DUT(SIF);

   initial begin
      test = new;
      test.set_vif(SIF);
      test.run();
   end

   initial forever #10 clk = ~clk;
   initial #150 $finish;
endmodule
```

> 在类实例执行之前需要进行虚接口的设置

上述示例执行后，会得到如下结果。

```
@ 10: _a=0 _b=0 a=0 b=0 PASS
@ 30: _a=1 _b=1 a=1 b=1 PASS
@ 50: _a=1 _b=0 a=0 b=1 PASS
@ 70: _a=1 _b=1 a=1 b=1 PASS
@ 90: _a=0 _b=1 a=1 b=0 PASS
@110: _a=0 _b=0 a=0 b=0 PASS
@130: _a=0 _b=1 a=1 b=0 PASS
```

通过执行结果可以看出，变量 a 和 b 的值得到了交换。在此，_a 和 _b 分别表示 a 和 b 在交换之前的值。

第 16 章

包

包（package）是一种定义共享资源（参数、数据类型、任务、函数等）的容器。包是位于最外层的结构，因此不能在其他作用域内部定义包。

16.1 语法

包可以包含任务和函数，但不能包含 initial 和 always 等过程块。包的完整语法如下所示 (详见参考文献 [1])。

```
package_declaration ::=
   { attribute_instance } package [ lifetime ] package_identifier ;
   [ timeunits_declaration ] { { attribute_instance } package_item }
   endpackage [ : package_identifier ]
```

关于包的语法要点总结如下。

- 定义一个包时，首先需要使用关键字 package，并在其后指定包的名称 (package_identifier)。最后以关键字 endpackage 结束包的定义，也可以在该关键字之后用冒号 (:) 分隔，再一次给出包的名称。其中，冒号之后的内容被视为注释信息，对包进行进一步说明。
- 包的内容在 package_item 中描述。在 package_item 中，可以定义参数、数据类型、任务、函数等。数据类型中也可以包含类的定义。

package_item 中可以包含如下所示的许多功能 (详见参考文献 [1])。

```
package_item ::=
   package_or_generate_item_declaration
 | anonymous_program
 | package_export_declaration
 | timeunits_declaration

package_or_generate_item_declaration ::=
   net_declaration
 | data_declaration
 | task_declaration
```

```
| function_declaration
| checker_declaration
| dpi_import_export
| extern_constraint_declaration
| class_declaration
| class_constructor_declaration
| local_parameter_declaration ;
| parameter_declaration ;
| covergroup_declaration
| assertion_item_declaration
| ;
```

在 package_item 中的典型功能如下。

- 数据类型的定义。
- 变量的定义。
- 线网的定义。
- 任务和函数的定义。
- 类的定义。
- 参数的定义。

16.2 包的定义

在进行包的定义时，如果需要定义的内容过长，以至于无法全部定义在包中时，可以选择将部分内容定义在包外，再在包中通过 \`include 将它们导入为包构建文件，如图 16-1 所示。

```
my_package.sv                          my_driver.sv

`ifndef PKG_H                          class my_driver_t;
`define PKG_H                          ...
                                       endclass
package pkg;
`include "my_driver.sv"
...
endpackage

`endif
```

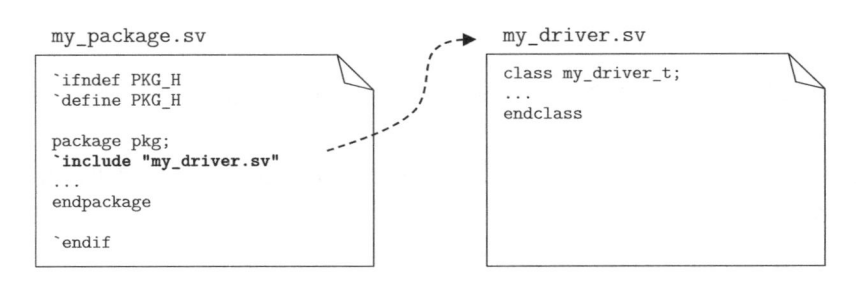

图 16-1　通过 include 方式导入包构建文件

由于包中可以多次进行 include 的引用，因此必须指定一些控制语句，以便在一次编译中完成包的构建。在图 16-1 中，使用了 \`ifndef、\`define、\`endif 来实现编译器的控制。

16.3 包的使用

当一个包被定义并保存在相应的包文件中之后，为了在其他文件中引用该包，需要使用 \`include 语句，如图 16-2 所示。

```
test.sv                              my_package.sv

`include "my_package.sv"             `ifndef PKG_H
                                     `define PKG_H
module test;
...                                  package pkg;
endmodule                            `include "my_driver.sv"
                                     ...
                                     endpackage

                                     `endif
```

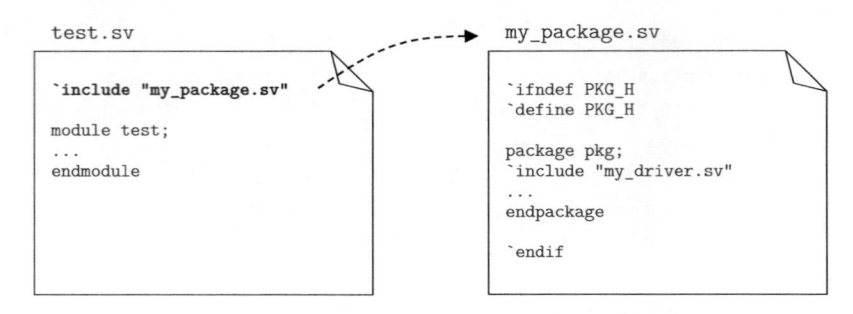

图 16-2 包的使用

在进行包的引用时，为了引用该包内定义的资源，需在包的名称后添加作用域运算符 (::)。例如，为了在模块中引用包 pkg 中定义的参数 PI，可以按照如下所示的描述进行。

```
$display("PI=%g",pkg::PI);
```

在像这样的包资源引用中，如果需要省略作用域运算符 (::) 的使用，可以通过包的导入来实现。这意味着不能直接从其他作用域进行包资源的引用，而是需要先导入这些资源。这种方式的优点在于能够避免名称冲突，因为只有明确导入的资源才能在当前作用域中直接使用。在导入时，可以选择逐个指定导入的资源名称，也可以选择一次性导入整个包。如下所示为逐个指定导入的资源名称。

```
module test;
import    pkg::ARRAY_SIZE;
import    pkg::setup, pkg::print;
int       elm[];
...
```

对于 enum 数据类型，即使进行了 enum 数据导入，enum 标签也不会被导入，必须单独进行 enum 标签的导入。

可以使用 ::* 来同时导入包中的所有资源，而无需逐个指定导入。例如，可以按照以下方式进行包资源的整体导入。

```
module test;
import pkg::*;
int       elm[];
...
```

这样，在模块 test 内可以直接引用包 pkg 的所有内容。

例 16-1 包的使用示例（1）

本例是一个包描述的示例，其中定义了编译器控制语句，以防止被多次编译。

```
`ifndef PKG_H        // 避免重复编译
`define PKG_H

package pkg;         // 包定义
`include "pkg_definitions.sv"
`include "pkg_methods.sv"
endpackage

`endif
```

文件 pkg_definitions.sv 的内容如下所示。

```
parameter    ARRAY_SIZE = 16;
typedef enum { RED, YELLOW, GREEN } color_e;
```

文件 pkg_methods.sv 包含以下方法。

```
function void setup(output int elm[]);
   foreach(elm[i])
      elm[i] = i+1;
endfunction

function void print(string msg,int width,int elm[]);
string    format;
   format = make_format(width);
   $write("%s:",msg);
   foreach(elm[i])
      $write(format,elm[i]);
   $display;
endfunction

function string make_format(int width);
   return $sformatf("%%%0dd",width);
endfunction
```

引用侧的测试平台描述如下所示。其中，假设 test 和 pkg 是在不同的文件中定义的。

```
`include "my_package.sv"

module test;
import pkg::*;        // 使用包
int      elm[];
```

```
    initial begin
       elm = new [ARRAY_SIZE];
       setup(elm);
       print("elm",3,elm);
    end
endmodule
```

在此，分别进行了函数 setup() 和 print() 的调用，其分别等同于函数 pkg::setup() 和 pkg::print() 的调用。模块 test 中的 elm 数组名称与引用包中的局部数组名称 elm 一致，但却指的是不同的数组。在模块 test 中进行包的导入时，被导入的包中的本地变量（例如，任务或函数的参数等）在 test 中是看不到的。

本例的执行结果如下所示。

```
elm:   1  2  3  4  5  6  7  8  9  10  11  12  13  14  15  16
```

> **例 16-2　包的使用示例（2）**

在本例中，我们将在包中定义一个时钟发生器，该时钟发生器是一个名为 clock_gen() 的任务。在这个任务中，由于使用的是 fork-join_none 的进程，所以该时钟发生器将作为一个独立的进程执行。以下给出的是包的内容。

```
`ifndef PKG_CLOCK_H        // 避免重复编译
`define PKG_CLOCK_H

package pkg_clock;
`include "pkg_clock_definitions.sv"
`include "pkg_clock_methods.sv"
endpackage

`endif
```

文件 pkg_clock_definitions.sv 的内容如下所示。

```
bit      clk;
event    clk_done;
```

文件 pkg_clock_methods.sv 包含以下方法定义。

```
task clock_gen;
   $display("@%3t: clock generator activated.",$time);
   fork
     begin
        repeat(10) #10 clk = ~clk;
        ->clk_done;
     end
   join_none
endtask
```

时钟发生器的测试平台如下所示。

```
`include "my_package_clock.sv"

module test;
import pkg_clock::*;

   initial begin
      // 激活时钟发生器
      clock_gen();
      $display("@%3t: clock_gen returned.",$time);
      // 最后
      wait( clk_done.triggered );
      $display("@%3t: main completed",$time);
   end
   always @(posedge clk) begin
      $display("@%3t: always reached",$time);
   end

endmodule
```

本例的执行结果如下所示。

```
@  0: clock generator activated.
@  0: clock_gen returned.
@ 10: always reached
@ 30: always reached
@ 50: always reached
@ 70: always reached
@ 90: always reached
@100: main completed
#-I Simulation completed at time 100 ticks
```

通过这种时钟统一发生的方式，可以更容易地进行时钟管理。在此介绍的时钟发生器具有实际的通用性。

16.4　std 包

SystemVerilog 中定义了内置包。例如，内置包中定义了信箱和旗语等。在需要使用内置包中定义的数据类型时，可以使用作用域修饰符 std:: 来进行访问。例如，如下所示的描述。

```
std::mailbox   mb = new;
```

在这样的引用中，如果没有命名冲突，也可以省略 std:: 前缀。std 包中定义了如表 16-1 所示的类和方法。

表 16-1　std 包中的类和方法

类和方法	功能

`class semaphore;`
`function new(int keyCount = 0);`
`function void put(int keyCount = 1);`
`task get(int keyCount = 1);`
`function int try_get(int keyCount = 1);`
`endclass`
	用于互斥控制的类。可以像普通的类一样使用

`class mailbox`
`  #(type T = dynamic_singular_type) ;`
`function new(int bound = 0);`
`function int num();`
`task put( T message);`
`function int try_put( T message);`
`task get( ref T message );`
`function int try_get( ref T message );`
`task peek( ref T message );`
`function int try_peek( ref T message );`
`endclass`
	用于实现 FIFO 队列的类。可以像普通的类一样使用

`function int randomize( ... )` `  [ with constraint_block ];`	随机数生成函数

`class process;`
`enum state { FINISHED, RUNNING,`
`  WAITING, SUSPENDED, KILLED } ;`
`static function process self();`
`function state status();`
`function void kill();`
`task await();`
`function void suspend();`
`function void resume();`
`endclass`
	实现进程的类。注意，没有定义 new 构造函数

> 例 16-3　process 类的使用示例

本例介绍了如何进行进程的挂起，以及如何通过其他进程解除挂起的方法。要获取进程，必须使用 process::self() 方法。

```
module test;
process   q[$];

  initial begin
    process   p;
    $display("@%0t: Initial-1 started.",$time);
```

```
        p = process::self();
        q.push_back(p);
        p.suspend();
        $display("@%0t: Initial-1 ended.",$time);
    end

    initial begin
        process   p;
        $display("@%0t: Initial-2 started.",$time);
        p = process::self();
        q.push_back(p);
        p.suspend();
        $display("@%0t: Initial-2 ended.",$time);
    end

    initial begin
        #50;
        foreach(q[i])
            q[i].resume();
    end
endmodule
```

本例执行时会通过两个 initial 块进行进程的挂起。然后，在 $time == 50 时，唤醒处于挂起状态的进程，其执行结果如下。

```
@0: Initial-1 started.
@0: Initial-2 started.
@50: Initial-1 ended.
@50: Initial-2 ended.
#-I Simulation completed at time 50 ticks
```

本例是进程管理的典型示例。

一般来说，生成随机数的最好做法是首先定义一个类，然后通过类实例中的随机变量进行随机数的产生。但是，在实际的验证场景下，通常希望避免进行复杂的类定义。在这种情况下，std::randomize() 函数是最合适的选择。

在例 16-4 中，给出了为模块中定义的变量分配随机数的方法，并且所分配的随机数不是一种简单的分配，而是一个满足约束条件的随机数。虽然使用类可以简单地实现这种效果，但示例中给出的方法可以实现完全相同的效果，且不需要复杂的类定义。这种方法比较通用，且适用范围广泛。

> **例 16-4** std::randomize() 函数的使用示例

在不使用类的情况下生成符合约束条件的随机数，可以如下所示使用 std::randomize() 函数。

```
module test;
bit [7:0]   a, b;

   initial begin
      repeat (10) begin
         assert( std::randomize(a,b) with { (a < b); } )
              $display("a=%3d b=%3d",a,b);
            else
              $display("randomize failed.");
      end
   end
endmodule
```

在本例中,将 a 和 b 视为随机变量,并生成满足约束条件 a<b 的随机数。其执行结果如下所示。

```
a=  3 b= 39
a= 35 b=214
a= 78 b=192
a=160 b=239
a=  0 b=118
a= 89 b=253
a= 31 b=193
a=149 b=223
a= 39 b=153
a= 83 b=154
```

第 17 章

模 块

在之前的许多示例中都用到了模块（module），但并没有对其进行详细介绍。在本章中，我们将介绍在实践中使用模块所需的相关知识。考虑到与 Verilog 的兼容性，模块定义的语法较为复杂。为了使本章的内容更加清晰，在此将仅介绍 SystemVerilog 中模块的特有功能。

17.1 概述

模块是描述设计的基本要素，在模块定义中可以使用的语法也具有较多选项。并且，与类和接口一样，可以通过形式参数的设定来实现模块的通用化。

模块的定义以关键字 module 开始，以关键字 endmodule 结束。在两个关键字中间描述模块的内容。模块定义的完整语法（摘录）如下所示（详见参考文献 [1]）。

```
module_declaration ::=
    module_nonansi_header [ timeunits_declaration ]
        { module_item } endmodule [ : module_identifier ]
    | module_ansi_header [ timeunits_declaration ]
        { non_port_module_item } endmodule [ : module_identifier ]
    | { attribute_instance } module_keyword [ lifetime ]
        module_identifier ( .* ) ;
            [ timeunits_declaration ] { module_item } endmodule [ : module_identifier ]
    | extern module_nonansi_header
    | extern module_ansi_header

module_ansi_header ::=
    { attribute_instance } module_keyword [ lifetime ]
        module_identifier { package_import_declaration }
        [ parameter_port_list ] [ list_of_port_declarations ] ;

timeunits_declaration ::=
    timeunit time_literal [ / time_literal ] ;
    | timeprecision time_literal ;
    | timeunit time_literal ; timeprecision time_literal ;
    | timeprecision time_literal ; timeunit time_literal ;
```

```
parameter_port_list ::=
  # ( list_of_param_assignments { , parameter_port_declaration } )
  | # ( parameter_port_declaration { , parameter_port_declaration } )
  | #( )

parameter_port_declaration ::=
    parameter_declaration
  | local_parameter_declaration
  | data_type list_of_param_assignments
  | type list_of_type_assignments
```

其中，module_ansi_header 是 SystemVerilog 模块定义的开头，其内容已在上述语法中以标准 BNF 范式的形式给出。鉴于 SystemVerilog 模块定义中的 module_nonansi_header 与 Verilog 版本一致，因此在此不对其进行详细介绍。且在 SystemVerilog LRM（详见参考文献 [1]）中模块定义的语法涉及的内容较多，因此在此仅摘录了当前需要的语法内容进行介绍。

在如上所示复杂的模块定义语法描述中，SystemVerilog 允许使用 extern 进行模块的声明，如下所示的语法部分为 extern 模块声明的相关语法。

```
| { attribute_instance } module_keyword [ lifetime ]
    module_identifier ( .* ) ;
      [ timeunits_declaration ] { module_item } endmodule [ : module_identifier ]
| extern module_nonansi_header
| extern module_ansi_header
```

如果进行模块的 extern 声明，即使所声明的模块没有进行定义，也不会在与模块实例相关的编译过程中出现错误。这一功能是一种非常有用的便利功能，可用于尚未完成设计的引用。这一点将在 17.8 节中进行详细介绍。

17.2 模块的定义

以下是模块定义所需的语法（详见参考文献 [1]）。

```
module_ansi_header [ timeunits_declaration ]
  { non_port_module_item } endmodule [ : module_identifier ]
module_ansi_header ::=
  { attribute_instance } module_keyword [ lifetime ]
    module_identifier { package_import_declaration }
      [ parameter_port_list ] [ list_of_port_declarations ] ;
```

在此，对模块定义所需的语法总结如下。

- 模块定义以关键字 module 开始，并以关键字 endmodule 结束。在关键字 module 之后需要指定模块名称（module_identifier）。模块名称可以在 endmodule 之后用冒号（:）指定，起到注释的作用。
- 可以在模块名称后面添加包导入指令。
- 如果需要的话，可以使用 parameter_port_list 对模块进行参数指定。
- 在模块参数指定之后可以添加模块的端口信号列表（list_of_port_declarations）。
- non_port_module_item 的部分表示模块内部的描述。

下面是一个使用上述语法来定义一个模块的示例。

```
module alu import pkg::*; #(N=WIDTH)
   (input [N-1:0] a,b,[OPERATOR_WIDTH-1:0] select,
   output compare_out,[N-1:0] data_out);
   ...
endmodule : alu
```

其对应的语法要素见表 17-1。

表 17-1　对应的语法要素

语法要素	使用示例
module_identifier	alu
package_import_declaration	import pkg::*;
parameter_port_list	#(N=WIDTH)
list_of_port_declarations	(input [N-1:0] a,b,[OPERATOR_WIDTH-1:0] select, output compare_out,[N-1:0] data_out)
end tag	endmodule : alu

参考 17-1　在 parameter_port_list 和 list_of_port_declarations 中，当引用包中声明的元素时，必须如上述示例所示，在模块名称之后指定包导入的语句。

non_port_module_item 非常复杂，具有如下所示的多项内容（详见参考文献 [1]）。

```
non_port_module_item ::=
   generate_region
  | module_or_generate_item
  | specify_block
  | { attribute_instance } specparam_declaration
  | program_declaration
  | module_declaration
  | interface_declaration
  | timeunits_declaration
```

```
module_or_generate_item ::=
    { attribute_instance } parameter_override
  | { attribute_instance } gate_instantiation
  | { attribute_instance } udp_instantiation
  | { attribute_instance } module_instantiation
  | { attribute_instance } module_common_item

module_common_item ::=
    module_or_generate_item_declaration
  | interface_instantiation
  | program_instantiation
  | assertion_item
  | bind_directive
  | continuous_assign
  | net_alias
  | initial_construct
  | final_construct
  | always_construct
  | loop_generate_construct
  | conditional_generate_construct
  | elaboration_system_task

module_or_generate_item_declaration ::=
    package_or_generate_item_declaration
  | genvar_declaration
  | clocking_declaration
  | default clocking clocking_identifier ;
  | default disable iff expression_or_dist ;
```

在此，对 non_port_module_item 所包含的代表性内容总结如下。
- 数据类型的定义。
- 类的定义。
- 线网的声明。
- 变量的声明。
- 门、模块、接口的实例化。
- 断言。
- 连续赋值语句。
- initial 过程。
- always 过程。
- final 过程。
- 任务，函数。

17.3 端口信号列表

模块端口信号列表的语法如下所示（详见参考文献 [1]）。

```
list_of_port_declarations ::=
    ( [ { attribute_instance } ansi_port_declaration { ,
        { attribute_instance } ansi_port_declaration } ] )
ansi_port_declaration ::=
    [ net_port_header | interface_port_header ] port_identifier
        { unpacked_dimension } [ = constant_expression ]
    | [ variable_port_header ] port_identifier
        { variable_dimension } [ = constant_expression ]
    | [ port_direction ] . port_identifier ( [ expression ] )

net_port_header ::= [ port_direction ] net_port_type
variable_port_header ::= [ port_direction ] variable_port_type
interface_port_header ::=
    interface_identifier [ . modport_identifier ]
    | interface [ . modport_identifier ]
port_direction ::= input | output | inout | ref
net_port_type ::=
    net_type_identifier
    | interconnect implicit_data_type
variable_port_type ::= var_data_type
var_data_type ::= data_type | var data_type_or_implicit
```

简单来说，通过指定方向、数据类型和端口信号名称来进行端口信号列表的声明，并使用逗号隔开所指定的各个端口信号。

17.3.1 Verilog 风格和 SystemVerilog 风格

如果模块头的端口信号列表仅由端口信号名称构成，则该模块头为 Verilog 风格的。在这种情况下，需要在模块头之后添加端口信号的定义。例如，在下面的示例中，由于端口信号列表仅由端口信号名称构成，因此为 Verilog 风格的端口信号定义。

```
module verilog_style(a,b,sum);
input           a, b;
output [1:0]    sum;
assign sum = a+b;
endmodule
```

在 SystemVerilog 中，不推荐使用这种风格的描述方法。最好是在端口信号列表声明中设置端口信号的方向、数据类型等。例如，可以如下所示定义端口信号列表，这是使用 SystemVerilog 风格的端口信号列表定义。

```
module better_style(input wire a,b,output wire [1:0] sum);
assign sum = a+b;
endmodule
```

在接下来的描述中，主要使用 SystemVerilog 风格。

17.3.2 关于端口信号方向的规则

关于端口信号方向，有以下所示的语法规则（详见参考文献 [1]）。

```
port_direction ::= input | output | inout | ref
```

如果第一个端口信号没有指定方向，则视为 inout。如果第一个端口信号省略了数据类型，则默认为 logic 型。

如果第二个及之后的端口信号除名称以外，没有其他的指定，则应用前一个端口信号的定义。如果具有除名称以外的指定，则应用以下原则。

- 如果省略端口信号方向，则应用上一个端口信号的方向。
- 如果省略端口信号的数据类型，则默认为 logic 型。

SystemVerilog 中有不同的端口信号类型。端口信号类型包含线网类型和使用关键字 var 声明的变量类型。如果省略了端口信号类型，则根据以下规则确定端口信号类型。

- 对于 input 和 inout 端口信号，设置为标准线网类型。
- 对于 output 端口信号，如果省略了数据类型或指定了 implicit_data_type，则设置为标准线网类型。如果指定了数据类型，则认为是 var 的变量。
- ref 端口信号始终是变量。此外，inout 端口信号不能为变量。

详细情况请参照表 17-2 的描述示例。

表 17-2　模块头描述示例

模块头	功能
module mh(wire x);	端口信号 x 被声明为 inout wire logic
module mh(integer x);	端口信号 x 被声明为 inout wire integer
module mh(input x);	端口信号 x 被声明为 input wire logic
module mh(input var x);	端口信号 x 被声明为 input var logic
module mh(inout integer x);	端口信号 x 被声明为 inout wire integer
module mh([5:0] x);	端口信号 x 被声明为 inout wire logic [5:0]，[5:0] 相当于 implicit_data_type
module mh(wire x, y[7:0]);	端口信号 x 被声明为 inout wire logic。端口信号 y 被声明为 inout wire logic y[7:0]
module mh(integer x, signed [5:0] y);	端口信号 x 被声明为 inout wire integer。端口信号 y 被声明为 inout wire logic signed [5:0]。signed [5:0] 相当于 implicit_data_type
module mh(output x) ;	端口信号 x 被声明为 output wire logic

（续）

模块头	功能
module mh(output var x) ;	端口信号 x 被声明为 output var logic
module mh(output integer x) ;	端口信号 x 被声明为 output var integer
module mh(ref [5:0] x) ;	端口信号 x 被声明为 ref var logic [5:0]
module mh(var x) ;	错误。由于默认端口信号 x 的方向是 inout，但 inout 的端口信号不能被声明为 var 类型

17.4　参数化模块

为了使模块通用化，可以在模块端口信号列表前添加模块定义的参数。这样的参数定义与在模块内部使用 parameter 语句进行的定义具有完全相同的效果。例如，可以使用如下所示的方式进行模块参数的定义，这个模块是一个能够适用于不同 NBITS 位宽的通用模块。

```
module binary_counter #(NBITS=2)
    (input ck,up_down,preset_clear,load_data,
    input [NBITS-1:0] data_in,output [NBITS-1:0] q,qn);
...
endmodule
```

对于这样的描述，也可以如下所示使用关键字 parameter 进行明确指定。

```
module binary_counter #(parameter NBITS=2)
    (input ck,up_down,preset_clear,load_data,
    input [NBITS-1:0] data_in,output [NBITS-1:0] q,qn);
...
endmodule
```

参数化模块定义中设置的参数，其设置值可以从外部进行更改。例如，可以按如下所示的方式创建参数化模块的实例。

```
binary_counter #(.NBITS(8)) M1(.*);
```

在这个实例中，将模块参数 NBITS 的值变更为 NBITS == 8。一般来说，如果模块内存在与 parameter（参数）设置相关的语句时，将 parameter 声明放在模块头中会更加合适。

如图 17-1 所示，将模块内部定义的参数显式地放在模块头中，可以使得模块的定义更加清晰易懂。

```
module sample(output clock_a,clock_b);
parameter clock_period = 50;
...
endmodule
```

```
module sample #(clock_period=50)
    (output clock_a,clock_b);
...
endmodule
```

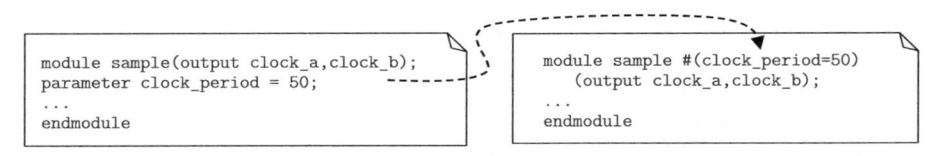

图 17-1　将模块内的参数声明转换为模块头的显式声明

这样的操作，具有以下优点。
- 显而易见，并且是一个通用的参数化描述。
- 易于参数的查看和修改。

如下例所示，模块的参数不仅限于常数，也可以是数据类型的定义。

➢ 例 17-1　具有数据类型定义的参数化模块示例

在如下所示的参数化模块定义中，可以通过模块参数进行操作数数据类型的定义，从而将输出和输入设置为相同的数据类型。

```
module dut #(parameter type DATATYPE = logic)
   (input DATATYPE a, b, output DATATYPE op_or,op_xor);

assign op_or = a | b;
assign op_xor = a ^ b;
endmodule
```

再有如下所示，通过模块参数进行的数据类型定义，可以将上述定义的是 1 位 dut 模块实例化为一个 4 位 dut 模块实例。

```
typedef logic [3:0] op_type;            // 4 位

module top;
op_type    a, b, op_or, op_xor;

dut #(.DATATYPE(op_type)) DUT(.*);      // 4 位 dut 模块实例

   initial begin
      a = 6;
      b = 3;
      #10 a = 5;
      #10 b = 6;
      #10 a = 15;
   end

   initial
      $monitor("@%2t: a=%b b=%b op_or=%b op_xor=%b", $time,a,b,op_or,op_xor);
endmodule
```

本例标记处引用了 1 个 4 位 dut 模块实例，执行结果如下所示。

```
@ 0: a=0110 b=0011 op_or=0111 op_xor=0101
@10: a=0101 b=0011 op_or=0111 op_xor=0110
@20: a=0101 b=0110 op_or=0111 op_xor=0011
@30: a=1111 b=0110 op_or=1111 op_xor=1001
```

由执行结果可以看出，所定义的 1 位 dut 模块已经扩展为一个 4 位 dut 模块。

17.5　top 模块

　　top 模块是指在源代码中不能作为模块实例引用的模块。例如，若模块 A 中具有模块 B 的实例，那么模块 B 不可能成为 top 模块。top 模块是通过编译单元中的模块定义解析来确定的。
　　基于 top 模块可以进行设计层次的构建，这个层次结构在详细设计阶段是保持不变的。

17.6　模块实例

　　如果定义了模块但又不使用它的话，这样的模块定义就没有意义。为了进行模块的使用，需要对所定义的模块进行引用或创建实例。例如，可以按照如下所示的方式创建一个模块实例。

```
binary_counter DUT(.ck(ck), .up_down(up_down), .preset_clear(preset_clear),
        .load_data(load_data), .data_in(data_in), .q(q), .qn(qn) );
```

　　但是，该模块实例的描述相当冗长。在这种情况下，因为端口定义的信号名称与模块实例所连接的信号名称一致，因此可以在 SystemVerilog 中使用如下所示的简化描述。

```
binary_counter DUT(.ck, .up_down, .preset_clear, .load_data, .data_in, .q, .qn );
```

　　也就是说，如果所定义的端口信号名称与实际连接的信号名称一致，则只需指定所定义的端口信号名称即可。在 SystemVerilog 中，还可以有更简洁的模块实例描述方法。例如，对于上述模块实例描述，可以采用如下所示的简单描述。

```
binary_counter DUT(.*);
```

　　如果在所有的端口信号连接中，定义的端口信号名称和实际连接的信号名称一致，那么可以使用这样的简单描述。如果存在与定义的端口信号名称不匹配的端口信号连接，只需添加连接不一致的端口信号名称即可。例如，如下所示的模块实例描述。

```
binary_counter DUT(.*, .ck(clk) );
```

　　在如上所示的模块实例简单描述中，如果省略实际连接信号名称，则该端口信号不会进行实际连接。例如，在以下所示的模块实例中，binary_counter 的端口信号 qn 保持未连接状态。

```
binary_counter DUT(.*, .ck(clk), .qn() );
```

17.7　使用接口的模块描述

　　像 binary_counter 那样，在模块端口信号数量较多的情况下，如果在设计和测试平台中都要同样地进行这些端口信号名称的列举就显得非常麻烦，并且容易出现错误。为此，System-

Verilog 提供了接口的功能和方法，以解决这一问题。下例为一个使用接口来描述 binary_counter 模块的示例。

> 例 17-2　使用接口进行的 binary_counter 模块描述

首先，在定义接口之前，在包中进行如下所示的公共参数定义。

```
package pkg;
   parameter NBITS = 4;
endpackage
```

其次，进行如下所示的接口定义。在此，使用包的优点是无需对接口进行参数化，并在接口中进行 DUT 和 TEST 等的 modport 定义。

```
interface simple_if import pkg::*; (input logic clk);
logic    up, pc, load;
logic [NBITS-1:0]    d, q, qn;

   clocking cb @(posedge clk); endclocking
   modport DUT(input clk,up,pc,load,d,output q,qn);
   modport TEST(input clk,q,qn,output up,pc,load,d);

initial begin
   up = 0;
   pc = 0;
end
endinterface
```

然后基于上述 modport 的定义，定义如下所示的 binary_counter 模块。

```
module binary_counter import pkg::*; (simple_if.DUT mp);
logic [NBITS-1:0]    counter;

assign mp.q = counter;
assign mp.qn = ~counter;

always @(posedge mp.clk)
   if( mp.pc )
      counter <= 0;
   else if( mp.load )
      counter <= mp.d;
   else if( mp.up )
      counter <= counter + 1;
   else
      counter <= counter - 1;

endmodule
```

top 模块的定义如下所示。

```
module top;
bit    clk;

simple_if SIF(.*);
binary_counter DUT(SIF);
test TEST(SIF);

   initial forever #10 clk = ~clk;
   initial #150 $finish;
endmodule
```

测试平台的定义也同样基于前述 modport 的定义，如下所示。

```
program test(simple_if.TEST mp);

initial
   fork
      begin mp.load = 1; mp.d = 9; #15 mp.load = 0; end
      begin #20 mp.up = 1; #40 mp.up = 0; end
      begin #100 mp.pc = 1; #20 mp.pc = 0; mp.up = 1; end
   join

initial forever @(posedge mp.clk)
   $display("@%3t: pc=%b load=%b up=%b d=%2d q=%2d(%b) qn=%2d(%b)",
      $time, mp.pc, mp.load, mp.up, mp.d, mp.q, mp.q, mp.qn, mp.qn);
endprogram
```

本例的执行结果如下。

```
@ 10: pc=0 load=1 up=0 d= 9 q= 9(1001) qn= 6(0110)
@ 30: pc=0 load=0 up=1 d= 9 q=10(1010) qn= 5(0101)
@ 50: pc=0 load=0 up=1 d= 9 q=11(1011) qn= 4(0100)
@ 70: pc=0 load=0 up=0 d= 9 q=10(1010) qn= 5(0101)
@ 90: pc=0 load=0 up=0 d= 9 q= 9(1001) qn= 6(0110)
@110: pc=1 load=0 up=0 d= 9 q= 0(0000) qn=15(1111)
@130: pc=0 load=0 up=1 d= 9 q= 1(0001) qn=14(1110)
```

17.8 未定义模块的声明

在模块的定义中，作为实例进行的模块引用，在编译时必须要寻找模块实例所对应的模块定义。如果该模块定义不存在，则在详细设计阶段的编译解析中会出现编译错误。为了避免该错误，必须对这样的模块引用进行 extern 声明。

由 extern 声明的模块，即使模块定义不存在，在最终的编译过程中也不会出现编译错误。例如，如果仅对如下所示的描述进行编译，则不会出现编译错误。

```
interface simple_if(input bit clk);
bit      request;
endinterface

extern module dut(simple_if intf);
extern program test(simple_if intf);

module top;
bit    clk;

simple_if intf(clk);
test TEST(intf);        // test 模块在编译单元中未定义
dut DUT(intf);          // dut 模块在编译单元中未定义

   always
      @(posedge clk) INTF.request <= 1;
   initial repeat (5) #10 clk = ~clk;
endmodule
```

当进行了 extern 声明时，则可以对模块实例使用简化的端口信号连接符（.*）。例如，如下的示例所示。

```
extern module dut(simple_if intf);
extern program test(simple_if intf);

module top;
...
simple_if intf(clk);
test TEST(.*);          // 隐式端口连接
dut DUT(.*);            // 隐式端口连接
endmodule
```

除此之外，在进行 extern 声明时，还允许在实际的模块定义中使用 .* 作为模块的端口信号列表。例如，如下的示例所示。

```
extern module test(a,b,q);
extern module binary_counter #(NBITS=2)
   (input ck,up_down,preset_clear,load_data,
    input [NBITS-1:0] data_in,output [NBITS-1:0] q,qn);

module test(.*);                    // 隐式端口声明
```

```
input    a, b;
output   q;
...
endmodule

module binary_counter(.*);    // 隐式端口声明
...
endmodule
```

17.9 层次结构名称

在层次结构的设计中，实例的名称是唯一的。从层次的顶部开始，依次使用点符号（.）连接实例所在的各层次的名称，最后附加上实例的名称，以此来构成实例的层次结构名称。其中，top 模块本身也是一个实例。实例层次结构名称的语法规范如下（详见参考文献 [1]）。

[**$root** .] { identifier constant_bit_select . } identifier

其中，$root 表示从设计层次结构的根部显示实例的层次结构名称。例如，如下所示的实例层次结构名称示例。

```
top.DUT
top.TEST
$root.top.DUT
$root.top.TEST
```

实例确定后，也可以以该形式引用实例中的变量。例如，如下的示例所示。

```
top.DUT.state
```

也可以按如下所示的方式进行相应实例参数值的设定。

```
$root.top.DUT.state = Pkg::ST0;
```

> **例 17-3　层次结构名称的使用示例**

假设有一个如图 17-2 所示的层次结构设计，且构成该层次结构设计的模块定义如下。

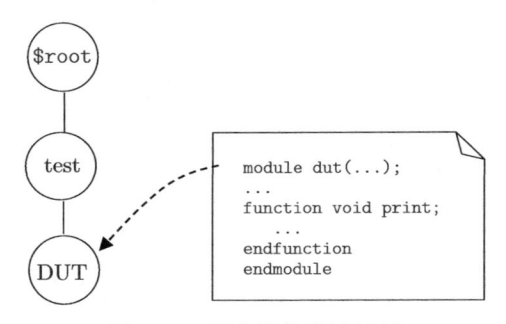

图 17-2　层次结构设计示例

首先，按如下所示，进行模块 dut 的定义。

```
module dut(input logic clk,logic [1:0] d,output logic [1:0] q);

   always @(posedge clk)
      q <= d;

function void print;
   $display("@%0t: d=%b q=%b",$time,d,q);
endfunction
endmodule
```

其次，按如下所示，将定义的模块在测试平台中进行实例化，并且在测试平台中直接调用模块 dut 内的 print() 函数。

```
module test;
bit          clk;
logic [1:0]  d, q;

clocking cb @(posedge clk); endclocking
dut DUT(.*);

   initial begin
      #20 d = 2;
      #20 d = 1;
   end

   always @(cb)
      DUT.print();
   initial forever #10 clk = ~clk;
   initial #60 $finish;
endmodule
```

根据层次结构名称，可以调用其他模块内定义的函数

其中，print() 函数的调用也可以指定完整的层次结构名称，如下所示。

```
$root.test.DUT.print();
```

第 18 章

系统任务和系统函数

SystemVerilog 有许多系统任务和系统函数。由于所有系统任务和系统函数都可以独立使用，因此其用法也比较容易理解。有关系统任务和系统函数的详细信息请参见 SystemVerilog LRM（详见参考文献 [1]），在此只对其做部分介绍。

18.1 $display 和 $write 任务

$display 和 $write 是最常用的系统任务，其语法如下所示（详见参考文献 [1]）。

```
display_tasks ::= display_task_name [ ( list_of_arguments ) ] ;

display_task_name ::=
    $display | $displayb | $displayo | $displayh | $write | $writeb | $writeo | $writeh
```

这些任务都能够进行指定值的信息显示。其中，$display 的相关任务会在信息显示末尾添加换行符，而 $write 的相关任务不会生成换行符。任务名称的后缀 b、o 和 h 表示不同的信息显示格式。如果没有为信息显示值指定格式，则使用标准格式信息显示。其中，b 表示二进制（binary）信息显示，o 表示八进制（octal）信息显示，h 表示十六进制（hexa-decimal）信息显示。

> **例 18-1　$display 任务示例**

$display 任务很常用，没有更多的内容需要进行介绍。但需要强调的是，通常使用 %t 的格式来进行时间信息的显示。一般来说，使用 %0t 会使时间信息的显示值左对齐，以便更加易于阅读。或者使用 %5t 这样的格式来指定时间信息的输出宽度，以便能够更好地查看日志文件，如下所示。

```
module test;
bit         a;
logic       b;
bit [15:0]  c;

    initial begin
        a = 1'b1;
```

```
      b = 1'bz;
      c = 16'h3712;
      #10 $display("@%0t: a=%b b=%b c=%h",$time,a,b,c);
   end
endmodule
```

其执行结果如下所示。

```
@10: a=1 b=z c=3712
```

如果省略信息显示格式描述，则默认以标准格式输出。例如，如下的信息显示指令。

```
$display($time,a,b,c);
```

在这种情况下，信息显示的结果如下所示。

```
                101z14098
```

如果要显示 SystemVerilog 中新增的 string 型变量的信息，则需要使用 %s 格式。对于 string 型变量的信息显示，为了便于输出信息的查看，需要考虑信息显示的格式，如下例所示。

> **例 18-2 string 型格式示例**

进行 string 型数据的信息显示时，可以指定信息显示以左对齐或右对齐格式输出，如下所示。

```
module test;
string     name = "Tom";

   initial begin
      $display("name=%s...",name);
      $display("name=%16s...",name);
      $display("name=%-16s...",name);
   end
endmodule
```

信息显示结果如下所示。

```
name=Tom...
name=             Tom...
name=Tom             ...
```

格式控制符的释义见表 18-1。

表 18-1　格式控制符的释义（例18-2）

格式	功能
%s	在当前位置显示字符串信息
%16s	保留 16 个字符的空间并右对齐显示字符串信息
%–16s	保留 16 个字符的空间并左对齐显示字符串信息

在进行数值信息显示时，如果在格式中指定了修饰符 0，则会根据信息值自动调整显示的宽度，如下例所示。

➢ 例 18-3　十进制数值信息显示格式（%d）的使用示例

使用宽度为 0 的格式进行数值信息显示会使输出更易于阅读。例如，如下所示的信息显示。

```
module test;
int      val;

   initial begin
      val = 12345;
      $display("(%d)",val);
      $display("(%-d)",val);
      $display("(%6d)",val);
      $display("(%-6d)",val);
      $display("(%0d)",val);
   end
endmodule
```

信息显示结果见表 18-2。

表 18-2　信息显示结果

格式	结果
(%d)	(12345)
(%–d)	(12345)
(%6d)	(12345)
(%–6d)	(12345)
(%0d)	(12345)

18.2　$sformat 任务和 $sformatf 函数

$sformat 系统任务和 $sformatf 系统函数非常有用，因此在这里做专门介绍。$sformat 系统任务相当于 C/C++ 的 sprintf 函数，$sformatf 系统函数是 $sformat 任务的函数版本。它们的功能见表 18-3。

表 18-3 $sformat 和 $sformatf

任务或函数	功能
$sformat (output_var , format_string 　　 [, list_of_arguments]) ;	$sformat 是一个系统任务，与 $write 系统任务功能相同，但其信息显示是输出到变量 output_var
string $sformatf(format_string 　　 [,list_of_arguments])	$sformatf 是一个返回字符串的系统函数，其功能与 $sformat 相同，但其信息显示是输出到函数的返回值中

> **例 18-4 $sformatf 使用示例**

$sformatf 系统函数易于使用，被广泛应用于信息显示处理任务中。如下所示，结合编译器指令 `__FILE__ 和 `__LINE__ 一起使用，能够使得信息显示的输出功能变得非常有效。

```
module test;

   initial begin
     print_msg(`__FILE__,`__LINE__, $sformatf("started @%0t",$time));
   end

function void print_msg(string filename,int line,string msg);
   $display("%s L(%0d): %s",filename,line,msg);
endfunction
endmodule
```

如果执行此操作，将输出如下所示的信息显示。

```
Sformatf_N001.sv L(4): started @0
```

18.3 $monitor

$monitor 是用于监控变量和信号变化的系统任务。相关的系统任务具有以下语法（详见参考文献 [1]）。系统任务名称的后缀 b、o 和 h 的含义与 $display 系统任务的名称后缀相同。

```
monitor_tasks ::=
    monitor_task_name [ ( list_of_arguments ) ] ;
  | $monitoron ;
  | $monitoroff ;
monitor_task_name ::= $monitor | $monitorb | $monitoro | $monitorh
```

可以像 $display 系统任务一样为 $monitor 系统任务指定参数列表 (list_of_arguments)，但两者的功能有所不同，如下所示。

- 在每个仿真时间片的最后，$monitor 系统任务只进行一次信息显示，即 $monitor 系统任务在 Postponed 区域执行。
- 只有在 $monitor 系统任务中指定的信号值发生变化时，$monitor 才进行信息显示输出。但是，$time 等值的变化除外。
- 尽管可以指定多个 $monitor 系统任务，但只有一个 $monitor 系统任务有效。

$monitoroff 系统任务会暂时关闭 $monitor 系统任务的监控功能，$monitoron 系统任务将重新打开 $monitor 系统任务的监控功能。

> 例 18-5　$monitor 系统任务使用示例

$monitor 系统任务通常单独使用，如下所示。

```
module test;
bit [7:0]   a;

   initial begin
      #20 a = 1;
      #20 a = 1;
      #60 a = 2;
   end

   initial $monitor("@%3t: a = %0d",$time,a);
endmodule
```

其中，变量 a 在 $time == 20 时从 0 变为 1，因此在该仿真时刻的最后阶段，$monitor 系统任务将给出 a = 1 的信息显示。在 $time == 40 时，尽管进行了变量 a 的设置，但由于其值没有发生改变，因此不会进行 $monitor 系统任务的信息显示。在 $time == 100 时，变量 a 从 1 变为 2，因此在 $time == 100 时会给出 a = 2 的信息显示。本例的执行结果如下所示。

```
@  0: a = 0
@ 20: a = 1
@100: a = 2
```

18.4　仿真时间获取函数

为了获取仿真时间，可以使用表 18-4 所示的函数。这些函数会考虑模块中设置的 `timescale 时间单位。

表 18-4　仿真时间获取函数

函数	功能
$time	以 64 位整数值返回仿真时间
$stime	以 32 位无符号整数值返回仿真时间
$realtime	以实数值返回仿真时间

> 例 18-6　$realtime 使用示例（详见参考文献 [1]）

```
`timescale 10ns / 1ns

module test;
logic set;
parameter p = 1.55;

   initial begin
      $monitor($realtime,,"set=", set);
      #p set = 0;
      #p set = 1;
   end
endmodule
```

其中，set = 0 本应在 15.5ns 时执行，但由于小数点后的部分会四舍五入，所以该语句在 16ns 时执行。同样，set = 1 在 32ns 时执行。

其执行结果如下所示。

```
0.0 set=x
1.6 set=0
3.2 set=1
```

其中，set = 0 在 16ns 时执行，因此输出为 1.6。set = 1 在 32ns 时执行，因此输出为 3.2。

18.5　$printtimescale

$printtimescale 系统任务会信息显示由 `timescale 编译指令设置的单位，其使用方法如下所示（详见参考文献 [1]）。

```
printtimescale_task ::= $printtimescale [ ( hierarchical_identifier ) ] ;
```

> 例 18-7　$printtimescale 使用示例（详见参考文献 [1]）

本例是在 LRM 示例的基础上进行的扩充，以介绍 $printtimescale 系统任务的使用方法。

```
`timescale 1ms/ 1us

module a_dat;
   b_dat b1();

   initial
      $printtimescale(b1.c1);
endmodule
```

```
`timescale 10fs / 1fs

module b_dat;
    c_dat c1 ();
endmodule

`timescale 1ns / 1ns
module c_dat;
    ...
endmodule
```

其执行结果如下所示。

```
Time scale of (a_dat.b1.c1) is 1ns / 1ns
```

18.6 数值转换

可以使用表 18-5 中的数值转换系统函数进行数值转换。

表 18-5 数值转换系统函数

函数	功能
integer $rtoi (real_val)	将实数转换为 integer，但会舍弃小数部分
real $itor (int_val)	将 integer 转换为实数
[63:0] $realtobits (real_val)	将实数转换为 64 位 vector
real $bitstoreal (bit_val)	将 $realtobits 转换的 vector 还原为实数
[31:0] $shortrealtobits (shortreal_val)	将 shortreal 转换为 32 位 vector
shortreal $bitstoshortreal (bit_val)	将 $shortrealtobits 转换的 32 位 vector 还原为 shortreal

18.7 信息获取函数

可以使用表 18-6 中的信息获取函数来获取变量的信息。

表 18-6 信息获取函数

函数	功能
$typename (expression) | $typename (data_type)	将该值的类型以字符串形式返回
$bits (expression) | $bits (data_type)	返回表示该值所需的位数。例如， byte v ; 相应地，$bits(v) 返回 8

（续）

函数	功能
`$isunbounded ( constant_expression )`	如果该值为 $, 则返回 1。例如， parameter P = $; 相应地，$isunbounded(P) 返回 1

`array_query_function ::=`
   `array_dimension_function`
    `( array_identifier`
    `[ , dimension_expression ] )`
  `| array_dimension_function ( data_type`
    `[ , dimension_expression ] )`
  `| array_dimensions_function`
    `( array_identifier )`
  `| array_dimensions_function ( data_type )`
`array_dimensions_function ::=`
    `$dimensions`
  `| $unpacked_dimensions`
`array_dimension_function ::=`
    `$left`
  `| $right`
  `| $low`
  `| $high`
  `| $increment`
  `| $size`
`dimension_expression ::= expression`
	$dimensions 返回所有维度数
	$unpacked_dimensions 返回非紧凑数组的维度数
	$left 返回维度的左边界
	$right 返回维度的右边界
	$increment，如果 $left >= $right 则返回 1，否则返回 –1
	$low 返回维度较小的一侧。即如果 $increment 为 –1，则返回 $left，如果 $increment 为 1，则返回 $right
	$high 返回维度较大的一侧
	$size 等同于计算 $high–$low+1 的值

➢ 例 18-8 $typename 使用示例

$typename() 系统函数能够获取变量的类型并以字符串的形式返回。通常使用此函数将变量的类型信息添加到日志文件。

```
`define    var_name(var)      `"var`"

module test;
bit [7:0]    pval;

   initial begin
      $display("%s\t%s;", $typename(pval), `var_name(pval) );
   end
endmodule
```

其执行结果如下所示。

```
bit [7:0]     pval;
```

> **例 18-9　信息获取系统函数使用示例**

在本例中，通过信息获取系统函数获取数组变量中的紧凑和非紧凑维度信息。

```
module test;
bit [7:0]    b;
bit [31:0]   ba[10][5];

  initial begin
     $display("$dimensions(b)=%0d", $dimensions(b));
     $display("$dimensions(ba)=%0d", $dimensions(ba));
     $display("$unpacked_dimensions(ba)=%0d", $unpacked_dimensions(ba));
     $display("$left(b)=%0d $right(b)=%0d", $left(b),$right(b));
     $display("$left(ba,1)=%0d $right(ba,1)=%0d", $left(ba,1),$right(ba,1));
  end
endmodule
```

如图 18-1 所示，对于 ba 这样具有紧凑和非紧凑维度的数组变量，其维度信息从非紧凑维度开始算起，最左边的维度为维度 1。

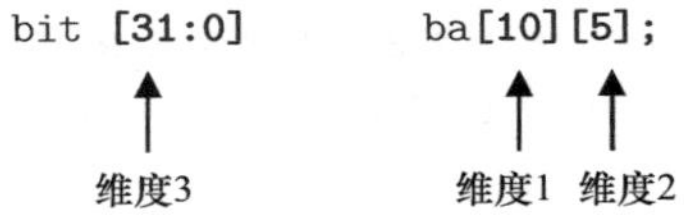

其执行结果如下所示。

图 18-1　维度的顺序

```
$dimensions(b)=1
$dimensions(ba)=3
$unpacked_dimensions(ba)=2
$left(b)=7 $right(b)=0
$left(ba,1)=0 $right(ba,1)=9
```

> **例 18-10　$left()、$right() 和 $increment() 使用示例**

$left()、$right() 和 $increment() 系统函数可以应用于非紧凑维度和紧凑维度。在本例中，将上述系统函数应用于非紧凑维度。

```
module test;
byte    value[1:10];
int     index;

  initial begin
     foreach(value[i])
        value[i] = i;

     $write("value:");
     foreach(value[i])
        $write(" %0d",value[i]);      // value[1] ... value[10]
     $display;
```

```
        $write("value:");
        index = $right(value);              // 10
        while( 1 ) begin
            $write(" %0d",value[index]);    // value[10] ... value[1]
            if( index == $left(value) )
                break;
            index += $increment(value);     // index += (-1)
        end
        $display;
    end
endmodule
```

其执行结果如下所示。

```
value: 1 2 3 4 5 6 7 8 9 10
value: 10 9 8 7 6 5 4 3 2 1
```

在顺序遍历整个数组时，使用 foreach(value[i]) 更简单。但如果遍历的方向有意义，通常会使用 $left()、$right() 和 $increment() 函数来确定遍历的方向。

18.8　vector 系统函数

为了检查紧凑数组的位状态，可以使用表 18-7 中的 vector 系统函数。其中，$countbits() 是基本系统函数，其他系统函数均是基本系统函数 $countbits() 的快捷调用。

表 18-7　vector 系统函数

函数	功能
$countbits (expression , control_bit { , control_bit })	返回指定位（0, 1, x, z）的出现次数。例如，$countbits (expression, '1) 返回 expression 中包含的 1 的数量；$countbits (expression, '1, '0) 返回 expression 中包含的 1 和 0 的数量；$countbits (expression, 'x, 'z) 返回 expression 中包含的 x 和 z 的数量
$countones (expression)	等同于 $countbits (expression, '1)
$onehot (expression)	如果 $countbits (expression, '1) == 1，则返回 1'b1，否则返回 1'b0
$onehot0 (expression)	如果 $countbits (expression, '1) <= 1，则返回 1'b1，否则返回 1'b0
$isunknown (expression)	如果 $countbits (expression, 'x, 'z) != 0，则返回 1'b1，否则返回 1'b0

> 例 18-11　vector 系统函数使用示例

本例是一个使用 vector 系统函数计算特定比特位出现次数的示例。

```
module test;
logic [7:0]      a;

   initial begin
      a = '1;
      $display("a=%b $countones(a)=%0d",a,$countones(a));    // 8
      a = 8'b1000_0000;
      $display("a=%b $onehot(a)=%0d",a,$onehot(a));          // 1
      a = 8'b1000_0001;
      $display("a=%b $onehot(a)=%0d",a,$onehot(a));          // 0
      $display("a=%b $isunknown(a)=%0d",a,$isunknown(a));    // 0
      a = 8'b1000_000x;
      $display("a=%b $isunknown(a)=%0d",a,$isunknown(a));    // 1
   end
endmodule
```

其执行结果如下所示。

```
a=11111111 $countones(a)=8
a=10000000 $onehot(a)=1
a=10000001 $onehot(a)=0
a=10000001 $isunknown(a)=0
a=1000000x $isunknown(a)=1
```

18.9 用于序列采样值获取的系统函数

在设计描述中，通过时间序列信号的使用来获取某一信号采样值的变化是很重要的。下面介绍这种情况下需要使用的系统函数。常用于时间序列信号采样值变化获取的系统函数见表 18-8。

表 18-8 获取采样值状态的系统函数

函数	意义
$sampled(expression)	返回采样值
$rose (expression [, [clocking_event]])	如果 expression 的 LSB 变为 1，则返回 1'b1，否则返回 1'b0
$fell (expression [, [clocking_event]])	如果 expression 的 LSB 变为 0，则返回 1'b1，否则返回 1'b0
$stable (expression [, [clocking_event]])	如果 expression 的值没有变化，则返回 1'b1，否则返回 1'b0

函数	意义
$changed (expression 　　[, [clocking_event]])	如果 expression 的值发生变化，则返回 1'b1，否则返回 1'b0
$past (expression1 　　[, [number_of_ticks] 　　[, [expression2] 　　[, [clocking_event]]]])	返回 expression 表示的信号的过去值 number_of_ticks：回溯的时钟周期数，默认值为 1 expression2：时钟门控，默认值为 1'b1 clocking_event：时钟事件

其中，$rose 和 $fell 系统函数是将电平敏感描述转换为边缘敏感描述的重要函数，下例将介绍其典型用法。

> **例 18-12　$rose() 系统函数的使用示例**

假设某一信号的变化情况如图 18-2 所示。

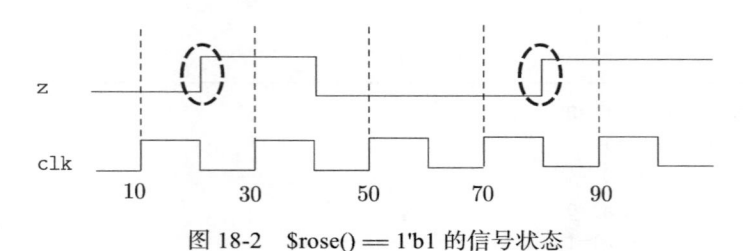

图 18-2　$rose() == 1'b1 的信号状态

使用 $rose()，准备如下所示的测试平台。

```
module test;
bit     clk;
logic   z;

  always @(posedge clk)
    if( $rose(z) )
      $display("@%3t: z rose.",$time);

  initial begin
    #20 z = 1;
    #20 z = 0;
    #40 z = 1;
  end

  initial forever #10 clk = ~clk;
  initial #150 $finish;
endmodule
```

本例中，在 $time == 30 和 $time == 90 时，$rose(z) == 1'b1。以下执行结果可以验证上述结论。

```
@ 30: z rose.
@ 90: z rose.
```

18.10 错误处理系统任务

为了进行错误处理，可以使用表 18-9 所示的错误处理系统任务。

表 18-9　错误处理系统任务

任务	功能

severity_message_task ::=
   fatal_message_task
 | nonfatal_message_task
fatal_message_task ::=
   $fatal [(finish_number
     [, list_of_arguments])] ;
nonfatal_message_task ::=
   severity_task [([list_of_arguments])] ;
severity_task ::= $error | $warning | $info
finish_number ::= 0 | 1 | 2
	$fatal() 系统任务将结束当前的仿真，list_of_arguments 为常量或格式控制符

➤ 例 18-13　$fatal() 系统任务使用示例

本例介绍如何使用 $fatal() 系统任务。

```
class sample_t;
rand bit [15:0]    addr;
rand bit [31:0]    data;

   constraint C { addr[1:0] == 2'b00; }

function void post_randomize;
   $display("addr=%h data=%h",addr,data);
endfunction

endclass

module test;
sample_t   sample = new;

   initial begin
      repeat (10)
         assert ( sample.randomize() )
            else $fatal(0,"randomize failed.");   // $fatal
      end
endmodule
```

其执行结果如下所示。

```
addr=90a4 data=f3b40add
addr=0ea8 data=c720a5ad
addr=fb50 data=44f5733d
addr=16e0 data=df0fd398
addr=a890 data=33fdee80
addr=e7b4 data=0c9f4403
addr=5818 data=65f2b54a
addr=ec3c data=ed3a335e
addr=6bec data=fc47cd65
addr=5104 data=fec0452f
```

在本例中，$fatal() 系统任务通常不会被执行，但如果 sample.randomize() 执行失败，则会输出如下所示的错误处理信息。

```
#-E Severity Message
Level: fatal
Location: Fatal_N001.sv (16)
Scope: test
Message: randomize failed.
```

18.11　随机化系统函数

典型的随机化系统函数见表 18-10。

表 18-10　随机化系统函数

函数	功能
$random [(seed)]	返回一个随机生成的 32 位有符号整数，也可以指定用于生成随机数的 seed

如果只需要进行随机数的生成，则不需要进行类的定义，只需使用 $random() 系统函数即可。

▶ 例 18-14　$random() 系统函数使用示例

如果只需要简单的随机数生成，则可以使用 $random() 系统函数，如下所示。

```
module test;
byte    val;

  initial begin
    repeat( 5 ) begin
      val = $random&255;              // $random
```

```
            $display("val=%5d",val);
        end
    end
endmodule
```

其执行结果如下所示。

```
val=  -70
val=  -28
val=   66
val=   76
val=   49
```

18.12 仿真控制

如要结束当前正在进行的仿真，可以使用表 18-11 所示的仿真控制系统任务。

表 18-11　用于仿真控制的系统任务

任务	功能
$stop [(n)] ;	停止仿真
$finish [(n)] ;	结束仿真
$exit [( )] ;	结束所有程序块并结束仿真

其中，参数 n 的含义见表 18-12。如果省略 n，则默认 n == 1。

表 18-12　$stop 和 $finish 参数 n 的含义

参数	含义
0	不显示任何信息
1	显示以下信息： ① 仿真时间 ② 结束位置
2	显示以下信息： ① 仿真时间 ② 结束位置 ③ CPU 时间

18.13 其他系统任务和函数

表 18-13 介绍了其他较为实用的系统函数。

表 18-13　$system 系统函数

函数	含义
$system 　([" terminal_command_line "])	进行 C/C++ 调用，并返回 C/C++ 调用的返回值。例如， void'($system("dir *.sv"));

➤ 例 18-15　$system 使用示例

在本例中，仿真执行时，将显示当前工作目录的名称。

```
module test;
  initial begin
    void'($system("echo Current Directory is $PWD"));
  end
endmodule
```

其执行结果如下所示。

```
Current Directory is /cygdrive/d/Users/TestData
```

18.14　命令行参数

仿真器执行时，通常需要进行参数的指定。参数分为以下两种类型。
- 控制仿真器功能的参数。
- 执行用户编写的设计所需的参数。

例如，可以按如下所示进行仿真器命令行参数的指定。

```
svsim -l test_n001.log +testname=adder_n001
```

通常，传递给仿真器的参数需要使用减号（-）作前缀，而传递给用户设计执行的参数则需要使用加号（+）作前缀。通过加号指定的参数被称为仿真器命令行参数 plusargs。SystemVerilog 提供了相应的函数，用于操作以加号指定的命令行参数，见表 18-14。

表 18-14　操作命令行参数的系统函数

函数	功能
$test$plusargs (string)	检查所有命令行参数 plusargs 是否与 string 相匹配。如果 string 是 plusargs 的前缀，则返回一个非零的值，否则返回 0
$value$plusargs 　(user_string, variable)	与 $test$plusargs() 类似，但如果是参数匹配的情况，则按照 user_string 指定的格式将命令行参数值设置给变量 variable

➤ 例 18-16　$test$plusargs() 使用示例

本例是一个检查命令行中指定的参数是否存在特定字符串的示例。

```
module test;

   initial begin
      if ($test$plusargs("test1")) $display("test1 found.");
      if ($test$plusargs("test")) $display("test found.");
      if ($test$plusargs("t")) $display("'t' is found.");
      if ($test$plusargs("test_100")) $display("test_100 found.");
   end
endmodule
```

此时，在命令行中指定仿真器命令行参数 plusargs，如下所示。

+test1

其执行结果如下所示。

```
test1 found.
test found.
't' is found.
```

> ### 例 18-17 $value$plusargs() 使用示例
本例是一个提取命令行中指定参数的仿真器命令行参数 plusargs 值的示例。

```
module test;
int      darray[],
         size;

   initial begin
      if( $value$plusargs("ARRAYSIZE=%d",size) )
          $display("size=%0d",size);
      else
          $fatal(0,"ARRAYSIZE not given.");

      darray = new [size];
      $display("darray.size=%0d",darray.size());
   end
endmodule
```

此时，在命令行中指定仿真器命令行参数 plusargs，如下所示。

+ARRAYSIZE=10

其执行结果如下所示。

```
size=10
darray.size=10
```

18.15　VCD 文件

VCD 文件是一个波形文件，它记录了设计中使用的信号和变量值的变化。这种 VCD 文件自 Verilog 以来一直沿用至今，在功能上没有变化。本节仅介绍创建 VCD 文件的基本方法，而不涉及 VCD 文件格式的详细介绍。大多数 EDA 工具都提供了操作 VCD 文件的功能，因此用户通常无须直接处理 VCD 文件的内容。

在创建和使用 VCD 波形文件时，通常需要用到以下功能。
- 指定 VCD 文件。
- 指定要记录在 VCD 文件中的信号和变量。
- 暂停和恢复对 VCD 文件的记录。

18.15.1　VCD 文件的指定

指定 VCD 文件的语法如下所示（详见参考文献 [1]）。

```
dumpfile_task ::= $dumpfile ( filename ) ;
```

其中，在 filename 中指定 VCD 文件的名称。如果 filename 省略，则默认为 VCD 文件的名称为 "dump.vcd"。如果未调用 $dumpfile() 系统任务，则不会进行 VCD 文件的创建。因此，通常还需要在 initial 过程块中进行 $dumpfile() 系统任务的调用，如下所示。

```
initial $dumpfile("Vcd/test.vcd");
```

18.15.2　VCD 文件的记录

即使已经进行了 VCD 文件的指定，并且通过 $dumpfile() 系统任务的调用进行了 VCD 文件的创建，但如果没有发出 VCD 文件记录的指令，VCD 文件也不会进行写入操作。此时，可以使用如下所示的系统任务将数据记录到 VCD 文件中（详见参考文献 [1]）。

```
dumpvars_task ::=
    $dumpvars ;
  | $dumpvars ( levels [ , list_of_modules_or_variables ] ) ;

list_of_modules_or_variables ::= module_or_variable { , module_or_variable }
module_or_variable ::=
    module_identifier
  | variable_identifier
```

其中，如果调用 $dumpvars 系统任务而不指定任何参数，则在设计中使用的所有变量都将记录在 VCD 文件中。

$dumpvars 系统任务的第一个参数 levels 表示记录的层次级别。0 表示所有层次，1 表示仅当前模块。如果指定 2，则当前模块和其直接子模块这两个层次都将被记录。以此类推。例如，如下所示的 $dumpvars 系统任务调用。

```
$dumpvars (1, top);
```

该 $dumpvars 系统任务调用将记录 top 模块中使用的所有变量，但 top 模块中的子模块实例不会被记录。

如果仅需要记录某些特定的变量，而不需要记录所有变量，可以在 $dumpvars 系统任务的 list_of_modules_or_variables 处设置需要记录的变量名称。

18.15.3 VCD 文件记录的暂停和恢复

为了对 VCD 文件的记录进行控制，可以使用如下所示的功能（详见参考文献 [1]）。

```
dumpoff_task ::= $dumpoff ;
dumpon_task  ::= $dumpon ;
```

其中，使用系统任务 $dumpoff 可以暂时停止 VCD 文件的记录，使用系统任务 $dumpon 可以重新开始 VCD 文件的记录。

18.15.4 VCD 文件创建示例

下例是一个使用 $dumpfile 和 $dumpvars 系统任务的示例。

> 例 18-18 $dumpfile 和 $dumpvars 使用示例

```
module top;
bit        clk;
logic [1:0]   a, b, sum;
logic      co;

   clocking cb @(posedge clk); endclocking

dut DUT(.*);

   always @(posedge clk)
      random_value(a,b);
   always @cb
      $display("@%3t: a=%0d b=%0d {co,sum}=%0d", $time,a,b,{co,sum});
   initial $dumpfile("Vcd/top.vcd");
   initial $dumpvars(0,top);
   initial forever #10 clk = ~clk;
   initial #100 $finish;
```

```
function void random_value(output logic [1:0] x,y);
logic [1:0]    v1, v2;
   assert( std::randomize(v1,v2) );
   x = v1;
   y = v2;
endfunction
endmodule

module dut(input logic [1:0] a,b,output logic co,[1:0] sum);
assign {co,sum} = a+b;
endmodule
```

其执行结果如下所示。

```
@ 10: a=0 b=2 {co,sum}=2
@ 30: a=0 b=1 {co,sum}=1
@ 50: a=3 b=1 {co,sum}=4
@ 70: a=3 b=3 {co,sum}=6
@ 90: a=1 b=1 {co,sum}=2
```

如下所示为所生成的 VCD 文件的部分内容。

```
$comment
Declaration Command
$end
$date
Tue Jun 23 16:07:33 2020
$end
$version
SvSim V1.0.0
$end
$timescale
1 ns
$end

$scope module top $end
    $var reg           2 !         a[1:0]                  $end
    $var reg           2 "         b[1:0]                  $end
    $var reg           1 #         clk                     $end
    $var reg           1 $         co                      $end
    $var reg           2 %         sum[1:0]                $end
    $var reg           2 &         y$random_value$10       $end
    $var reg           2 '         y$v1$10[1:0]            $end
    $var reg           2 (         y$v2$10[1:0]            $end
```

```
$var reg              2 )            y$x$10[1:0]        $end
$var reg              2 *            y$y$10[1:0]        $end
$scope module DUT $end
$var wire             2 +            a[1:0]             $end
$var wire             2 ,            b[1:0]             $end
$var reg              1 -            co                 $end
$var wire             2 .            sum[1:0]           $end
$var wire             3 /            x$w1[2:0]          $end
$upscope $end
$upscope $end

$enddefinitions $end
$comment
Simulation Command
$end
#0
$dumpvars
bx !
bx "
0#
```

第 19 章

基于约束的随机激励生成

近年来的测试方法是以 CRT（Constrained Random Testing，约束随机测试）为基础的。CRT 是一种随机生成满足约束条件的测试数据并进行验证的方法。CRT 是一种高效处理验证空间的有效方法，传统的手动数据生成的测试（Directed Test，DT）则用于 CRT 无法覆盖的特殊集合。本章将概述 CRT 所需的基本知识。

图 19-1 给出了在验证环境中随机激励[⊖] 生成的作用。生成器根据驱动器的请求进行随机激励的生成，驱动器将获得的随机激励转换为 RTL 信号数据，并进行 DUT 的驱动。在这种情况下，虚接口 (vif) 用于 DUT 信号的传递。随机激励通常以类对象的形式出现。

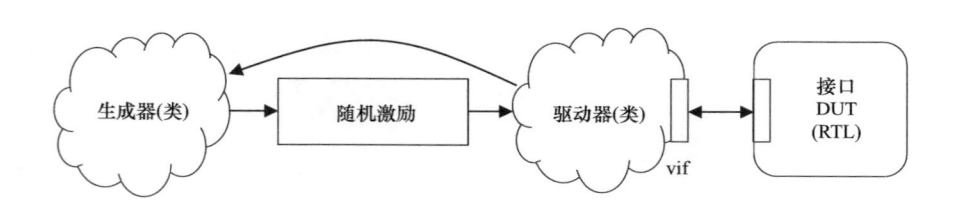

图 19-1 验证环境中随机激励生成的作用

19.1 概述

SystemVerilog 能够高效地进行有效随机激励的生成。通过约束条件下的随机激励生成，可以可靠地准备符合目的的测试数据，并且约束也可以实时启用或禁用。此外，还可以在执行时进行约束的添加。

SystemVerilog 采用了简单明了的随机激励生成方式，只需在测试中添加随机数发生的相关描述即可完成测试数据的准备工作。然后，即可选择随机数的生成时间，进行随机数的生成。例如，如下所示的类 packet_t 就是一个使用随机数进行测试数据生成的类。

⊖ 一般来说，随机激励是一种通过随机化来避免被考察对象停留在特定值域或小集合内的技术。通过该技术，可以有效地搜索广阔的测试空间。在本书中，将应用该技术生成的数据称为随机激励。

```
class packet_t;
rand bit [15:0]    addr;    // 随机变量
rand bit [31:0]    data;    // 随机变量
int unsigned       state;   // 状态变量
endclass
```

其中，由于该类定义了生成随机数的内置函数 randomize()，因此可以按以下方式进行随机数的生成。

```
packet_t   packet;
packet = new;
...
assert( packet.randomize() );    // 分配随机值
```

在此，randomize() 函数将自动为随机变量 addr 和 data 进行随机数的赋值。另一方面，由于变量 state 没有被赋予随机数生成信息，因此不会为其进行随机数的分配。

此外，在此示例中，由于没有为随机数生成设置约束条件，因此随机变量 addr 和 data 可能会生成不符合要求或者无意义的值。为此，可以通过以下方式添加约束来进行随机数的生成限制。

```
class packet_t;
rand bit [15:0]    addr;    // 随机变量
rand bit [31:0]    data;    // 随机变量
int unsigned       state;   // 状态变量
   constraint boundary_condition { addr[1:0] == 2'b00; }
endclass
```

以上约束用来确保随机变量 addr 的值始终是 4 的倍数。由于没有为 32 位的 data 信号设置任何约束，因此所生成的随机数可能是没有意义的。

但是，约束的定义可能取决于测试案例的具体情况。在这种情况下，利用类的特性对变量进行随机化是一个很好的方法。也就是说，通过类的使用，可以在类继承中根据具体要求进行约束的添加，如下所示。

```
class small_packet_t extends packet_t;
   constraint small_data { data inside { [0:128] }; }
endclass
```

其中，根据类继承的机制，基类的 boundary_condition 约束对子类 small_packet_t 也有效。也就是说，子类 small_packet_t 中的 addr 和 data 也要受到约束的限制。实际上，为了提高其通用性，除了 small 之外，还可以将 data 扩展为 medium 和 large，具体的操作如下所示。

```
typedef enum { SMALL, MEDIUM, LARGE } test_size_e;

class simple_packet_t extends packet_t;
rand test_size_e     test_size;
```

```
    constraint data_selection {
        solve test_size before data;
        test_size == SMALL -> data inside { [0:32] };
        test_size == MEDIUM -> data inside { [128:256] };
        test_size == LARGE -> data inside { [2048:4096] };
    }
endclass
```

在此示例中，说明了如何根据 test_size 的不同进行相应 data 值范围的设置。在此，测试大小 test_size 有三种不同的取值（SMALL、MEDIUM 和 LARGE）。根据此约束，data 的取值取决于 test_size。因此，首先随机确定 test_size 的值，然后根据 test_size 的值随机确定 data 的值。这种依赖关系的描述如下所示。

```
solve test_size before data;
```

19.2 随机变量

本节介绍如何进行随机变量的声明。随机变量的声明使用关键字 rand 或 randc 进行，这些关键字也可以应用于数组变量。非随机变量在 SystemVerilog 中被称为状态变量。

19.2.1 随机变量概述

随机变量只能被指定为整数的数据类型。如果将动态数组指定为随机变量，则数组的大小也将随机确定。当数组被指定为随机变量时，则所有数组元素也将被分配一个随机数。并且，可以对数组元素施加约束。队列和关联数组也可以被指定为随机变量。下面是随机变量和约束的指定示例。

```
class sample_t;
rand  bit [7:0]    data[];    // 随机数组
rand  bit [15:0]   addr;      // 随机变量
rand  int          size;      // 随机变量
randc bit [3:0]    port;      // 随机变量

    constraint C1 { size inside { [1:8] }; }
    constraint C2 { data.size == size; }
    constraint C3 { addr[1:0] == 2'b00; }
endclass
```

其中，动态数组 data 的元素数量受到了约束，但数组元素的数值大小没有被约束。如果将动态数组指定为随机变量，则数组的元素数量也将被随机确定。如果不对数组的元素数量进行约束，则会生成元素数量庞大的数组，从而可能使得仿真陷入无法完成的状况。因此，对于动态数组，对数组元素数量约束的设置是非常必要的。

19.2.2 关键字 rand

通过关键字 rand 可以进行一个简单的随机数声明。例如，如下所示的随机数声明。

```
rand bit [3:0] port;
```

其中，port 将被随机分配一个介于 0~15 之间的数值。但是，像这种没有进行约束的 0~15 之间的数值生成，通常被认为是没有意义的。因此，必须根据设计规范为其定义适当的约束条件。

19.2.3 关键字 randc

关键字 randc 是 random-cyclic 的缩写。也就是说，首先进行一个时间序列的随机生成，并依次进行序列中各个数值的传递。在传递完序列的所有数值后，再次进行新序列的创建。这个过程不断重复进行。例如，如下所示的时间序列随机生成描述。

```
randc bit [1:0] cycle;
```

如果这样定义的话，随机数发生器将首先进行一个初始序列的生成，例如，首先生成如下所示的初始序列。

0 → 3 → 1 → 2

在此，随机序列的生成是通过函数 randomize() 的依次调用来进行的。当生成了最后一个随机数 2 后，再次进行函数 randomize() 的依次调用，进行下一个新序列的创建。这个过程将不断重复进行。这样的随机序列生成操作，其优点是在所生成的随机数中各个数值的出现概率是均衡的。

19.2.4 随机变量定义示例

本节介绍随机变量的定义和使用方法。

> **例 19-1 rand 和 randc 的使用示例**

如下所示，首先定义一个包含随机变量的类，然后通过类内置函数 randomize() 的调用，为随机变量生成随机数。

```
class sample_t;
rand bit [3:0]    port;     // rand
randc bit [1:0]   cycle;    // randc
endclass
```

若要将随机数分配给随机变量，可仿照如下所示的测试平台示例进行。

```
module test;
sample_t   sample = new;
```

```
    initial begin
      for( int i = 0; i < 8; i++ ) begin
        assert( sample.randomize() )
          $display("port=%2d cycle=%0d", sample.port,sample.cycle);
      end
    end
endmodule
```

本例执行后将得到如下所示的结果。

```
port=12 cycle=3
port=12 cycle=2
port=14 cycle=1
port= 3 cycle=0
port= 7 cycle=2
port= 6 cycle=3
port= 1 cycle=0
port=10 cycle=1
```

由执行结果可以看出，使用关键字 randc 进行的随机数定义，所生成的随机数服从均匀分布。

19.3 随机数生成函数

当进行 object.randomize() 方法调用时，实际上会进行表 19-1 中三个函数的调用。虚函数 randomize() 首先调用 pre_randomize() 函数，然后进行 randomize() 函数的执行。如果成功生成了随机数，则调用 post_randomize() 函数以结束随机数的生成。其中，pre_randomize() 和 post_randomize() 函数可以根据使用者的意图来定义其操作。

表 19-1 随机数生成函数

函数	含义
virtual function int randomize();	如果随机数生成成功，则返回 1；如果失败，则返回 0
function void pre_randomize();	调用 randomize() 函数时，首先调用函数 pre_randomize()，在此可以进行初始值设定等。虽然不是 virtual 方法，但其行为类似于 virtual 方法
function void post_randomize();	在 randomize() 结束随机数生成时自动调用这个函数，可以在此进行后处理。虽然不是 virtual 方法，但其行为类似于 virtual 方法

参考 19-1 randomize() 函数是虚函数，但用户不能重写该函数。原因是此函数被定义为内置函数。另一方面，pre_randomize() 和 post_randomize() 不是虚函数，但用户可以进行重写。因此，这些函数的工作方式也像虚函数一样。

> **例 19-2　pre_randomize() 和 post_randomize() 的使用示例**

调用 randomize() 函数时，将自动进行 pre_randomize() 和 post_randomize() 函数的调用，通过 pre_randomize() 进行相应的初始化操作，通过 post_randomize() 进行相应的后处理操作。本例描述了这些处理过程。其中，pre_randomize() 进行执行次数的更新，post_randomize() 进行所生成随机数的显示。

```
class sample_t;
int      tries;
rand logic [3:0]   a, b;

   constraint C { a < b; }

extern function void pre_randomize();
extern function void post_randomize();
endclass

function void sample_t::pre_randomize;
   tries++;
endfunction

function void sample_t::post_randomize;
   $display("(%2d) a=%3d b=%3d",tries,a,b);
endfunction
```

相应的测试平台如下所示。当生成随机数时，通过使用 post_randomize() 方法使其自动输出结果。

```
module test;
sample_t    sample;

   initial begin
      sample = new;
      repeat( 8 ) begin
         assert( sample.randomize() );
      end
   end
endmodule
```

本例的执行结果如下所示。

```
( 1) a= 13 b= 15
( 2) a= 14 b= 15
```

```
( 3) a=   1 b=   6
( 4) a=   0 b=  11
( 5) a=   8 b=  10
( 6) a=   7 b=  15
( 7) a=   3 b=   9
```

19.4 约束条件

由于在不进行约束的情况下随机生成的测试数据并不能具有实际意义，因此必须对随机变量施加约束。约束的语法如下所示（详见参考文献 [1]）。

```
[ static ] constraint constraint_identifier constraint_block
constraint_block ::= { { constraint_block_item } }
```

首先，在关键字 constraint 后给出约束的名称（constraint_identifier）。然后，在 {} 中列举约束的条件。其中，约束名称是必需的，可以使用此名称进行约束的临时启用或禁用。对约束条件的描述可以使用以下关键字和语句进行。

- 关键字 inside。
- 关键字 dist。
- 关键字 unique。
- 关键字 implication (->)。
- if-else 约束。
- foreach 约束。
- 随机数生成顺序约束 (solve a before b)。

以下各节介绍常用的关键字和约束条件的描述方法。

19.4.1 关键字 inside

关键字 inside 一般出现在行为语句中，但在此用于随机数生成的约束。使用关键字 inside 进行的约束描述，需要在关键字 inside 的左侧给出被施加约束的变量或含有该变量的表达式，在关键字 inside 右侧的 {} 中描述其值域。其中，在 {} 中可以分别进行具体值的指定，也可以通过区间的指定来进行值域的指定，例如，{0, 2, [32:64]} 等。通过这种方式，可以将变量的取值约束到某个指定的值域。例如，如下所示，可通过这样的方式定义随机变量的取值范围。

```
x inside { a, [b:c] }
```

在以上描述中，变量 x 将被分配一个随机数，其取值在 x == a 或区间 [b:c] 的范围中。但是，如果不对其中的 a、b、c 施加适当的约束，也无法正确地进行随机数的生成。之所以如此，是因为其中的 a、b、c 也可以为随机变量。

例 19-3 关键字 inside 的使用示例（随机变量的值域）

在本例中，在关键字 inside 的右侧指定随机变量的值域，其约束条件按如下所示的方式定义。其中，约束 C1 对随机变量 c 施加了 [a:b] 的值域约束，但没有定义 a 和 b 的约束；约束 C2 以随机变量 b 是 4 的倍数作为约束条件。

```
typedef byte unsigned    number_t;

class random_sample_t;
rand number_t        a;
rand number_t        b;
rand number_t        c;

   constraint C1 { c inside { [0:15], [a:b] }; }
   constraint C2 { b%4 == 0; }

function void post_randomize();
   $display("a=%3d b=%3d c=%3d",a,b,c);
endfunction
endclass
```

使用如下所示的测试平台进行随机数的生成，并显示所生成的结果。

```
module test;
random_sample_t    sample;

   initial begin
      sample = new;

      repeat( 10 ) begin
         assert( sample.randomize() );
      end
   end
endmodule
```

其执行结果如下所示。

```
a=203 b=232 c=  7
a=130 b=224 c=160
a= 65 b=168 c= 95
a=162 b=184 c= 13
a= 86 b=128 c=100
a=108 b=228 c=183
a=101 b=148 c=123
a=119 b=120 c=  6
```

```
a= 41 b=160 c=112
a= 60 b=160 c=106
```

除此之外，使用数组进行的约束描述也是一种非常方便的描述方式，可以避免在关键字 inside 的约束内进行具体值——指定的麻烦。并且，这种描述方式还具有可以与其他具体值共存的优点。

> **例 19-4　关键字 inside 中使用数组的示例**

如下所示，可以使用数组名称 value 来代替具体值的一一指定。此时，只需在数组 value[] 中添加或删除数组元素即可实现约束条件的修改。在这种情况下，使用动态数组会更加方便。

```
class sample_t;
   int       value[] = '{ 20, 30, 40, 50, 60, 61, 62 };
   rand int  data;
   constraint C
   {
      data inside { [0:10], value } ;    // 使用数组
   }
endclass
```

使用如下所示的测试平台进行随机数的生成和结果查看。

```
module test;
sample_t   sample = new;

   initial begin
      for( int i = 0; i < 8; i++ ) begin
         assert( sample.randomize() );
         $display("data=%3d",sample.data);
      end
   end
endmodule
```

执行后将得到如下所示的结果。

```
data= 62
data=  9
data= 50
data=  7
data= 40
data= 50
data=  5
data= 60
```

由执行结果可以看出，通过区间指定和数组元素共同进行的约束描述，成功实现了随机变量 data 的取值限定。

19.4.2 关键字 dist

关键字 dist 是一个用于随机数生成时，对某个或某些取值出现频率进行控制的关键字。在使用关键字 inside 进行约束条件描述时，随机数的各个不同取值出现的概率是相等的。但是，有时也需要某些取值出现的次数高于其他取值的情况。在这种情况下，可使用关键字 dist 为某些取值添加出现次数的占比约束，以使其出现的概率更高。关键字 dist 的语法如下所示（详见参考文献 [1]）。

```
dist_item ::= value_range [ dist_weight ]
dist_weight ::=
    := expression
    | :/ expression
```

例如，如下所示的描述，即为使用关键字 dist 对随机变量取值出现频率进行控制的约束示例。

```
a dist { 0 := 10, [1:3] := 20 };
b dist { 0 :/ 20, [1:3] :/ 30 };
```

dist_weight 的功能见表 19-2。

表 19-2 dist_weight 的功能

关键字	功能
:= weight	:= 为各个指定的值赋予 weight 给定的权重值，属于区间的各个值也均被指定 weight 给定的权重值 示例：a dist{0:= 10, [1:3] := 20} 0：权重 10（比例 10/70） 1：权重 20（比例 20/70） 2：权重 20（比例 20/70） 3：权重 20（比例 20/70）
:/ weight	:/ 为各个指定的值均分 weight 给定的权重值，属于区间的各个值也将均分 weight 给定的权重值。也就是说，如果整个取值区域由 n 个数值组成，那么每个数值的权重为 weight/n 示例：b dist{0:/20, [1:3]:/30} 0：权重 20（比例 20/50） 1：权重 10（比例 10/50） 2：权重 10（比例 10/50） 3：权重 10（比例 10/50）

➢ 例 19-5　关键字 dist 的使用示例

如下所示的随机数生成及其约束的描述中,在进行随机数生成的同时还对生成的随机数取值出现次数进行统计。

```
class sample_t;
   rand int    a, b;
   int         a_stat[4], b_stat[4];
   constraint C
   {
      a dist { 0 := 10, [1:3] := 20 };
      b dist { 0 :/ 20, [1:3] :/ 30 };
   }
function void post_randomize();
   a_stat[a]++;
   b_stat[b]++;
endfunction

function void print_stat(int tries);
   foreach(a_stat[i])
      $display("a==%0d  %.3f",i,real'(a_stat[i])/tries);
   foreach(b_stat[i])
      $display("b==%0d  %.3f",i,real'(b_stat[i])/tries);
endfunction
endclass
```

相应的测试平台描述如下所示。

```
module test;
sample_t   sample = new;
int        tries = 256;

   initial begin
      repeat( tries )
         assert( sample.randomize() );
      sample.print_stat(tries);
   end
endmodule
```

上述描述的执行结果如下所示。

```
a==0  0.121
a==1  0.305
a==2  0.293
a==3  0.281
```

```
b==0   0.418
b==1   0.199
b==2   0.199
b==3   0.184
```

从执行结果可以看出，约束中使用关键字 dist 加权的约束效果。

19.4.3 关键字 unique

如果给位宽较小的变量分配随机数，则会出现许多相同的值。特别是当同时给多个这样的变量分配随机数时，出现相同值的概率会更高。为了尽可能生成与其他组合不同的随机数组合，可以使用关键字 unique 来防止重复分配值的出现。关键字 unique 的语法如下所示（详见参考文献 [1]）。

> uniqueness_constraint ::= **unique** { open_range_list }

其具体的使用方法如下所示。

```
rand byte      a[3], b, c;
   constraint different_abc { unique { a[0:1], b, c }; }
```

在这种情况下，能够为随机变量 a[0]、a[1]、b、c 的组合分配不会出现相同组合取值的随机数。

> **例 19-6　关键字 unique 的使用示例（详见参考文献 [1]）**

本例为 SystemVerilog LRM 中的关键字 unique 使用示例。其中，a[2]、a[3] 和 b 可以分配除 5 以外的 0～7 之间的不同值。

```
class sample_t;
rand bit [2:0] a[5];
rand bit [2:0] b;
rand byte excluded;
   constraint u { unique {b, a[2:3], excluded}; }
   constraint exclusion { excluded == 5; }

function void post_randomize();
   $display("a[2]=%1d a[3]=%1d b=%1d",a[2],a[3],b);
endfunction
endclass
```

相应的测试平台描述如下所示。

```
module test;
sample_t    sample;
```

```
    initial begin
       sample = new;
       repeat( 5 )
          assert( sample.randomize() );
    end
endmodule
```

其执行结果如下所示。

```
a[2]=0 a[3]=4 b=6
a[2]=6 a[3]=0 b=2
a[2]=1 a[3]=7 b=0
a[2]=0 a[3]=4 b=7
a[2]=1 a[3]=6 b=3
```

由执行结果可以看出，所生成的随机数组合中没有出现 5，并且没有出现完全相同的组合，所有数值均在 0～7 之间。

19.4.4 关键字 implication

关键字 implication 的功能是用于约束生效条件的表达，只有在条件表达式成立时，才进行满足约束的随机变量取值的生成。关键字 implication 的语法如下所示（详见参考文献 [1]）。

```
expression -> constraint_set
```

其中，如果逻辑表达式 expression 为真，则必须满足右侧所描述的约束。反之，则不需要满足右侧所描述的约束。

> **例 19-7　关键字 implication 的使用示例**

在如下所示的关键字 implication 使用示例中，对随机变量添加了一个约束。如果随机变量 a 属于给定的集合，则随机变量 b 的取值必须是 4 的倍数。

```
class sample_t;
rand bit [3:0]   a, b;

   constraint C
   {
      a inside { 1, 2, 3, 5, 7, 11 } -> b[1:0] == 2'b00;
   }
endclass

module test;
sample_t   sample = new;
```

```
      initial begin
         for( int i = 0; i < 8; i++ ) begin
            assert( sample.randomize() );
            $display("a=%3d b=%3d",sample.a,sample.b);
         end
      end
endmodule
```

其执行结果如下所示。

```
a= 12 b= 11
a= 15 b=  1
a=  4 b=  1
a= 11 b= 12
a=  4 b= 12
a= 14 b=  3
a=  7 b=  4
a=  0 b=  9
```

19.4.5 运用 foreach 语句进行的约束

在对数组进行随机化时，可以使用 foreach 语句对数组中元素的取值进行约束。使用 foreach 语句进行约束的语法如下所示（详见参考文献 [1]）。

```
foreach ( ps_or_hierarchical_array_identifier [ loop_variables ] )
    constraint_set

loop_variables ::= [ index_variable_identifier ]
    { , [ index_variable_identifier ] }
```

其语法结构类似于行为描述中的 foreach 语句。例如，可以如下所示进行 foreach 语句的约束描述。

```
rand bit[15:0]   addr[5];
constraint C
{
   foreach (addr[i])
      addr[i] inside { [0:12] };
}
```

此描述将所有数组元素的取值约束在 0 ~ 12 之间。在这个示例中，数组的大小是固定的，但 foreach 语句也可以用在动态数组、关联数组和队列等的约束描述中。对于动态数组，必须先确定数组的大小，然后才能对数组元素的取值进行约束。

> **例 19-8　使用 foreach 进行数组变量约束的示例（应用于动态数组）**

本例使用了 foreach 语句对动态数组中的元素进行约束。

```
class sample_t;
   rand bit signed [7:0]   ar[];
   constraint C1 { ar.size inside { [1:5] }; }
   constraint C2 {
      foreach (ar[i])
         (i < ar.size-1) -> ar[i+1] > ar[i];
   }
function void post_randomize();
   $write("size=%3d: ",ar.size());
   foreach(ar[i])
      $write("%4d ",ar[i]);
   $display;
endfunction
endclass
```

本例中，首先通过约束 C1 确定了数组元素的个数。这是一个非常重要的约束，如果没有此约束，则数组元素数量有可能会过多。约束条件 C2 约束了数组元素的取值，将数组元素的值按从小到大的顺序进行排列。这样的约束是通过每个数组元素与其右侧相邻的数组元素依次进行比较实现的。由执行结果可以看出，在 ar.size == 1 时，这两个约束的描述也不会出现执行错误。

如下所示的测试平台用于测试约束是否正确设置。其中，一旦 sample_t::randomize() 执行成功，则会自动调用 sample_t::post_randomize() 进行结果的显示。

```
module test;
sample_t   sample = new;
   initial begin
      for( int i = 0; i < 8; i++ ) begin
         assert( sample.randomize() );
      end
   end
endmodule
```

其执行结果如下所示。

```
size=  1:  205
size=  2:  104  110
size=  4:  108  118  122  123
size=  4:  114  122  126  127
size=  3:   96  103  111
size=  4:   71   89  108  113
size=  2:  100  106
size=  2:  104  124
```

19.4.6 随机变量生成顺序的约束

如果多个随机变量的生成必须遵循一定的顺序，则需要进行随机变量生成顺序的指定。一般来说，在存在依赖关系的情况下，规定随机变量的随机化顺序是必要的。否则，约束解析器可能无法进行约束的正确解析。随机变量生成顺序约束的语法如下所示（详见参考文献 [1]）。

```
solve solve_before_list before solve_before_list ;

solve_before_list ::=
   solve_before_primary { , solve_before_primary }
solve_before_primary ::= [ implicit_class_handle . | class_scope ]
   hierarchical_identifier select
```

例如，如下所示的约束描述。

```
solve a before b;
```

根据该语句的声明，约束解析器将首先确定随机变量 a 的取值，然后再确定随机变量 b 的取值。定义变量之间的求解次序是非常重要的，尤其是在对变量 b 的约束进行解析较为困难时。

➢ 例 19-9 使用 solve 的约束示例

在本例中，随机变量 data 的生成依赖于随机变量 size。因此，必须首先确定 size 的取值，然后再确定 data 的取值。

```
typedef enum bit [1:0] { ZERO, SMALL, MEDIUM, LARGE }  size_e;

class sample_t;
rand byte unsigned      data;
rand size_e      size;

   constraint C {
      solve size before data;
      size == ZERO -> data inside { [0:2] };
      size == SMALL -> data inside { [16:32] };
      size == MEDIUM -> data inside { [64:128] };
      size == LARGE -> data inside { [200:255] };
   }

function void post_randomize();
   $display("size=%-6s data=%3d",size.name,data);
endfunction
endclass
```

相应的测试平台描述如下所示。

```
module test;
sample_t    sample;

  initial begin
     sample = new;
     repeat(12) begin
        assert( sample.randomize() );
     end
  end
endmodule
```

本例的执行结果如下所示。

```
size=MEDIUM data= 80
size=LARGE  data=254
size=SMALL  data= 26
size=MEDIUM data=100
size=MEDIUM data=125
size=LARGE  data=223
size=ZERO   data=  1
size=LARGE  data=253
size=SMALL  data= 30
size=ZERO   data=  1
size=LARGE  data=244
size=ZERO   data=  1
```

19.5　测试过程中的约束定义

SystemVerilog 支持在测试平台执行时进行约束的定义（添加）。为此，可使用 randomize() with 语句来进行附加约束的施加，这与在类定义中施加的约束是等效的。如下所示，可以在测试过程中进行约束的添加。

```
assert( sample.randomize() with { a + b == c; });
```

> **例 19-10　在测试过程中定义约束的示例**

首先，随机变量的声明如下。在本例中，没有为随机变量定义约束。

```
class sample_t;
rand byte unsigned   a, b;

function void post_randomize();
   $display("a=%3d b=%3d",a,b);
endfunction
endclass
```

此时，可以在测试执行过程中通过测试平台进行约束的定义。在如下所示的测试平台中，测试的前半部分在不施加约束的情况下执行，测试的后半部分在添加了约束（a+b == 15）的情况下执行。虽然该约束是在类外定义的，但在 randomize() with 语句中可以自由地使用类内部的变量。

```
module test;
sample_t   sample;

   initial begin
      sample = new;
      $display("--- no constraints ---");
      repeat( 4 ) begin
         assert( sample.randomize() );
      end
      $display("--- a + b == 15 ---");
      repeat( 4 ) begin
         assert( sample.randomize() with { a + b == 15; } );
      end
   end
endmodule
```

本例的执行结果如下所示。

```
--- no constraints ---
a=194 b=177
a=243 b= 28
a= 77 b= 24
a=183 b=197
--- a + b == 15 ---
a=  4 b= 11
a= 12 b=  3
a= 14 b=  1
a=  3 b= 12
```

19.6　随机变量的启用和禁用

使用 rand_mode() 函数可以对随机变量进行控制，实现随机变量的启用或禁用。rand_mode() 函数的使用见表 19-3，可以单独控制单个随机变量，也可以同时控制所有随机变量。但若要对特定随机变量进行控制，需在调用 rand_mode() 函数时明确指出随机变量的名称。

表 19-3 rand_mode() 函数

任务或函数	功能
`task object[.random_variable]::rand_mode( bit on_off );`	启用或禁用随机变量。值 1 表示启用，值 0 表示禁用。若省略 .random_variable，则将应用于所有变量
`function int object.random_variable::rand_mode();`	返回随机变量的状态。如果处于启用状态，则返回 1；如果处于禁用状态，则返回 0

> 例 19-11 随机变量状态的控制示例

首先，将随机变量定义如下。

```
class sample_t;
rand bit [7:0]   a, b;
function void post_randomize;
   $display("a=%3d b=%3d",a,b);
endfunction
endclass
```

相应的测试平台的描述如下所示。在该测试平台的执行过程中，将进行随机变量的暂时禁用，然后再进行启用。

```
module test;
sample_t   sample = new;
   initial begin
      $display("--- all active");
      for( int i = 0; i < 4; i++ )
         assert( sample.randomize() );
      $display("--- all inactive");
      sample.rand_mode(0);              // 禁用所有变量
      for( int i = 0; i < 2; i++ )
         assert( sample.randomize() );
      $display("--- only a is active");
      sample.a.rand_mode(1);            // 启用一个变量
      for( int i = 0; i < 2; i++ )
         assert( sample.randomize() );
      $display("--- all active");
      sample.rand_mode(1);              // 激活所有变量
      for( int i = 0; i < 2; i++ )
         assert( sample.randomize() );
   end
endmodule
```

本例的执行结果如下所示。

```
--- all active
a=168 b= 36
a=231 b=207
a= 93 b=164
a=214 b=210
--- all inactive
a=214 b=210
a=214 b=210
--- only a is active
a=  0 b=210
a=118 b=210
--- all active
a=193 b=252
a= 31 b=184
```

19.7 约束的启用和禁用

使用 constraint_mode() 函数可以对随机变量的约束进行控制，以启用或禁用随机变量的约束，其使用方法见表 19-4。使用 constraint_mode() 函数可以分别控制每个随机变量的约束，也可以同时控制所有随机变量的约束。但若要对特定随机变量的约束进行控制，则需要在调用 constraint_mode() 函数时明确指出约束的名称。

表 19-4 constraint_mode() 函数

任务或函数	功能
task object[.constraint_identifier]:: constraint_mode(bit on_off);	启用或禁用约束。值 1 表示启用指定的约束条件；值 0 表示禁用指定的约束条件。若省略 .constraint_identifier，则将应用于所有的约束条件
function int object.constraint_identifier:: constraint_mode();	返回指定约束条件的状态。如果约束条件处于启用的状态，则返回 1；如果约束条件处于禁用的状态，则返回 0

➢ 例 19-12 约束控制示例

本例说明了在测试过程中暂时禁用和启用约束的方法。首先，如下所示进行随机变量和约束的定义。

```
class sample_t;
rand bit [7:0]   a, b, c;
   constraint C1 { a + b + c == 32; }
   constraint C2 { (a < b) && (b < c);}
```

```
function void post_randomize;
   $display("a=%3d b=%3d c=%3d",a,b,c);
endfunction
endclass
```

其中，在类 sample_t 中，定义了两个约束 C1 和 C2，它们在测试开始时均被默认处于启用的状态。在仿真执行过程中被暂时禁用，之后被再次启用。相应的测试平台描述如下所示。

```
module test;
sample_t   sample = new;
initial begin
   $display("satisfy: (a + b + c == 32) && (a < b) && (b < c);");

   for( int i = 0; i < 2; i++ )
      assert( sample.randomize() );
   $display("no constraints");
   sample.constraint_mode(0);        // 禁用 C1 和 C2
   for( int i = 0; i < 2; i++ )
      assert( sample.randomize() );
   $display("satisfy: a + b + c == 32;");
   sample.C1.constraint_mode(1);     // 激活 C1
   for( int i = 0; i < 2; i++ )
      assert( sample.randomize() );
end
endmodule
```

本例的执行结果如下所示。

```
satisfy: (a + b + c == 32) && (a < b) && (b < c);
a=  0 b= 15 c= 17
a=  0 b= 12 c= 20
no constraints
a= 70 b=230 c=185
a=253 b=162 c= 42
satisfy: a + b + c == 32;
a= 11 b=  4 c= 17
a= 18 b=  2 c= 12
```

19.8 使用 randomize() 方法进行的随机变量控制

在不使用 rand_mode() 方法的情况下，可以通过 randomize() 方法实现同样的随机变量控制，进行随机变量的启用或禁用。并且，这种控制方法可以省略随机变量禁用状态的恢复。

在调用 randomize() 方法时，只有作为 randomize() 方法的参数给出的变量才是随机变量，如下所示。

```
class packet_t;
   rand bit [15:0]    addr;      // 随机变量
   rand bit [31:0]    data;      // 随机变量
endclass
...
packet_t   packet = new;
packet.randomize();              // addr 和 data 是随机变量
packet.randomize(addr);          // addr 是随机变量
```

以下对此用法进行举例说明。

> ➤ 例 19-13   使用 randomize() 方法控制随机变量的示例

下面介绍如何在类中进行随机变量的声明以及随机变量的启用与禁用。首先，如下所示，进行随机变量的定义。

```
class sample_t;
rand logic [7:0]       addr, data;

function void post_randomize();
   $display("addr=%3d data=%3d",addr,data);
endfunction
endclass
```

相应的测试平台描述如下所示。其中，在测试平台中分别进行了 addr 和 data 两个随机变量的控制。首先，两个随机变量均处于默认的启用状态，并在这种启用状态下正常进行随机数的生成。然后，测试平台仅启用随机变量 addr 进行随机数的生成。最后，仅将 data 作为随机变量，进行随机数的生成。

```
module test;
sample_t    sample;

   initial begin
      sample = new;
      $display("--- addr and data are active ---");
      repeat( 4 ) begin
         assert( sample.randomize() );
      end
      $display("--- only addr is active ---");
      repeat( 4 ) begin
         assert( sample.randomize(addr) );
      end
      $display("--- only data is active ---");
      repeat( 4 ) begin
         assert( sample.randomize(data) );
      end
```

```
        end
endmodule
```

其执行结果如下所示。

```
--- addr and data are active ---
addr=194 data=177
addr=243 data= 28
addr= 77 data= 24
addr=183 data=197
--- only addr is active ---
addr= 71 data=197
addr=203 data=197
addr=232 data=197
addr= 60 data=197
--- only data is active ---
addr= 60 data=115
addr= 60 data=109
addr= 60 data=  4
addr= 60 data=157
```

19.9　否定形式的约束条件描述

一般而言，约束是随机数生成时必须满足的条件。但有时描述否定的条件约束则更为方便。例如，可以编写一个约束来随机生成小于 32 且不是素数的正整数。在这种情况下，使用关键字 inside 进行否定形式的约束条件描述将更为方便。如下所示，是使用关键字 inside 进行否定形式的约束条件描述的一般形式（详见参考文献 [1]）。

```
!(expression inside { set })
```

➤ 例 19-14　否定形式约束条件的描述示例

如下所示，在随机变量 a 的约束中，使用了关键字 inside 进行的否定形式的约束条件描述，以随机生成小于 32 且不是素数的正整数。

```
class sample_t;
int    prime[] = '{ 2, 3, 5, 7, 11, 13, 17, 19, 23, 29, 31 };
rand bit [7:0]   a;

   constraint C { (a inside {[1:32]}) && !(a inside { prime }); }
endclass
```

相应的测试平台描述如下所示。

```
module test;
sample_t   sample = new;

   initial begin
      repeat( 8 ) begin
         assert( sample.randomize() );
         $display("a=%2d",sample.a);
      end
   end
endmodule
```

本例的执行结果如下所示。

```
a= 4
a= 4
a=25
a=26
a= 8
a=14
a=20
a=30
```

19.10 结构体的随机化

如果类的成员变量中包含有结构体类型的变量，并且结构体每个成员定义中均具有 rand 或 randc 限定符，则会为结构体中的每个成员随机分配一个随机数。

> **例 19-15　在结构体成员中生成随机数的示例**

在本例中，为了进行位运算，首先将运算中的操作数定义为一个结构体。其次，为了进行操作数的随机生成，可进行如下所示的类定义。

```
typedef struct { rand logic [2:0] a, b; }   operand_s;

class sample_t;
rand operand_s   operand;
endclass
```

进行位运算的电路描述如下所示。

```
module dut(input logic [2:0] a,b, output logic [2:0] ab_or,ab_and,ab_xor);

   always @(a,b) begin
      ab_or = a | b;
      ab_and = a & b;
      ab_xor = a ^ b;
   end
endmodule
```

如下所示的测试平台通过位运算中操作数的随机生成来进行上述位运算电路的测试。其中，位运算中操作数的随机生成是通过类方法 randomize() 的调用来进行的。

```
module test;
sample_t    sample;
logic [2:0]    a, b, ab_or, ab_and, ab_xor;

dut DUT(.*);

   initial begin
      sample = new;

      repeat( 8 ) begin
         #10 assert( sample.randomize() );
         a = sample.operand.a;
         b = sample.operand.b;
      end
   end

   initial forever @(a,b)
      #0 $display("@%2t: a=%b b=%b or=%b and=%b xor=%b",
                  $time,a,b,ab_or,ab_and,ab_xor);
endmodule
```

产生随机数，驱动 DUT

本例的执行结果如下所示。

```
@10: a=010 b=101 or=111 and=000 xor=111
@20: a=010 b=000 or=010 and=000 xor=010
@30: a=110 b=111 or=111 and=110 xor=001
@40: a=101 b=000 or=101 and=000 xor=101
@50: a=100 b=111 or=111 and=100 xor=011
@60: a=001 b=100 or=101 and=000 xor=101
@70: a=001 b=101 or=101 and=001 xor=100
@80: a=111 b=100 or=111 and=100 xor=011
```

由执行结果可以看出，变量 a 和 b 均被分配了随机数，并通过值的传递对位运算电路进行测试。

19.11　队列的随机化

由于队列是数组的一种特殊形式，因此也可以在队列的元素中进行随机数的生成。但是，由于队列的大小是未被定义的，因此首先必须对队列的大小进行约束。

> **例 19-16　在队列中生成随机数的示例**

在本例中，首先约束了队列的大小，但没有对队列中元素的取值进行约束，如下所示。

```
class sample_t;
rand logic [3:0]   q[$];
   constraint C1 { q.size inside { [2:5] }; }
extern function void post_randomize;
endclass
```

其次，使用如下所示的 post_randomize() 方法进行所生成的队列大小以及队列元素的显示处理。

```
function void sample_t::post_randomize;
   $write("q.size=%0d q[0..%0d]:",q.size,q.size-1);
   foreach(q[i])
      $write(" %2d",q[i]);
   $display;
endfunction
```

相应的测试平台描述如下所示。

```
module test;
sample_t   sample = new;

   initial begin
      repeat (8) assert( sample.randomize() );
   end
endmodule
```

本例的执行结果如下所示。

```
q.size=2 q[0..1]:   1  8
q.size=5 q[0..4]:   0  4 14  7 14
q.size=2 q[0..1]: 15  4
q.size=4 q[0..3]:  5  2  4  5
q.size=5 q[0..4]: 11  3 14 14  0
q.size=4 q[0..3]: 13  8  7  0
q.size=3 q[0..2]: 12 12  4
q.size=4 q[0..3]: 14 15  3  0
```

19.12 以约束对数据进行的检查

如果一个类的成员变量中不包含任何随机变量，那么 randomize() 方法则不会进行随机数的生成，但 randomize() 方法依然可以用于类中定义的约束条件的检查。利用此功能可以对数据的一致性进行检查。具体来说，如果满足约束条件，则 randomize() 方法将返回 1；如果不满足约束条件，则返回 0。

> **例 19-17** 将约束条件作为检查器的使用示例（1）

在本例中，类的成员没有随机变量，但包含了约束。其中，变量 a 必须是 0~3 之间的整数，b 必须是大于 a 的整数。因此，可以通过 randomize() 方法的调用来检查约束条件是否满足。类的描述如下所示。

```
class sample_t;
bit [3:0]   a, b;
   constraint C
   {
      a inside { [0:3] };
      a < b;
   }
endclass
```

相应的测试平台描述如下所示。其中，分别使用了满足约束条件和不满足约束条件的数据，并调用 check_members() 进行约束条件的检查。

```
module test;
sample_t   sample = new;

   initial begin
      sample.b = 3;
      check_members();      // 正确

      sample.a = 3;
      sample.b = 10;
      check_members();      // 正确

      sample.a = 5;
      check_members();      // 错误

      sample.a = 2;
      sample.b = 1;
      check_members();      // 错误
   end
```

```
function void check_members();
   if( sample.randomize() )      // 使用 randomize( ) 作为检查器
      $display("PASS: a=%2d b=%2d",sample.a,sample.b);
   else
      $display("FAIL: a=%2d b=%2d",sample.a,sample.b);
endfunction
endmodule
```

本例的执行结果如下所示。

```
PASS: a= 0 b= 3
PASS: a= 3 b=10
FAIL: a= 5 b=10
FAIL: a= 2 b= 1
```

即使是在类中包含有随机变量的情况下，也可以不对随机变量进行随机化，而只将约束条件作为检查器使用。这样的情况也是经常出现的。例如，在调用了 randomize() 方法进行随机数的生成后，所生成的部分随机数却没有得到利用，而是被重新赋予了新的变量值。此时，需要确保所赋予的这些新的变量值是满足约束条件的。在这种情况下，如果再次调用 randomize() 方法进行约束条件检查就会进行新的随机数生成。此时，可以将 randomize() 方法的调用改写为 randomize(null) 的调用，就可以避免新的随机数生成，并且能够起到数据约束条件检查器的效果。randomize(null) 的调用，将 null 作为 randomize() 方法的参数进行传递，并将原本定义的随机变量视为状态变量。因此，在这种情况下，randomize(null) 的调用只作为约束条件的检查器使用。以下通过示例进行这种用法的验证。

➢ **例 19-18 将约束作为检查器使用的示例（2）**

在本例中，在进行了随机数生成之后，再为随机变量进行新的赋值，并对其进行约束条件检查。其中，随机变量 a 是 0~5 之间的整数，并且约束在 {a, b} 的值中为 1 的位数为 3。

```
class sample_t;
rand bit [3:0]   a, b;
   constraint C
   {
      a inside { [0:5] };
      $countones({a,b}) == 3;
   }
endclass
```

相应的测试平台描述如下所示。

```
module test;
sample_t   sample = new;

   initial begin
      sample.randomize();
      $display("a=%2d b=%2d",sample.a,sample.b);

      sample.a = 4;       // 正确
      sample.b = 10;
      check_members();

      sample.b = 7;       // 错误
      check_members();
   end

function void check_members();
   if( sample.randomize(null) )
      $display("PASS: a=%2d b=%2d",sample.a,sample.b);
   else
      $display("FAIL: a=%2d b=%2d",sample.a,sample.b);
endfunction

endmodule
```

在上述测试平台中，为了通过约束条件对数据进行检查，进行了 sample.randomize(null) 的调用。本例的执行结果如下，从执行结果来看，randomize(null) 的调用并没有重新进行随机数的生成，而只是进行了数据的约束条件检查。

```
a= 2 b= 3
PASS: a= 4 b=10
FAIL: a= 4 b= 7
```

19.13　测试用例约束的单独指定

通过在类的外部进行约束的具体定义，可以为每个测试用例添加自己的约束条件，从而可以实现高效的验证。测试用例约束的单独指定可以按照以下步骤进行。
- 在类中仅声明带有约束名称的空约束。
- 在类外部对约束条件进行具体定义。

➢ 例 19-19　在类外部定义约束的示例

首先如下所示，进行类的定义。其中，约束 setup_array_elms 在类中只进行了约束声明，而没有进行约束的具体定义。因此，该约束的具体内容将需要在类的外部进行定义。在本例中，在测试平台中定义约束 setup_array_elms 的具体内容。

```
class sample_t;
rand int      array_size;
rand bit [7:0]   array[];
   constraint C1 { array_size inside { [2:5] }; }
   constraint C2 { array.size == array_size; }
   constraint setup_array_elms;
extern function void print;
endclass
```

类的 print() 方法描述如下所示。

```
function void sample_t::print;
   $write("array.size=%0d:",array.size);
   foreach(array[i])
      $write(" %2d",array[i]);
   $display;
endfunction
```

其次，测试平台的示例如下所示。其中，为了在类外部定义约束 setup_array_elms 的具体内容，还必须指定约束条件的类作用域 (sample_t::)。值得注意的是，在约束内可以自由引用类中的变量。如下所示，对类中的数组元素进行了约束。

```
module test;
sample_t   sample = new;

   constraint sample_t::setup_array_elms
   {
      foreach(array[i])
         array[i] inside { [0:10], [64:80] };
   }

   initial begin
      repeat (5) begin
         assert (sample.randomize() );
         sample.print();
      end
   end
endmodule
```

本例的执行结果如下所示。

```
array.size=5:  3  7 68 79  4
array.size=4:  6 10 70  7
array.size=4:  4 10 77 80
array.size=2: 66  7
array.size=4: 67  8 79 68
```

19.14　在类外部进行的约束定义

在类中进行的复杂约束描述会降低描述的可读性，并进而妨碍对类功能的整体了解。为了解决这个问题，可以在类外部进行复杂约束的定义。在类外部进行的约束定义可以按照如下所示的步骤进行。

- 在类定义中，用 extern 进行约束的声明。
- 在与类定义相同的作用域中描述约束的具体内容。

在此，建议约束具体内容的定义与类的定义位于同一个文件中。

➤ 例 19-20　在类外部定义约束的示例

在本例中，在类的定义中通过 extern 进行了约束 setup_size 的类外部定义声明，并且可以看出，在类外部进行的约束定义可以使得类定义的整体结构清晰，可读性强。

```
class sample_t;
rand bit [7:0] array_size;
rand bit [7:0] array[];

constraint size_constraint { array.size == array_size; }
extern constraint setup_size;     // 由外部定义
extern function void print;
endclass
```

在类外部对约束 setup_size 进行具体定义的实现方法，如图 19-2 所示。

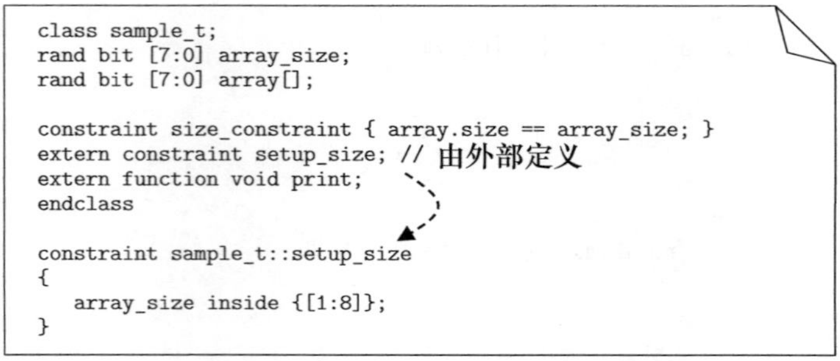

```
class sample_t;
rand bit [7:0] array_size;
rand bit [7:0] array[];

constraint size_constraint { array.size == array_size; }
extern constraint setup_size; // 由外部定义
extern function void print;
endclass

constraint sample_t::setup_size
{
    array_size inside {[1:8]};
}
```

图 19-2　在类外部进行约束定义的示例

🔍 **参考 19-2** 在类外部进行约束定义的声明方法有两种，以下将说明这两种方法的区别。如下所示，为 SystemVerilog LRM 中给出的类外部进行约束定义的声明方法。

```
class C;
rand int x;
   constraint proto1;              // 隐式形式
   extern constraint proto2;       // 显式形式
endclass
```

其中，约束条件 proto1 需要在类外部进行定义，如果没有定义，则为一个空约束。在这种情况下，根据所使用编译工具的不同，可能发出警告信息，但不会出现出错信息。

与此不同的是，约束条件 proto2 必须在类外部进行定义。如果没有定义，则编译器会给出出错信息。

19.15　std::randomize() 函数

在不使用类的情况下，可以使用 std::randomize() 函数进行随机数的生成。该函数具有以下特点。

- std::randomize() 函数的功能与类的 randomize() 方法完全相同。
- std::randomize() 函数作用域中定义的变量被视为随机变量。
- 在仿真过程中可以使用关键字 with 进行约束条件的定义。

因此，即使不使用类，也可以将任意变量指定为随机变量，而且可以为这些随机变量定义约束。

▶ **例 19-21**　std::randomize() 函数生成随机数的示例

以下使用 std::randomize() 函数将非随机变量 a、b、c 转换为随机变量，同时还可以为其添加约束。在本例的前半部分，为变量进行了无约束的随机数生成。在本例的前半部分，对随机数的生成添加了约束。将任意变量转换为随机变量，并添加约束非常方便。

```
module test;
bit [7:0]   a, b, c;

initial begin
   $display("no constraints");
   for( int i = 0; i < 2; i++ ) begin
      assert( std::randomize(a,b,c) );          // 无约束
      $display("a=%3d b=%3d c=%3d",a,b,c);
   end
   $display("satisfy: a + b == c;");
   for( int i = 0; i < 2; i++ ) begin
      assert( randomize(a,b,c) with { a+b == c; } );
         $display("a=%3d b=%3d c=%3d",a,b,c);
```

```
      end
   end
endmodule
```

从以下的执行结果可以看出，std::randomize() 函数可以正确地进行随机数生成并对随机数添加约束。

```
no constraints
a= 26 b=141 c= 12
a= 77 b=239 c=116
satisfy: a + b == c;
a=168 b= 36 c=204
a=  0 b=118 c=118
```

19.16 系统函数

与随机数生成相关的系统函数见表 19-5。如果只是进行随机数生成的话，可以通过调用表 19-5 所示的函数来实现，而不必为其进行类的定义。特别是在随机数不需要约束的情况下，使用系统函数进行随机数生成更为高效。

表 19-5 可用于随机数生成的系统函数

函数	含义
`function int unsigned $urandom` `  [ (int seed ) ] ;`	随机生成 32 位无符号整数。也可以给予 seed 的指定，用作随机数生成的种子

`function int unsigned $urandom_range`
`  ( int unsigned maxval,`
`    int unsigned minval = 0 );`
	生成指定范围内的整数随机数。如果 maxval<minval，则两者互换。例如，$urandom_range（2,10）和 $urandomrange（10,2）相同

`function void srandom( int seed );`	定义 RNG（随机数发生器）的 seed
`function string get_randstate();`	返回 RNG 的状态
`function void set_randstate` `  ( string state );`	设置 RNG 的状态

▶ 例 19-22 系统函数使用示例

如果只为随机数的生成，则使用 $random() 或 $urandom_range() 即可实现，其描述如下。

```
module test;
int unsigned   ui32;
bit [7:0]      value;
bit [3:0]      b4;
```

```
    initial begin
      repeat( 4 ) begin
        ui32 = $urandom();
        b4 = ui32 & 15;
        value = $urandom_range(16,32);
        $display("ui32=%0d b4=%2d value=%3d", ui32,b4,value);
      end
    end
endmodule
```

在本例中，如果仅使用 $urandom() 进行随机数的生成，通常会生成一个较大的随机整数。而 $urandom_range(16, 32) 则会为变量 value 生成 16~32 之间的随机整数。

使用这些函数进行的随机数生成不需要进行类的定义，因此也是非常有用的随机数生成方法。本例的执行结果如下所示。

```
ui32=1160842890 b4=10 value= 17
ui32=4088827367 b4= 7 value= 25
ui32=4191218676 b4= 4 value= 16
ui32=2433247010 b4= 2 value= 21
```

第 20 章

SystemVerilog 的验证功能

本章将概述 SystemVerilog 具备的验证功能。SystemVerilog 利用以下功能进行验证支持。
- 功能覆盖率。
- 断言。

由于验证功能涉及的内容非常广泛，其内容本身就相当于一本书，所以无法在本章进行完整、详细的介绍，因此本章只概述了 SystemVerilog 的功能覆盖率和断言的作用及功能，更为详细的介绍请参考书末所列的文献。

20.1 功能覆盖率

近年来，随机激励生成功能作为一种应对复杂设计的大规模测试需求的验证方法，在系统验证领域得到了广泛应用。这种方法能有效地覆盖广泛的验证空间，因此在验证过程中扮演着重要角色。为了有效地进行大规模设计的验证，提高验证的生产率和验证过程的自动化程度至关重要。而为了实现验证自动化，需要一种能够自动测量使用了何种数据进行验证的机制。功能覆盖率就是一种能够提供这种用于验证数据自动测量的功能。

20.1.1 概述

功能覆盖率指的是已经检查或验证的设计功能在总体的设计功能中所占的比例。这个指标指的并不是设计验证本身，而是用于表明检查器或者测试计划的进展情况。最理想的功能覆盖率当然是 100%。

功能覆盖率表明了依据设计规范制定的功能和性能指标进行的功能确认所覆盖的范围。因此，为了有效完成设计的验证，必须确保所有测试内容不遗漏，不重复。例如，如下所示的设计。

```
rand bit [2:0]  port;
```

其中，变量 port 将被赋值为随机数。如果在验证测试中 port 能够取 0～7 的所有值，则表明验证功能覆盖率达到了 100%。但是，如果要避免变量 port 的取值不是全部可能值，而只是部分可能值的情况，则需要对随机数的发生添加某种约束来控制其可能的取值，以便达到能够取到所有可能值的要求。除此之外，为了达到 100% 的功能覆盖率，还必须增加验证测试的次数。

在近年来，在作为验证环境的测试平台上，收集器（Collector）收集来自 DUT 的响应，由收集器或监视器（Monitor）进行功能覆盖率计算。图 20-1 给出的就是这种情况的一个示例。除了功能覆盖率计算之外，监视器还将 DUT 的响应作为事务发送给其他验证组件，以便进行更详细的验证分析。

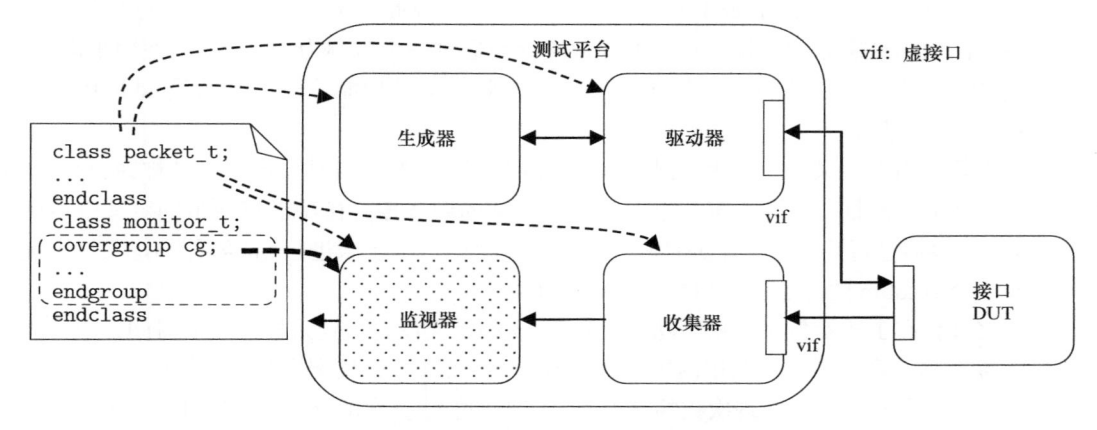

图 20-1　验证中的功能覆盖率计算

20.1.2　功能覆盖率计算

在 SystemVerilog 中，可以在源代码中定义功能覆盖的规范，并由仿真器执行。例如，可以使用 covergroup 语句描述功能覆盖规范，调用 covergroup 中定义的内置方法 sample()，即可以进行功能覆盖率的计算。并且，这种自动进行功能覆盖率计算的 covergroup 也可以进行定义，以便按照定义自动进行功能覆盖率计算。

虽然也可以在类外定义功能覆盖规范，但是在类内定义功能覆盖规范更为自然，也更方便。在类内定义的功能覆盖规范被称为嵌入式功能覆盖组。以下给出的即为一个嵌入式功能覆盖组的定义示例。

```
class packet_t;
rand bit [3:0]      addr;
rand bit [31:0]     data;
int unsigned        state;

  covergroup cg;        // 嵌入式功能覆盖组
    coverpoint addr;
    addrXdata:  cross addr, data;
  endgroup

  function new;
    cg = new;           // 变量 cg 自动声明
```

```
        endfunction
endclass
```

其中，对于一个嵌入式功能覆盖组，将会以所定义的功能覆盖组名称自动分配一个相同名称的变量 (在本例中为变量 cg)。随后，还必须在构造函数中对该变量 cg 进行初始化。

在上述示例中，还进行了 addr 的功能覆盖点指定，因此，可在仿真器中进行功能覆盖点 addr 各种不同值出现次数的统计。这样的次数统计是通过一个被称为 bin 容器的使用来进行的。对于交叉功能覆盖点 (addrXdata)，情况也是如此，此时交叉功能覆盖统计的是 addr 和 data 这一数值对出现的次数。

在功能覆盖组的定义中，如果未进行 bin 容器的声明，则会自动生成一个被称为 autobin 的容器，以取代 bin 容器进行功能覆盖率的计算。通常的做法是，在功能覆盖组的定义中声明一个指定的 bin 容器进行功能覆盖率的计算。在上述示例中，由于未进行 bin 容器的定义，因此会自动生成一个 autobin 的容器进行功能覆盖率的计算。

除此之外，在上述示例中，由于功能覆盖组 cg 的定义没有指定采样进行的时间，因此为了进行功能覆盖率计算，还必须调用内置方法 sample()。当该方法被调用时，会使用 bin 容器进行功能覆盖点 addr 各种不同值出现次数的统计，以实现功能覆盖率的计算。在这种情况下，会使用 auto[0] ~ auto[15] 的 16 个 bin 容器变量分别统计不同 addr 数值出现的次数。例如，在调用 sample() 时，如果 addr == 3，则执行 auto[3]++。因此，当仿真结束时，如果 auto[0] ~ auto[15] 的所有 bin 容器变量都显示 1 以上的值，则可以判定对 addr 的功能覆盖率达到了 100%。也就是说，据此可以判定关于变量 addr 所有可能的值均进行了测试。对于交叉功能覆盖率的计算也是与此同样的原理。

20.1.3 功能覆盖率计算示例

以下介绍功能覆盖率计算的示例。

> ➤ 例 20-1 未定义 bin 容器的功能覆盖率计算示例

首先，如下所示，在类中进行功能覆盖组的定义。其中，构造函数 new 必须按照如下所示的方式进行功能覆盖组实例的创建。

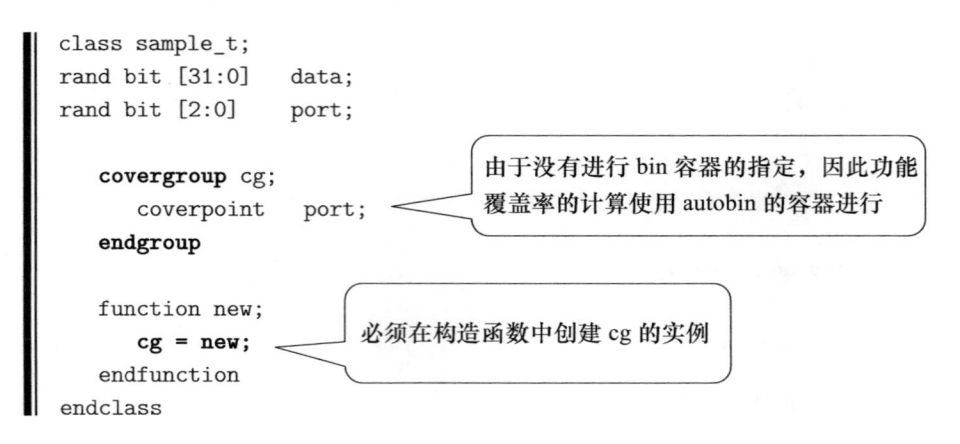

```
class sample_t;
rand bit [31:0]   data;
rand bit [2:0]    port;

   covergroup cg;
      coverpoint   port;    ← 由于没有进行 bin 容器的指定，因此功能
   endgroup                    覆盖率的计算使用 autobin 的容器进行

   function new;
      cg = new;    ← 必须在构造函数中创建 cg 的实例
   endfunction
endclass
```

其次，如下所示，在测试平台中进行随机数的生成，以进行功能覆盖率的计算。并且，当调用功能覆盖组定义的内置方法 sample() 时，将会触发功能覆盖率的计算。

```
module test;
sample_t   sample;

  initial begin
    sample = new;
    repeat (32) begin
      assert(sample.randomize());
      sample.cg.sample();    ← 必须显式地进行采样操作
    end
  end
endmodule
```

在仿真完成后，所计算的功能覆盖率信息将被记录在 autobin 容器中。如下列结果所示，由于与功能覆盖点 port 对应的 8 个 autobin（auto[0] ~ auto[7]）的值均大于 1，因此端口信号 port 的功能覆盖率达到了 100%。

```
COVERPOINT "port";
   COVERAGE 100.00 8 8;
   GOAL 100;
   WEIGHT 1;
   COMMENT "";
   ATLEAST 1;
   ABIN "auto" 0 2 "{0}";
   ABIN "auto" 1 6 "{1}";
   ABIN "auto" 2 1 "{2}";
   ABIN "auto" 3 5 "{3}";
   ABIN "auto" 4 4 "{4}";
   ABIN "auto" 5 4 "{5}";
   ABIN "auto" 6 5 "{6}";
   ABIN "auto" 7 5 "{7}";
ENDCOVERPOINT
```

上述的功能覆盖率计算只是一个示例，其输出形式将根据实际使用的仿真器的不同而不同，详细情况需参阅仿真器供应商提供的操作手册。

如果对上述示例中的随机变量生成施加约束，则功能覆盖点在声明时也需要进行相应的约束。下面介绍这样的示例。

> ➤ 例 20-2　考虑约束的功能覆盖率计算

本例是一个通过约束进行随机数生成时计算功能覆盖率的示例。首先，按以下描述准备一个未声明 bin 容器的功能覆盖率计算。

```
class sample_t;
rand bit [2:0]   a;

   constraint C { a inside { [0:5] }; }

   covergroup cg;
      coverpoint a;
   endgroup

   function new;
      cg = new;
   endfunction
endclass
```

> 在随机变量中定义了约束，但功能覆盖点没有考虑约束，并且也没有指定 bin 容器

在上述功能覆盖率计算描述中，由于随机变量 a 为 3 位的变量，因此可以取 0~7 的值。但由于约束的实施，只能取 0~5 的值。另一方面，由于功能覆盖点 a 中没有定义 bin 容器，因此会自动生成 auto[0] ~ auto[7] 的 8 个 bin 容器变量。如此一来，由于变量 a 的值只处在 0~5 的范围内，所以 auto[6] 和 auto[7] 不会被功能覆盖到。因此，计算得到的功能覆盖率最多只能达到 75%。在此，准备如下所示的仿真平台对此加以验证。

```
module test;
sample_t    sample;

   initial begin
      sample = new;

      repeat( 16 ) begin
         assert( sample.randomize() );
         sample.cg.sample();
      end
   end
endmodule
```

其执行结果如下。由此可以看出，由于 auto[6] 和 auto[7] 的值为 0，表明相应的取值未得到功能覆盖，所以计算得到的功能覆盖率为 75%。

```
COVERPOINT "a";
   COVERAGE 75.00 6 8;
   GOAL 100;
   WEIGHT 1;
   COMMENT "";
   ATLEAST 1;
   ABIN "auto" 0 2 "{0}";
   ABIN "auto" 1 2 "{1}";
```

```
    ABIN "auto" 2 3 "{2}";
    ABIN "auto" 3 4 "{3}";
    ABIN "auto" 4 3 "{4}";
    ABIN "auto" 5 2 "{5}";
    ABIN "auto" 6 0 "{6}";
    ABIN "auto" 7 0 "{7}";
ENDCOVERPOINT
```

为了解决这一问题，对于功能覆盖点 a，声明如下所示的 bin 容器。

```
covergroup cg;
    coverpoint a { bins value[] = { [0:5] }; }
endgroup
```

在进行如上所示的 bin 容器声明后，就不会再进行 autobin 容器的自动生成，而是使用 value[0] ~ value[5] 这 6 个 bin 容器变量进行功能覆盖率的计算，因此也可以达到 100% 的功能覆盖。结论是，在进行功能覆盖率计算时，对于具有约束条件的变量，有必要明确为其定义 bin 容器变量。

接下来，通过输入的随机生成来测试一个简单的设计，并在此过程中，计算测试中输入组合的功能覆盖率。

> **例 20-3** 测试中的功能覆盖率计算

在本例中，进行一个 2 位加法器的测试。首先，下面是一个输入为 a 和 b 的加法器描述。

```
module dut(input logic [1:0] a,b,output co,[1:0] sum);
assign {co,sum} = a+b;
endmodule
```

其次，如下所示，随机生成模块的输入，并进行模块的测试。为了确认是否对所有可能的输入组合进行了测试，将同时进行功能覆盖率的计算。

```
module test;
logic [1:0]   a, b, sum, ta, tb;
logic         co;

covergroup cg_t;
    aBYb:   cross a, b;          ← 测试使用的输入组合
endgroup

dut DUT(.*);

    initial begin
        cg_t   cg = new;
```

```
        repeat( 48 ) begin
            #10    assert( std::randomize(ta,tb) );
            a = ta;
            b = tb;
            cg.sample();
        end
    end

    initial forever @(a,b) #0 begin
        if( a+b+3'b0 != {co,sum} )
            $display("@%3t: %0d %0d %0d FAIL",$time,a,b,{co,sum});
    end
endmodule
```

> cg.sample(); —— 驱动 DUT，并计算所使用的输入组合 a、b 的功能覆盖率

> if(a+b+3'b0 != {co,sum}) —— 如果 DUT 计算不正确，则给出 FAIL 的出错信息

本例执行后，没有发出 FAIL 的出错信息，并且如以下的功能覆盖率计算结果所示，对输入组合测试的功能覆盖率达到了 100%。这说明所有输入组合的测试都正常进行了。

```
CROSS "aBYb";
    CROSSITEM "a" "b";
    COVERAGE 100.00 16 16;
    GOAL 100;
    WEIGHT 1;
    COMMENT "";
    ATLEAST 1;
    CBIN "auto<auto[0],auto[0]>" 7;
    CBIN "auto<auto[0],auto[1]>" 3;
    CBIN "auto<auto[0],auto[2]>" 4;
    CBIN "auto<auto[0],auto[3]>" 3;
    CBIN "auto<auto[1],auto[0]>" 1;
    CBIN "auto<auto[1],auto[1]>" 2;
    CBIN "auto<auto[1],auto[2]>" 5;
    CBIN "auto<auto[1],auto[3]>" 2;
    CBIN "auto<auto[2],auto[0]>" 1;
    CBIN "auto<auto[2],auto[1]>" 3;
    CBIN "auto<auto[2],auto[2]>" 3;
    CBIN "auto<auto[2],auto[3]>" 1;
    CBIN "auto<auto[3],auto[0]>" 4;
    CBIN "auto<auto[3],auto[1]>" 3;
    CBIN "auto<auto[3],auto[2]>" 2;
    CBIN "auto<auto[3],auto[3]>" 4;
ENDCROSS
```

20.2 断言

断言是描述系统行为（即规范）的手段，主要用于验证实际设计是否符合设计期望。此外，断言也用于功能覆盖率或 DUT 输入激励是否正确的验证。

20.2.1 概述

在断言中使用 sequence 和 property 描述规范。但是，由于这些描述本身无法启动，因此需要使用 assert、cover、assume 等断言语句进行验证的启动。验证即是确认被测试的 property 与设计的期望是否一致。

在断言中，验证者负责描述规范以及设置验证规范是否合格后的处理（pass_statement 和 fail_statement）。所有其他验证任务都由仿真器负责。断言中描述的规范将被进行验证并执行对验证结果的处理。断言包含以下几种语句。

1）assert：验证设计必须完成的动作（规范）。
2）assume：对于仿真器而言，是验证环境成立的必须条件，形式化工具则将其用作前提条件。
3）cover：收集行为的功能覆盖率。
4）restrict：定义对形式化工具的约束，是对仿真器无效的指令。

通过这些断言功能，就可通过仿真来确认实际设计与规范是否一致。

断言分为立即断言和并行断言两种类型。立即断言与通常的执行语句相同，执行完成后立即结束。并行断言则是与通常的仿真并行执行，并持续验证，直到指定的验证条件成立或不成立。例如，如下所示的描述是一个并行断言的示例。

```
module test(input clk,a,b);

   default clocking cb @(posedge clk); endclocking

   property check_a_b;
      $rose(a) |-> ##[1:3] $rose(b);        // 规范
   endproperty

   assert property (check_a_b)
      else $display("@%0t:  FAIL",$time);

   ...
endmodule
```

根据上述描述，如果在时钟事件发生时 $rose(a) == 1'b1，则在接下来的 1～3 个时钟周期内必须满足 $rose(b) == 1'b1。图 20-2 给出了满足这一规范的条件。

如果规范中描述的条件未能满足，将会给出出错信息，从而可以确定设计中哪个指令存在问题。

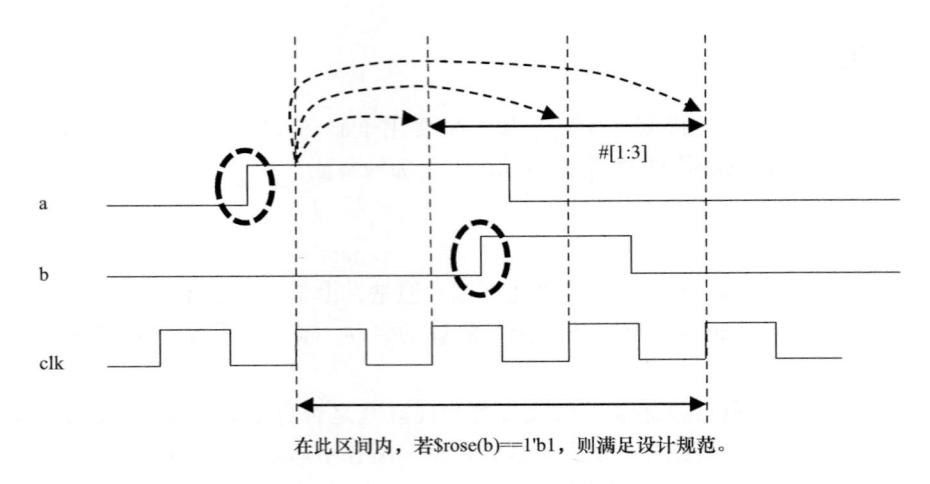

图 20-2　check_a_b 满足规范的条件

20.2.2　断言的类型

如上所述，断言分为立即断言和并行断言两种类型。立即断言与通常的执行语句一样，执行完成后立即结束。因此，没有时间消耗的概念。下面是一个立即断言的示例。

```
packet_t    p;
...
p = new;
assert( p.randomize() )
   else $fatal(0, "packet_t::randomize() failed.");
...
```

在这个示例中，验证 packet_t 的类对象是否正确地进行了随机数的分配。一般情况下，随机变量会受到约束，这将导致随机数的生成可能会出现失败。因此，需要使用 assert 语句来确认随机数分配的最终状态。如果随机数生成失败，$fatal() 系统任务将给出出错信息。这里，assert 语句具有以下的语法规范（详见参考文献 [1]）。

```
assert ( expression ) action_block

action_block ::=
    statement_or_null
  | [ statement ] else statement_or_null
```

在此，当 action_block 被省略时，如果出现随机数生成失败，则会自动调用 $error 系统任务给出出错信息。因此，如下所示的简单指定也能充分发挥作用。

```
assert( p.randomize() );
```

另一方面，并行断言通常与仿真并行执行，并且验证会持续进行，直到描述的验证条件被满足或不满足为止。其执行开始或重启与时钟同步进行。因此，对于一个断言描述可能有多个实例同时执行，即并行断言是多进程的。

由于并行断言的执行与时钟周期同步，因此需要使用时钟周期延迟（## 操作符）来进行动作描述。此外，为了进行时钟共享，通常会使用时钟块进行描述，这也是最为常见的做法。在定义了标准时钟后，即可简化断言的描述。

20.2.3 断言表达式

断言的条件表达式（即应验证的规范）由 property 描述。property 由 sequence 组成，sequence 由 sequence 操作符和布尔表达式组成。在极端情况下，property 可以仅是一个布尔表达式，但由于布尔表达式不依赖于时间，因此也没有理由使用并行断言。因此，一个正确的断言描述通常还需要使用到 sequence 操作符。

sequence（和 property）通常需要经过多个时钟事件后才能结束评价。评价结束时，如果结果为真，则判定设计与规范一致。如果中间评价结果为假，则判定设计与规范不一致。

20.2.3.1 Sequence

简而言之，序列（sequence）是将布尔表达式与时钟（## 操作符）相结合的正则表达式。结合的方法有很多种，通常需要使用到 sequence 操作符（## 操作符）。例如，如下所示的 sequence 描述了 1~3 个时钟周期之间 $rose(b)==1'b1 成立的条件。

```
##[1:3] $rose(b)
```

由于 sequence 是一个关于时钟事件的正则表达式，因此具有很多方便的简化用法。例如，a[*3] 的简化描述即与如下所示的常规描述具有完全相同的意义。

```
a ##1 a ##1 a
```

此规范描述的要求是，在当前和接下来的两次时钟事件中，a==1'b1。

20.2.3.2 property

property 是基于 sequence 构建的验证规范，可以在以下范围内进行 property 的定义。

1）module。
2）interface。
3）program。
4）blockingblock。
5）package。
6）$unit。
7）checker。

property 提供了使用诸如 implication（->）操作符来描述复杂验证规范的功能。此时，sequence 被用作构建块。

例如，如下所示的 property 描述使用了 always 操作符。该规范表示，如果在时钟事件发生时 $rose(check) == 1'b1，则到最后 a == 1'b1 必须成立。

```
property p;
   @(posedge clk) $rose(check) |-> always a;
endproperty
```

除了 always 以外，property 还可以使用很多其他操作符。

20.2.4 断言描述示例

下面介绍一个使用并行断言进行验证的简单示例。

> **例 20-4　Johnson 计数器验证的断言示例**

Johnson 计数器（在 21.2.5 节中介绍）是一个按顺序生成 Johnson 编码的时序逻辑电路。在本例中，使用断言来验证 Johnson 计数器的功能。

如果 Johnson 计数器的值达到 8'b1111_1111，则在 5 个时钟周期后，计数器的值应为 8'b1110_0000。对于这样的规范，在断言中可以使用如下所示的 property 来表现。

```
property p;
   q == 8'b1111_1111 |-> ##5 q == 8'b1110_0000;
endproperty
```

完整的测试平台如下所示。如果 Johnson 计数器的功能发生错误，断言将显示 fail 的出错信息。如下所示，只需在原有的测试平台上追加断言即可进行验证。

```
module test;
parameter SIZE=8;
bit    clk, reset;
logic [SIZE-1:0]    q;
logic [3:0]    bin;

clocking cb @(posedge clk); endclocking
clocking cbr @(posedge reset); endclocking

johnson_counter #(.NBITS(SIZE)) DUT(.*);

   property p;                                          // 验证规范的指定
      q == 8'b1111_1111 |-> ##5 q == 8'b1110_0000;
   endproperty

   assert property (@(posedge clk) p)                   // 并行断言的启动
      else $display("failed @%0t",$time);
```

```
    initial begin
        $display("     binary   johnson");
        bin = 0;
        reset = #5 1;    // 5 个时钟周期后使能复位
        reset = #1 0;    // 6 个时钟周期后禁用复位
    end

    always @cb print;
    always @cbr print(1);

    initial forever #10 clk = ~clk;
    initial #300 $finish;
function void print(bit rst=0);
    if( rst )
        bin = 0;
    else
        bin++;
    $display("@%3t: %b    %b%s", $time,bin,q,rst ? " *RESET*" : "");
endfunction
endmodule
```

如以下的执行结果所示，本例执行后，将生成以下的 Johnson 编码，并且验证正确结束。如果 Johnson 计数器的功能发生错误，则执行过程中会给出出错信息。

```
      binary   johnson
@  5: 0000    00000000 *RESET*
@ 10: 0001    00000001
@ 30: 0010    00000011
@ 50: 0011    00000111
@ 70: 0100    00001111
@ 90: 0101    00011111
@110: 0110    00111111
@130: 0111    01111111
@150: 1000    11111111
@170: 1001    11111110
@190: 1010    11111100
@210: 1011    11111000
@230: 1100    11110000
@250: 1101    11100000
@270: 1110    11000000
@290: 1111    10000000
```

接下来介绍一个使用标准时钟块来描述断言的示例。

例 20-5 使用标准时钟块的断言描述

在本例中,将介绍在标准时钟块内部定义断言的方法。由于已经定义了标准时钟块,因此无需在 property 中进行时钟事件的重复指定。由此描述的验证规范如下所示。

其中,当发生时钟事件时,如果 $rose (check) == 1'b1 发生,则必须满足条件 a == 1'b1,并且在 1~2 个时钟周期内,必须满足条件 b = 1'b1。当 $rose (check) = 1'b1 时,如果上述条件不满足,则为验证错误发生。但是,当 $rose (check)! = 1'b1 时,则不需要满足这些条件。据此,在断言中将验证规范描述如下。

```
default clocking cb @(posedge clk);
   property check_ab;
      $rose(check) |-> a ##[1:2] b;
   endproperty
endclocking
```

对此规范的测试平台准备如下。

```
module test;
bit    clk;
logic a, b, check;

   default clocking cb @(posedge clk);
      property check_ab;
         $rose(check) |-> a ##[1:2] b;
      endproperty
   endclocking

   AST: assert property (check_ab)
         else $display("@%3t: FAIL",$time);
   COV: cover property (check_ab)
         $display("@%3t: PASS",$time);

   initial forever #10 clk = ~clk;
   initial #120 $finish;
   initial
     fork
        begin a = 0; b = 0; check = 0; end
        begin #20 a = 1; #20 a = 0; #20 a = 1; #40 a = 0; end
        begin #40 b = 1; #20 b = 0; end
        begin #20 check = 1; #20 check = 0; #20 check = 1; #20 check = 0; end
     join
endmodule
```

在此，表 20-1 总结了并行断言的行为。

表 20-1　断言进程的活动

$time	$rose（check）	a	b	进程活动
10	0	0	0	因为不满足前提条件，所以不进行规范的确认
30	1	1	0	$rose (check) == 1'b1，a == 1'b1，因此进程 P1 开始执行
50	0	0	1	b == 1'b1，进程 P1 结束，并声明 PASS
70	1	1	0	$rose (check) == 1'b1，a == 1'b1，因此进程 P2 开始执行
90	0	1	0	进程 P2 正在执行
110	0	0	0	b! = 1'b1，因此条件不满足，进程 P2 的执行将给出 FAIL 的出错信息

本例的执行结果如下。

```
@ 50: PASS
@110: FAIL
```

如上所述，只需要进行验证规范的追加，就可以非常方便地利用断言对设计功能进行验证。

第 21 章

硬件建模和验证

本章将分组合逻辑电路和时序逻辑电路两个部分，通过示例介绍硬件建模描述及其验证方法，同时对此前介绍的 SystemVerilog 相关知识再次进行回顾和确认，培养将 SystemVerilog 功能应用于实践的能力。本章介绍的基于 SystemVerilog 功能进行的验证测试在此前的设计描述中未使用到，并且在示例中给出了仿真验证结果，因此可以很方便地在测试平台上确认各个设计的动作情况。

在本章的硬件建模描述示例中，介绍了各种码制转换和计数器的描述示例，表 21-1 给出了这些建模中常用的编码一览表。

表 21-1　二进制、独热、格雷、Johnson 编码一览表

数值	二进制码	独热码	格雷码	Johnson 码
0	0000	0000000000000001	0000	00000000
1	0001	0000000000000010	0001	00000001
2	0010	0000000000000100	0011	00000011
3	0011	0000000000001000	0010	00000111
4	0100	0000000000010000	0110	00001111
5	0101	0000000000100000	0111	00011111
6	0110	0000000001000000	0101	00111111
7	0111	0000000010000000	0100	01111111
8	1000	0000000100000000	1100	11111111
9	1001	0000001000000000	1101	11111110
10	1010	0000010000000000	1111	11111100
11	1011	0000100000000000	1110	11111000
12	1100	0001000000000000	1010	11110000
13	1101	0010000000000000	1011	11100000
14	1110	0100000000000000	1001	11000000
15	1111	1000000000000000	1000	10000000

其中，格雷码和 Johnson 码的特征都是在任意两个连续的编码之间只发生 1 位的变化，只是 Johnson 码比格雷码有着更多的位数。格雷码的位数则与二进制码的位数相同。这些编码都可以用于计数器的设计。

21.1 组合逻辑电路

在本节的组合逻辑电路部分,将介绍以下几种电路示例。
- 译码器。
- 编码器。
- ALU。
- 比较器。
- 格雷码转换器(将格雷码转换为二进制码)。
- 循环移位器。
- 带符号整数的加减运算器。

在介绍这些示例之前,首先介绍组合逻辑电路的描述规则以及 RTL 逻辑可综合组合逻辑电路的描述方式。

21.1.1 组合逻辑电路的描述规则

使用 always 过程块描述 RTL 逻辑可综合组合逻辑电路时应遵循以下规则。
1)在敏感性列表中需要指定组合逻辑电路所依赖的全部信号。
2)只使用阻塞赋值语句来描述电路的动作。
3)为了避免生成锁存器,必须对输出信号进行值的设定。
4)不能在动作描述中使用延时或事件控制。

例如,如下所示即为一个正确的组合逻辑电路描述。

```
module mux2(input a,b,sel,output logic out);

    always @(a,b,sel)          // 输出信号 out 所依赖的所有信号被指定
        if( sel == 1'b1 )      // 在敏感性列表中
            out = a;
        else
            out = b;
endmodule
```

但是,如下所示的电路描述,由于该组合逻辑电路会生成锁存器,所以不是一个正确的组合逻辑电路描述。

```
module simple_latch(input [1:0] sel,output logic [3:0] out);

    always @(sel)              // 如果 sel 为 0 和 1 以外的值,则 out
        if( sel == 0 )         // 的值将不会被设置,从而保持不变
            out = 0;
        else if( sel == 1 )
            out = 4;
endmodule
```

在上述组合逻辑电路描述中，虽然敏感性列表是正确的，但由于存在输出信号 out 没有被赋值的情况，因此会生成锁存器。例如，如果 sel == 2，输出信号 out 将保持当前的值。也就是说，该电路是一个电平敏感的锁存器。

如下所示，对上述电路的描述做一点更改，给输出信号 out 设置了默认值 out = 8，因此输出信号 out 总是会进行值的设定，不会生成锁存器。此时，该组合逻辑电路的描述是正确的。

```
module non_latch(input [1:0] sel,output logic [3:0] out);

   always @(sel) begin
      out = 8;               ← 输出信号 out 设置了默认
      if( sel == 0 )              值 out = 8
         out = 0;
      else if( sel == 1 )
         out = 4;
   end
endmodule
```

21.1.2 验证组合逻辑电路的时机

如果使用 $monitor 系统任务，将无法正确进行组合逻辑电路的验证。例如，假设有如下所示的组合逻辑电路描述。

```
module bad_dut(input a,b,output logic out);

always @(a,b)
   out <= a | b;      ← 错误的组合逻辑电路描述
endmodule
```

虽然这是一个错误的组合逻辑电路描述，但 $monitor 系统任务也会给出正确的验证结果。之所以如此，是因为组合逻辑电路在 Active 区域执行，而 $monitor 系统任务在 Postponed 区域执行，所以使用 $monitor 进行的验证不能够把握组合逻辑电路的验证时机。综上所述，在验证组合逻辑电路时，必须注意以下几点。

- 通过 $monitor 系统任务进行的组合逻辑电路验证，由于用于验证的 $monitor 系统任务在 Postponed 区域执行，因此验证的时机太晚。
- 由于组合逻辑电路在 Active 区域执行，因此在 Inactive 区域进行组合逻辑电路的验证是最合适的。
- 如果在 Inactive 区域进行验证，则可以通过 bad_dut 判断 dut 的描述是否正确。

表 21-2 总结了可用于组合逻辑电路验证的方法。

表 21-2 可用于组合逻辑电路验证的方法

验证方法	工作区域	bad_dut 是否具有判定能力	说明
$display	Active	有	由于存在冲突，无法正确对 DUT 进行采样
#0 $display	Inactive	有	由于 DUT 在 Active 区域执行，所以可以通过 $display 系统任务的 Inactive 区域执行，在稳定的状态下对 DUT 进行采样。因此，测试平台的描述正确
program	Reactive	无	可以正确地采样来自 DUT 的响应。但是，作为验证组合逻辑电路的时机来说太晚了
$monitor	Postponed	无	

综上所述，在组合逻辑电路的验证中，原则上要使用 #0 $display() 进行。

21.1.3 译码器

如图 21-1 所示，译码器根据输入的编码，生成从 N 个目标中选择一个目标的信息。例如，可以使用译码器生成 N 位的独热编码。

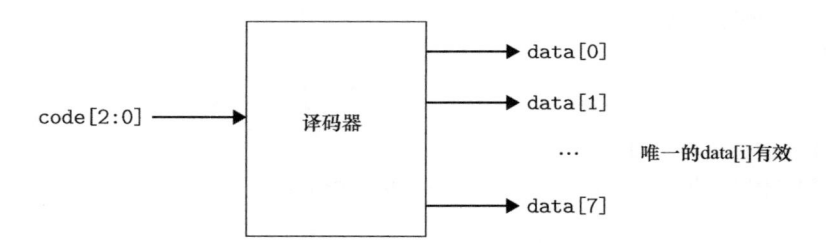

图 21-1 将 3 位二进制编码转换为 8 位独热编码的译码器

如下所示的译码器示例使用传统的 case 语句进行描述。当然，也有其他的描述方法。

> **例 21-1 译码器描述示例**

生成 8 位独热编码的译码器描述如下所示。其中，根据 SystemVerilog 的规则，code 为 wire 型，data 为 var 型。

```
module decoder(input logic [2:0] code,output logic [7:0] data);

  always @(code)
    case (code)
      0:   data = 8'b0000_0001;
      1:   data = 8'b0000_0010;
      2:   data = 8'b0000_0100;
      3:   data = 8'b0000_1000;
      4:   data = 8'b0001_0000;
```

```
      5:       data = 8'b0010_0000;
      6:       data = 8'b0100_0000;
      7:       data = 8'b1000_0000;
      default:   data = 'x;
      endcase
endmodule
```

下面是上述译码器模块的测试平台。测试平台依次生成译码器的输入 code 并进行译码器的模块测试。

```
module test;
logic [2:0]   code;
logic [7:0]   data;

decoder DUT(.*);

   initial begin
      $display("    code    data");
      for(int i = 0; i < 8; i++ ) begin
         #10 code = i;
      end
   end

   initial forever @(code)
      #0 $display("@%3t:  %0d    %b",$time,code,data);
endmodule
```

本例执行后，可以得到如下所示的 8 位独热编码。

```
        code    data
@ 10:    0      00000001
@ 20:    1      00000010
@ 30:    2      00000100
@ 40:    3      00001000
@ 50:    4      00010000
@ 60:    5      00100000
@ 70:    6      01000000
@ 80:    7      10000000
```

对于译码器来说，与其采用如上所示的行为描述，不如像下面那样直接用逻辑表达式进行描述。直接采用逻辑表达式进行的描述会比行为描述更容易理解，这样的描述可以清楚地表明译码器的输出是独热编码。

```
module decoder(input logic [2:0] code,output logic [7:0] data);
assign data[0] = code==0;
assign data[1] = code==1;
assign data[2] = code==2;
assign data[3] = code==3;
assign data[4] = code==4;
assign data[5] = code==5;
assign data[6] = code==6;
assign data[7] = code==7;
endmodule
```

此外，也可以将上述描述展开为如下所示的基本逻辑运算。

```
module decoder(input logic [2:0] code,output logic [7:0] data);
wire   _c0, _c1, _c2;
assign _c0 = ~code[0];
assign _c1 = ~code[1];
assign _c2 = ~code[2];
assign data[0] = _c2&_c1&_c0;
assign data[1] = _c2&_c1&code[0];
assign data[2] = _c2&code[1]&_c0;
assign data[3] = _c2&code[1]&code[0];
assign data[4] = code[2]&_c1&_c0;
assign data[5] = code[2]&_c1&code[0];
assign data[6] = code[2]&code[1]&_c0;
assign data[7] = code[2]&code[1]&code[0];
endmodule
```

21.1.4 编码器

如图 21-2 所示，编码器的作用正好与译码器相反，是用另一种形式的编码来对输入信息进行转换的转换器。编码器可使用 case 语句实现，也可使用 if 语句实现。

图 21-2　将 8 位信息转换为 3 位编码的编码器

> ▶ 例 21-2　编码器描述示例

下面是一个编码器的描述，在结构上与译码器几乎相同。因为在描述中使用了 default，所以不会在逻辑综合中生成锁存器。

```
module encoder(input logic [7:0] data,output logic [2:0] code);

   always @(data)
      case (data)
      8'b0000_0001: code = 0;
      8'b0000_0010: code = 1;
      8'b0000_0100: code = 2;
      8'b0000_1000: code = 3;
      8'b0001_0000: code = 4;
      8'b0010_0000: code = 5;
      8'b0100_0000: code = 6;
      8'b1000_0000: code = 7;
      default: code = 'x;
      endcase
endmodule
```

下面是上述编码器模块的测试平台。测试平台依次生成编码器的输入 data 并进行编码器的模块测试。

```
module test;
logic [2:0]   code;
logic [7:0]   data;

encoder DUT(.*);

   initial begin
      $display("      data     code");
      for(int i = 0, val = 1; i < 8; val <<= 1, i++ ) begin
         #10 data = val;
      end
   end

   initial forever @(data)
      #0  $display("@%3t: %b    %0d",$time,data,code);
endmodule
```

本例的执行结果如下所示。

```
           data      code
  @ 10:  00000001     0
  @ 20:  00000010     1
  @ 30:  00000100     2
  @ 40:  00001000     3
  @ 50:  00010000     4
  @ 60:  00100000     5
```

```
@ 70: 01000000    6
@ 80: 10000000    7
```

21.1.5 ALU

如图 21-3 所示，ALU 根据三个位控制信号（s2、s1、s0）的指示，对两个输入 a 和 b 执行算术或逻辑运算。该电路描述是一种典型的组合逻辑电路描述方法。

ALU 的功能见表 21-3。

表 21-3 ALU 的功能

s2	s1	s0	逻辑运算	功能
0	0	0	'0	CLEAR
0	0	1	a	PASS
0	1	0	~a	INV
0	1	1	a^b	XOR
1	0	0	a|b	OR
1	0	1	a&b	AND
1	1	0	~(a&b)	NAND
1	1	1	'1	SET

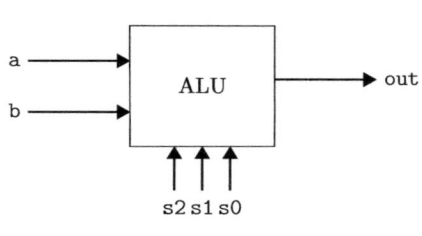

图 21-3 ALU 的功能框图

➢ **例 21-3 ALU 描述示例**

首先，如下所示将 ALU 进行的全部逻辑运算操作定义为 enum 数据。

```
package pkg;
typedef enum logic [2:0]
   { CLEAR, PASS, INV, XOR, OR, AND, NAND, SET } op_e;
endpackage
```

在此，为了实现 ALU 描述的通用化，在 ALU 模块的描述中将 ALU 操作数的位数进行了参数化，如下所示。

```
`include "pkg_alu.sv"

module alu import pkg::*; #(NBITS=3)
   (input s2,s1,s0,[NBITS-1:0] a,b, output logic [NBITS-1:0] out);

   always @(s2,s1,s0,a,b)
      case ({s2,s1,s0})
      CLEAR: out = '0;
      PASS:  out = a;
      INV:   out = ~a;
      XOR:   out = a^b;
```

```
        OR:    out = a|b;
        AND:   out = a&b;
        NAND:  out = ~(a&b);
        SET:   out = '1;
        endcase

endmodule
```

其次，在如下所示的测试平台描述中，为了测试 ALU 具备的全部功能，对 enum 枚举类型变量 op_e 进行了从头至尾的全覆盖扫描。

```
`include "pkg_alu.sv"

module test import pkg::*; ;
parameter SIZE=4;
logic [SIZE-1:0]   a, b, out;
logic       s2, s1, s0;
op_e        op, tmp_op;

alu #(.NBITS(SIZE)) DUT(.*);

   initial begin
      $display("     a    b    op     out");
      a = 12;
      b = 7;
      op = op.first();
      do begin
         #10 {s2,s1,s0} = op;
         op = op.next();
      end while( op != op.first() );
   end

   initial forever @(s2,s1,s0) begin
      #0 $cast(tmp_op,{s2,s1,s0});
      $display("@%2t: %b %b %-5s %b", $time,a,b,tmp_op.name(),out);
   end
endmodule
```

本例的执行结果如下所示。

```
        a    b    op    out
@10: 1100 0111 CLEAR 0000
@20: 1100 0111 PASS  1100
@30: 1100 0111 INV   0011
@40: 1100 0111 XOR   1011
```

```
@50: 1100 0111 OR    1111
@60: 1100 0111 AND   0100
@70: 1100 0111 NAND  1011
@80: 1100 0111 SET   1111
```

21.1.6 比较器

下面是一个比较器的示例。如图 21-4 所示，比较器对两个输入 a 和 b 的值进行比较，并给出比较结果（<，>，==）。通常使用从 MSB 开始依次比较的方式进行，很容易得出结论。

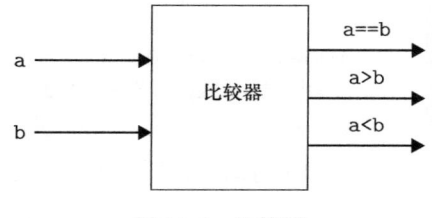

图 21-4 比较器

> **例 21-4 比较器描述示例**

首先，在如下所示的比较器模块描述中，为了实现通用化，将比较器输入的位宽进行了参数化。在本例中，不考虑输入中包含 x 或 z 的情况。

```
module comparator #(NBITS=3)
   (input [NBITS-1:0] a,b,output logic gt,lt,eq);

   always @(a,b) begin
      {gt,lt,eq} = 3'b001;

      for( int i = NBITS-1; i >= 0; i-- ) begin
         if( a[i] != b[i] ) begin
            {gt,lt,eq} = {a[i],~a[i],1'b0};
            break;
         end
      end
   end
endmodule
```

其次，描述了如下的测试平台，向比较器的输入赋予不同的随机数，以进行比较器的测试。

```
module test;
parameter   SIZE = 4;
logic [SIZE-1:0]  a, b;
logic       gt, lt, eq;

comparator #(.NBITS(SIZE)) DUT(.*);

   initial begin
      $display("     a    b  gt  lt  eq");
```

360　SystemVerilog 入门指南

```
    repeat( 8 ) begin
      #10;
      a = $random&15;
      b = $random&15;
    end
    #10 a = 9; b = 9;
  end
  initial forever @(a,b)
    #0 $display("@%0t: %2d  %2d   %b   %b   %b", $time,a,b,gt,lt,eq);
endmodule
```

本例的执行结果如下所示。

```
         a   b  gt  lt  eq
@10:    10   4   1   0   0
@20:     2  12   0   1   0
@30:     1  10   0   1   0
@40:     1   3   0   1   0
@50:    14   4   1   0   0
@60:     2  12   0   1   0
@70:     8   7   1   0   0
@80:     4   7   0   1   0
@90:     9   9   0   0   1
```

21.1.7　将格雷码转换为二进制码的电路

下面介绍将格雷码转换为常规二进制码的电路，如图 21-5 所示。格雷码的特点是它的位数与二进制码相同，只是在任意两个连续的编码之间只有一个位值不同。表 21-1 给出了 4 位的二进制码和格雷码。格雷码的转换示例是采用卡诺图来实现的。

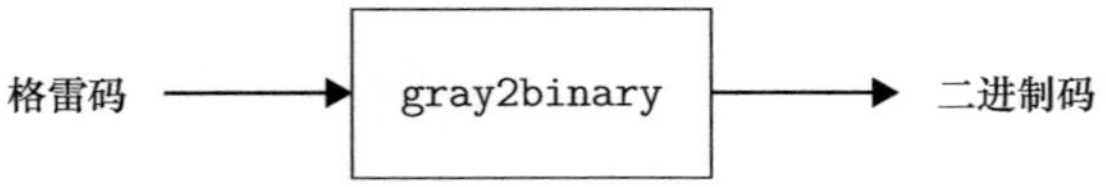

图 21-5　将格雷码转换为二进制码的电路框图

> **例 21-5**　将格雷码转换为连续二进制码的描述示例

首先，将构成格雷码的位从 MSB 开始依次记为 g3、g2、g1、g0，将构成二进制码的位从 MSB 开始依次记为 b3、b2、b1、b0。其次，统计 b3 为 1 时所对应的全部格雷码，见表 21-4。

如此，可以得到如下所示的关于 b3 的逻辑表达式。其中，使用 a` 表示 ~a，并把 a&b 写成 ab。例如，格

表 21-4　b3 为 1 时所对应的全部格雷码

二进制码	格雷码
1000	1100
1001	1101
1010	1111
1011	1110
1100	1010
1101	1011
1110	1001
1111	1000

雷码的 1100 可以表示为 g3g2g1'g0'。其他格雷码也可以用同样的方式来表示。

b3 = g3g2g1' | g3g2g1 | g3g2'g1 | g3g2'g1' = g3g2 | g3g2' = g3

同样地，b2、b1、b0 的逻辑表达式如下所示。

```
b2 = g3'g2g1 | g3'g2g1' | g3g2'g1 | g3g2'g1' = g3'g2 | g3g2' = g3^g2
b1 = g3'g2'g1 | g3'g2g1' | g3g2g1 | g3g2'g1'
   = g3'(g2^g1) | g3(g2~^g1) = g3^(g2^g1)
b0 = g3'g2'g1'g0 | g3'g2'g1g0' | g3'g2g1g0 | g3'g2g1'g0' |
     g3g2g1'g0 | g3g2g1g0' | g3g2'g1g0 | g3g2'g1'g0'
   = g3'g2'(g1^g0) | g3'g2(g1~^g0) | g3g2(g1^g0) | g3g2'(g1~^g0)
   = (g3^g2)'(g1^g0) | (g3^g2)(g1^g0)'
   = (g3^g2)^(g1^g0)
```

使用这些逻辑表达式即可将格雷码转换为二进制码，如下所示。

```
module gray2binary(input g3,g2,g1,g0, output b3,b2,b1,b0);
assign b3 = g3;
assign b2 = g3^g2;
assign b1 = g3^(g2^g1);
assign b0 = (g3^g2)^(g1^g0);
endmodule
```

测试平台的描述如下所示。

```
module test;
logic [3:0]    g[] = '{4'b0000, 4'b0001, 4'b0011, 4'b0010,
                       4'b0110, 4'b0111, 4'b0101, 4'b0100,
                       4'b1100, 4'b1101, 4'b1111, 4'b1110,
                       4'b1010, 4'b1011, 4'b1001, 4'b1000 };
logic       g3, g2, g1, g0, b3, b2, b1, b0;

gray2binary DUT(.*);

    initial begin
        $display("   gray binary");
        foreach(g[i]) begin
            #10 {g3,g2,g1,g0} = g[i];
        end
    end

    initial forever @(g3,g2,g1,g0)
        #0 $display("@%3t: %b%b%b%b %b%b%b%b", $time,g3,g2,g1,g0,b3,b2,b1,b0);
endmodule
```

本例的执行结果如下所示。

```
        gray binary
@ 10:   0000 0000
@ 20:   0001 0001
@ 30:   0011 0010
@ 40:   0010 0011
@ 50:   0110 0100
@ 60:   0111 0101
@ 70:   0101 0110
@ 80:   0100 0111
@ 90:   1100 1000
@100:   1101 1001
@110:   1111 1010
@120:   1110 1011
@130:   1010 1100
@140:   1011 1101
@150:   1001 1110
@160:   1000 1111
```

21.1.8 筒式移位器（循环移位器）

如图 21-6 所示，这里介绍的二进制移位器是一个将数据向左移 N 位的组合逻辑电路。移位后从 MSB 溢出的位依次转入 LSB。

图 21-6 筒式移位器的功能（$N == 2$）

➢ 例 21-6 筒式移位器描述示例

如下所示是一个 8 位筒式移位器的描述。

```
module barrel_shifter(input [7:0] data_in,[2:0] shift,
                      output logic [7:0] data_out);

  always @(data_in,shift)
    for( int i = 0; i < 8; i++ )
      data_out[(i+shift)%8] = data_in[i];
endmodule
```

筒式移位器的测试平台的描述如下所示。

```
module test;
logic [7:0]    data_in, data_out;
logic [2:0]    shift;

barrel_shifter DUT(.*);
   initial begin
      $display("    data_in   shift   data_out");
      for( int i = 0; i < 8; i++ ) begin
         #10;
         data_in = $random&255;
         shift = i;
      end
   end

   initial forever @(data_in,shift)
      #0 $display("@%2t: %b    %0d    %b", $time,data_in,shift,data_out);
endmodule
```

本例执行后会得到如下所示的结果。

```
       data_in   shift   data_out
@10:   10111010    0     10111010
@20:   11100100    1     11001001
@30:   01000010    2     00001001
@40:   01001100    3     01100010
@50:   00110001    4     00010011
@60:   01001010    5     01001001
@70:   00000001    6     01000000
@80:   10100011    7     11010001
```

此外，如下所示，也可以使用 case 语句来代替上述筒式移位器描述示例中的 for 循环。

```
module barrel_shifter(input [7:0] data_in,[2:0] shift,
   output logic [7:0] data_out);

   always @(data_in,shift)
      case (shift)
      0:    data_out = data_in;
      1:    data_out = {data_in[6:0],data_in[7]};
      2:    data_out = {data_in[5:0],data_in[7:6]};
      3:    data_out = {data_in[4:0],data_in[7:5]};
      4:    data_out = {data_in[3:0],data_in[7:4]};
      5:    data_out = {data_in[2:0],data_in[7:3]};
      6:    data_out = {data_in[1:0],data_in[7:2]};
      7:    data_out = {data_in[0],data_in[7:1]};
      endcase
endmodule
```

21.1.9 带符号整数的加减运算器

如图 21-7 所示，下面介绍一个能够同时进行带符号整数加减运算的组合逻辑电路。为了便于理解，在此设定了 4 位带符号的整数作为该加减运算器的输入。因此，这个电路能处理的整数范围为 −8 ~ +7。

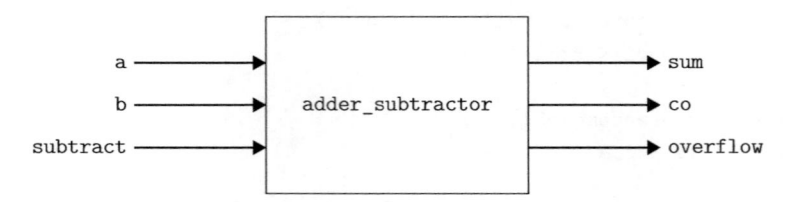

图 21-7 加减运算器 adder_subtractor 的功能框图

带符号整数加减运算器电路的输入输出说明见表 21-5，该电路运用二进制补码进行计算。

表 21-5 adder_subtractor 的端口信号说明

端口信号	端口信号方向	含义
a	输入	运算的第一操作数
b	输入	运算的第二操作数
subtract	输入	如果 subtract==1，则计算 a−b；如果 subtract==0，则计算 a+b
overflow	输出	如果运算结果不在 4 位以内，则将 overflow 设置为 1
co	输出	表示 carry-out。但是，与无符号整数加法器中的 carry-out 的含义不同
sum	输出	运算结果。overflow==1 时，最终结果为 {co，sum}。overflow==0 时，最终结果为 sum

该电路的模块端口描述如下。

```
module adder_subtractor
   (input logic signed [3:0] a,b,logic subtract,
    output logic overflow,co,logic signed [3:0] sum);
```

▶ 例 21-7 带符号整数加减运算器的示例

首先，如下所示，定义一个作为电路构建块的全加器。需要注意的是，在本例中，不使用半加器，而是使用全加器。

```
module full_adder(input a,b,ci,output co,sum);
assign sum = a ^ b ^ ci;
assign co = a&b | b&ci | ci&a;
endmodule
```

其次，使用上述全加器构建块来构建一个能够实现 4 位带符号整数加减运算的组合逻辑电路，该电路的电路描述如下所示，其电路结构图如图 21-8 所示。从电路结构图可以看出，该电路是通过无符号数加法器的基本构建块来构建的。详情请参见参考文献 [9]。

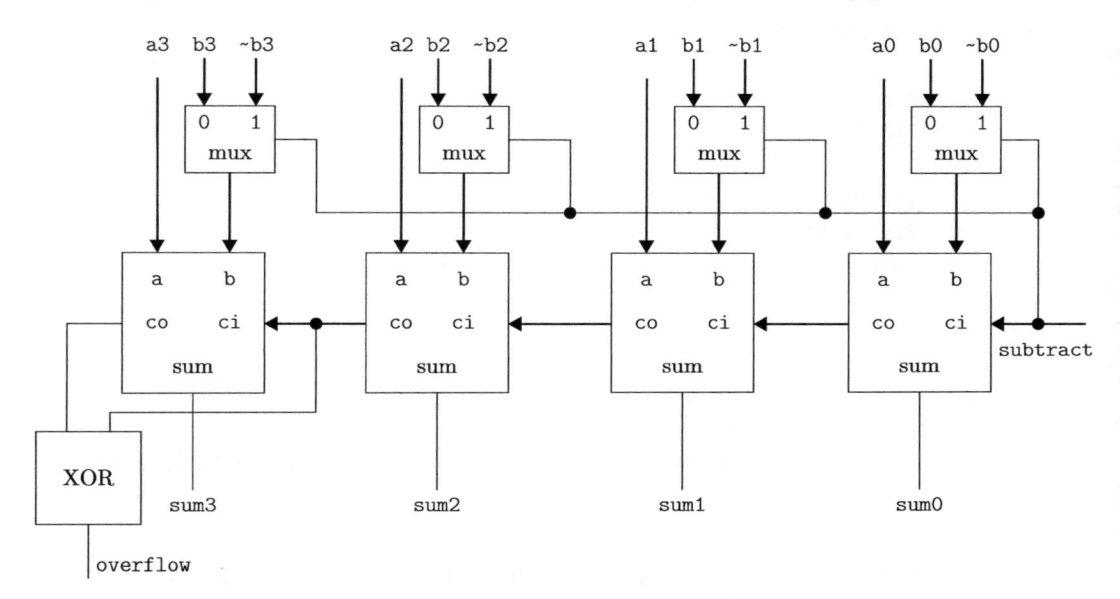

图 21-8　带符号整数加减运算器的结构图 [9]

```
module adder_subtractor
    (input logic signed [3:0] a,b,logic subtract,
     output logic overflow,co,logic signed [3:0] sum);
wire      c0, c1, c2;
wire [3:0]   _b;

assign _b = subtract ? ~b : b;
assign overflow = co^c2;

full_adder FA0(a[0],_b[0],subtract,c0,sum[0]);
full_adder FA1(a[1],_b[1],c0,c1,sum[1]);
full_adder FA2(a[2],_b[2],c1,c2,sum[2]);
full_adder FA3(a[3],_b[3],c2,co,sum[3]);

endmodule
```

为了进行该 4 位带符号整数加减运算器组合逻辑电路的测试，准备了如下所示的测试平台。其中，变量 a 和 b 通过随机数系统函数进行赋值，以进行加减运算器的运算测试。另外需要注意的是，变量 a 和 b 被声明为 signed，加、减运算的种类 subtract 也被设置为随机值，这意味着输入数据的正负与加减运算的选择都是随机的。

```
module test;
logic signed [3:0]   a, b, sum;
logic        overflow, co, subtract;

adder_subtractor DUT(.*);

   initial begin
      repeat( 12 ) begin
         #10;
         a = $random&15;
         b = $random&15;
         subtract = $random&1;
      end
   end

   initial forever @(a,b,subtract) begin
      #0 $display("@%3t: %2d %s (%2d) = %3d",
                  $time,a,subtract?"-":"+",b, overflow?signed'({co,sum}):sum);
   end
endmodule
```

本例的执行结果如下。由执行结果可以看出，负数的加法和减法运算结果也都是正确的。

```
@ 10:  -6 + ( 4) =  -2
@ 20:  -4 + ( 1) =  -3
@ 30:   1 + ( 3) =   4
@ 40:   4 + ( 2) =   6
@ 50:  -8 + ( 7) =  -1
@ 60:   7 + ( 7) =  14
@ 70:   7 + ( 0) =   7
@ 80:   2 - ( 7) =  -5
@ 90:   4 - ( 1) =   3
@100:   6 + (-2) =   4
@110:  -8 - ( 0) =  -8
@120:   4 - (-8) =  12
```

21.2 时序逻辑电路

作为时序逻辑电路，本节介绍以下几种电路示例。
- 二进制计数器。
- JK 触发器。
- Johnson 计数器。

- 通用移位寄存器。
- 格雷计数器。
- 环形计数器。
- 门控时钟。

在介绍这些描述示例之前，首先介绍描述 RTL 逻辑可综合时序逻辑电路时应遵循的规则。

21.2.1　时序逻辑电路描述规则

使用 always 过程块描述 RTL 逻辑可综合的时序逻辑电路时应遵循的规则如下。
1）除了时钟信号和异步信号以外，不在敏感性列表中指定其他信号。
2）以异步信号进行条件判断时，条件判断与其边缘指定必须一致。
3）时钟信号不得出现在敏感性列表以外的地方。
4）对敏感性列表中的所有异步信号都必须进行条件判断的描述。
5）一般来说，使用非阻塞赋值（<=）语句进行描述。

例如，如下所示，是一个带有 set 和 reset 异步信号的触发器示例。因为这个描述满足上述时序逻辑电路的描述规则，所以是 RTL 逻辑可综合的时序逻辑电路。

```
module async_flipflop(input logic clk,set,reset,data, output logic q,q_bar);

assign q_bar = ~q;

always @(negedge set or negedge reset or posedge clk) begin
    if( reset == 0 )
        q <= 0;
    else if( set == 0 )
        q <= 1;
    else
        q <= data;
end
endmodule
```

> 因为是 negedge reset 边缘事件，所以在此必须进行 if (reset==0) 或者 if (!reset) 这样的条件判断

在上述示例中，敏感性列表只指定了时钟和异步信号。此外，异步信号的边缘指定和条件判断也一致，时钟信号也只出现在了敏感性列表中，并且使用了非阻塞赋值（<=）语句为变量 q 进行赋值。

21.2.2　时序逻辑电路的验证

在介绍时序逻辑电路的描述示例之前，还需要先介绍一下时序逻辑电路的验证时机。

21.2.2.1　验证时序逻辑电路的时机

时序逻辑电路通过时钟等信号进行执行动作的同步。因此，时序逻辑电路的输入信号只需在同步信号事件发生之前处于稳定状态即可，因此可以容易地控制与输入信号相关的定时。另一方面，由于时序逻辑电路包含诸如表 21-6 所示的动作描述，因此对电路输出进行采样的时机

变得复杂。

表 21-6　时序逻辑电路动作的代表性调度区域

时序逻辑电路中的动作	调度区域
`assign q = counter;`	Active 区域

`always @(count or start)`
　`if(start )`
　　`new_count = 1;`
　`else`
　　`new_count = count+1;`
	Active 区域

`q <= d;`	NBA

因此，对时序逻辑电路输出进行采样的时机必须在 NBA 之后进行，如此才能避免冲突的发生。

21.2.2.2　时序逻辑电路的响应

SystemVerilog 提供了描述可以在 NBA 之后执行指令的功能，NBA 之后有以下几个区域。

- Observed 区域。
- Reactive 区域。
- Postponed 区域。

为了在这些区域对时序逻辑电路的输出进行采样，必须进行验证代码的描述，从而使其在相应的区域中执行。表 21-7 给出了这些区域的描述示例。

表 21-7　能够避免冲突的代表性调度区域

SystemVerilog 的功能	描述示例	调度区域

时钟块	`clocking cb @(posedge clk); endclocking`
	`always @cb`
	`...`
		Observed 区域

program	`program test;`
	`...`
	`endprogram`
		Reactive 区域

$monitor	`$monitor("@%0t: a=%b b=%b", $time,a,b);`	Postponed 区域

其中，由于 program 块在 Reactive 区域执行，因此适用于时序逻辑电路的采样。但是，由于 program 块具有特殊性，因此它们并非在所有情况下都可以使用。例如，在应用 UVM 的验证环境中，不能使用 program 块。$monitor 任务的使用方法很简单，但是由于它在 Postponed 区域执行，因此存在验证时机过晚的缺点。理想的采样方法是时钟块的方法。由于该方法与 UVM 兼容，因此可应用于广泛的验证。

21.2.2.3　时序逻辑电路的验证步骤

在使用时钟块验证时序逻辑电路时，需要按照以下步骤进行。

1）为时钟信号和异步信号定义一个时钟块。例如，对于时钟信号和异步信号，可以定义如下所示的时钟块。

```
clocking cb @(posedge clk); endclocking
clocking cbr @(negedge rst); endclocking
clocking cbs @(negedge set); endclocking
```

2）如果对时钟块的事件进行合适的事件等待指定，就可以在无冲突的状态下对时序逻辑电路的输出进行采样。

3）综上所述，只要以 @cb、@cbr、@cbs 进行这些事件的事件等待指定，则当这些事件等待被解除时，时序逻辑电路的输出就是稳定的。

21.2.3 二进制计数器

在 17.7 节曾经介绍了一个使用接口的二进制计数器，本节将不使用接口来描述这样的二进制计数器。如图 21-9 所示，在该二进制计数器中，具有清除信号（pc）、加载信号（load）、上下行信号（up）。其中，如果 load == 1'b1，则将指定的值（data）加载到计数器；如果 pc 和 load 均处于无效的状态下，则根据 up 的状态进行计数器计数值的更新。

> **例 21-8　二进制计数器的描述示例**

首先，如下所示，进行模块 binary_counter 的定义。

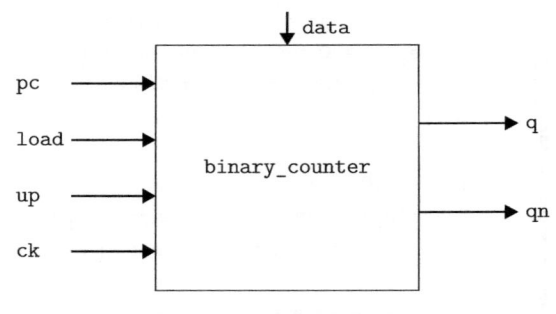

图 21-9　二进制计数器的功能框图

```
module binary_counter #(parameter NBITS=2)
   (input ck,up,pc,load,input [NBITS-1:0] data,
    output [NBITS-1:0] q,qn);
logic [NBITS-1:0]      counter;

assign q = counter;
assign qn = ~counter;
always @(posedge ck)
   if( pc )
      counter <= 0;
   else if( load )
      counter <= data;
   else if( up )
      counter <= counter + 1;
   else
      counter <= counter - 1;
endmodule
```

测试平台的描述如下所示。在此，通过时钟块进行同步，对来自 binary_counter 的响应进行采样。

```
module test;
parameter    SIZE = 4;
bit          clk, up, pc, load;
logic [SIZE-1:0]   d, q, qn;

clocking cb @(posedge clk); endclocking
binary_counter #(.NBITS(SIZE)) DUT(.*,.ck(clk));

initial
   fork
      begin load = 1; d = 9; #15 load = 0; end
      begin #20 up = 1; #40 up = 0; end
      begin #100 pc = 1; #20 pc = 0; up = 1; end
   join

always @(cb)
   $display("@%3t: pc=%b load=%b up=%b d=%2d q=%2d(%b) qn=%2d(%b)",
            $time,pc,load,up,d,q,q,qn,qn);

initial forever #10 clk = ~clk;
initial #150 $finish;
endmodule
```

本例的执行结果如下所示。

```
@ 10: pc=0 load=1 up=0 d= 9 q= 9(1001) qn= 6(0110)
@ 30: pc=0 load=0 up=1 d= 9 q=10(1010) qn= 5(0101)
@ 50: pc=0 load=0 up=1 d= 9 q=11(1011) qn= 4(0100)
@ 70: pc=0 load=0 up=0 d= 9 q=10(1010) qn= 5(0101)
@ 90: pc=0 load=0 up=0 d= 9 q= 9(1001) qn= 6(0110)
@110: pc=1 load=0 up=0 d= 9 q= 0(0000) qn=15(1111)
@130: pc=0 load=0 up=1 d= 9 q= 1(0001) qn=14(1110)
```

21.2.4　JK 触发器

接下来介绍一个 JK 触发器的示例。首先，可以用真值表（见表 21-8）来描述 JK 触发器的功能。

表 21-8　JK 触发器的功能（详见参考文献 [9]）

$j(t)$	$k(t)$	$q(t)$	$q(t+1)$	功能
0	0	0	0	HOLD
		1	1	
0	1	0	0	RESET
		1	0	
1	0	0	1	SET
		1	1	
1	1	0	1	TOGGLE
		1	0	

> **例 21-9　JK 触发器的描述示例**

首先，如下所示，描述一个 JK 触发器的设计。

```
typedef enum logic [1:0]
   { HOLD=2'b00, RESET=2'b01, SET=2'b10, TOGGLE=2'b11 }   jk_op_e;

module jk_ff(input logic clk,j,k,output logic q,qbar);

assign qbar = ~q;

   always @(posedge clk) begin
      case ({j,k})
      HOLD:     q <= q;
      RESET:    q <= 0;
      SET:      q <= 1;
      TOGGLE:   q <= ~q;
      endcase
   end
endmodule
```

其次，如下所示，在测试平台中依次测试 JK 触发器的功能。

```
module test;
bit       clk;
logic     j, k, q, qbar;
jk_op_e   op;

clocking cb @(posedge clk); endclocking
jk_ff DUT(.*);
```

```
    initial begin
      $display("        j  k  q  qbar  op");
      fork
        {j,k} = RESET;
        #20 {j,k} = HOLD;
        #40 {j,k} = SET;
        #60 {j,k} = TOGGLE;
      join_none

      forever begin
        @cb;
        $cast(op,{j,k});
        $display("@%2t: %b  %b  %b  %b      %s",
          $time,j,k,q,qbar,op.name);
      end
    end
    initial forever #10 clk = ~clk;
    initial #100 $finish;
endmodule
```

本例执行后会得到以下结果。

```
       j  k  q  qbar  op
@10:   0  1  0  1     RESET
@30:   0  0  0  1     HOLD
@50:   1  0  1  0     SET
@70:   1  1  0  1     TOGGLE
@90:   1  1  1  0     TOGGLE
```

21.2.5　Johnson 计数器

Johnson 计数器是使用 Johnson 码进行计数操作的计数器。

21.2.5.1　Johnson 码

Johnson 计数器在进行 1 次计数操作时，其 Johnson 码只发生 1 位的变化。表 21-1 给出了二进制码和 Johnson 码的对应关系。

Johnson 码具有以下性质：

- Johnson 计数器在进行 1 次计数操作时，Johnson 码可以看作是一个左移 1 位的数据移位寄存器。
- 左移 1 位时，LSB 将变为空，将左移操作之前的 MSB 经过取反操作后填入 LSB 中。

接下来，利用这个性质来进行 Johnson 计数器的描述。

21.2.5.2　Johnson 计数器的描述

Johnson 计数器是一个按顺序生成 Johnson 码的时序逻辑电路。因为它本质上是一个数据移位寄存器,所以描述也变得非常简单。

> **例 21-10 Johnson 计数器的描述示例**

首先,如下所示,定义一个具有复位信号的 Johnson 计数器。在本例中,没有考虑数据中的 x 或 z 状态。此外,计数器必须在复位信号无效的状态下才能进行计数操作。

```
module johnson_counter #(parameter NBITS=4)
   (input clk,reset,output logic [NBITS-1:0] q);

   always @(posedge clk,posedge reset)
      if( reset == 1 )
         q <= 0;
      else
         q <= {q[NBITS-2:0],~q[NBITS-1]};
endmodule
```

其次,如下所示,在测试平台中测试 Johnson 计数器的功能。

```
module test;
parameter SIZE=8;
bit        clk, reset;
logic [SIZE-1:0]   q;
logic [3:0]        bin;

clocking cb @(posedge clk); endclocking
clocking cbr @(posedge reset); endclocking
johnson_counter #(.NBITS(SIZE)) DUT(.*);

   initial begin
      $display("      binary   johnson");
      bin = 0;
      reset = #5 1;    // 5 个时钟周期后使能复位
      reset = #1 0;    // 6 个时钟周期后禁用复位
   end

   always @cb print;
   always @cbr print(1);
   initial forever #10 clk = ~clk;
   initial #300 $finish;

function void print(bit rst=0);
   if( rst )
      bin = 0;
   else
```

374 SystemVerilog 入门指南

```
      bin++;
   $display("@%3t: %b    %b%s", $time,bin,q,rst ? " *RESET*" : "");
endfunction
endmodule
```

本例的执行结果如下所示。

```
        binary    johnson
@  5:   0000      00000000 *RESET*
@ 10:   0001      00000001
@ 30:   0010      00000011
@ 50:   0011      00000111
@ 70:   0100      00001111
@ 90:   0101      00011111
@110:   0110      00111111
@130:   0111      01111111
@150:   1000      11111111
@170:   1001      11111110
@190:   1010      11111100
@210:   1011      11111000
@230:   1100      11110000
@250:   1101      11100000
@270:   1110      11000000
@290:   1111      10000000
```

21.2.6 通用移位寄存器

在此，介绍通用移位寄存器的 RTL 描述。通用移位寄存器的功能框图如图 21-10 所示，其功能见表 21-9。除此之外，本节介绍的通用移位寄存器还具有异步复位的功能。

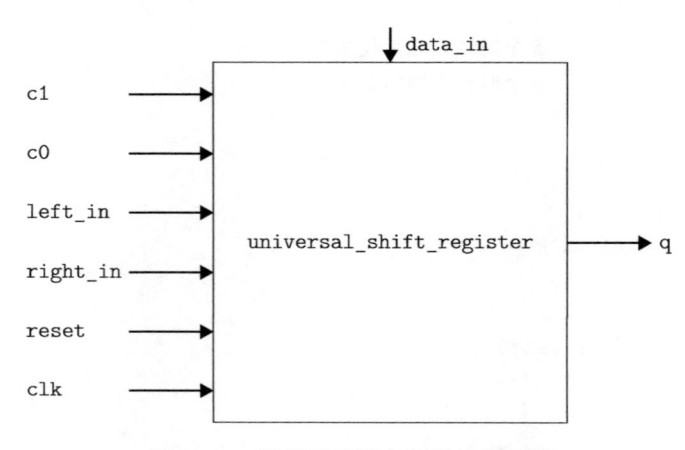

图 21-10 通用移位寄存器的功能框图

表 21-9　通用移位寄存器的功能

功能 {c1, c0}	功能说明
HOLD	保持寄存器的当前内容
SHIFT_LEFT	将寄存器的内容左移 1 位，并将 LSB 用 right_in 填充
SHIFT_RIGHT	将寄存器的内容右移 1 位，并将 MSB 用 left_in 填充
LOAD	外部指定的 data_in 将设置在寄存器中

> **例 21-11　通用移位寄存器的描述示例**

首先，如下所示，定义一个 enum 型的枚举数据来表示通用移位寄存器的各项功能。

```
typedef enum logic [1:0]
    { HOLD=2'b00, SHIFT_LEFT, SHIFT_RIGHT, LOAD }   usr_e;
```

其次，如下所示，进行通用移位寄存器的描述。

```
module universal_shift_register #(NBITS=2)
     (input clk,reset,c1,c0,left_in,right_in,[NBITS-1:0] data_in,
      output logic [NBITS-1:0] q);

   always @(posedge clk,posedge reset)
      if( reset == 1 )
         q <= 0;
      else
         case ({c1,c0})
         HOLD:         q <= q;
         SHIFT_LEFT:   q <= {q[NBITS-2:0],right_in};
         SHIFT_RIGHT:  q <= {left_in,q[NBITS-1:1]};
         LOAD:         q <= data_in;
         endcase
endmodule
```

最后，如下所示，在测试平台中测试通用移位寄存器的功能。

```
module test;
parameter SIZE=4;
bit     clk;
logic   reset, c1, c0, left_in, right_in;
logic [SIZE-1:0]   data_in, q;

clocking cb @(posedge clk); endclocking
clocking cbr @(posedge reset); endclocking
universal_shift_register #(.NBITS(SIZE)) DUT(.*);

   initial begin
```

```
      drive_dut();
      @cb $finish;
   end
   initial
      $display("    reset {c1,c0} left_in right_in data_in q");
   initial forever #10 clk = ~clk;
   always @cb print();
   always @cbr print(1);
endmodule
```

其中，drive_dut 和 print 的定义如下所示。

```
task drive_dut();
   fork
      #5    begin reset = 1; reset = #1 0; {c1,c0} = HOLD; end
      #20   begin {c1,c0} = LOAD; data_in = 4'b1010; data_in = #20 'x; end
      #40   begin {c1,c0} = SHIFT_LEFT; right_in = 1'bz; end
      #60   begin {c1,c0} = SHIFT_RIGHT; left_in = 1'b1; end
      #80   begin {c1,c0} = HOLD; end
   join
endtask
function void print(bit rst=0);
usr_e   op;
   if( !rst )
      $cast(op,{c1,c0});
   $display("@%2t: %b    %b     %b        %b       %b %s",
      $time,reset,{c1,c0},left_in,right_in,data_in,q, rst ? "RESET" : op.name);
endfunction
```

本例的执行结果如下所示。

```
      reset {c1,c0} left_in right_in data_in q
@ 5: 1    xx      x       x        xxxx    0000 RESET
@10: 0    00      x       x        xxxx    0000 HOLD
@30: 0    11      x       x        1010    1010 LOAD
@50: 0    01      x       z        xxxx    010z SHIFT_LEFT
@70: 0    10      1       z        xxxx    1010 SHIFT_RIGHT
@90: 0    00      1       z        xxxx    1010 HOLD
```

由执行结果可以看出，本例实现了通用移位寄存器的各项功能，这些功能见表 21-10。

表 21-10　通用移位寄存器的功能实现

$time	data_in	{c1, c0}	q	功能
5	xxxx	xx	0000	由于 reset==1，因此将 q 复位为 0
10	xxxx	00	0000	由于 {c1, c0}==HOLD，因此保持 q 的值不变
30	1010	11	1010	由于 {c1, c0}==LOAD，因此在 q 中加载 data_in 的值 1010
50	xxxx	01	010z	由于 {c1, c0}==SHIFT_LEFT，因此 q 的值左移 1 位，并用 right_in==z 填充 LSB
70	xxxx	10	1010	由于 {c1, c0}==SHIFT_RIGHT，因此 q 的值右移 1 位，并用 left_in==1 填充 MSB
90	xxxx	00	1010	由于 {c1, c0}==HOLD，因此保持 q 的值不变

21.2.7　格雷计数器

格雷计数器是一个按顺序生成格雷码的时序逻辑电路。简单地说，格雷计数器是一个将二进制码转换为格雷码的时序逻辑电路。

在此，从 MSB 开始，依次将构成格雷码的位记为 g[n-1:0]，将构成二进制码的位记为 b[n-1:0]。如此一来，格雷码可以按如下的规则生成。

- 由表 21-1 可知，格雷码的 MSB 与二进制码的 MSB 完全相同，因此有 g[n-1]==b[n-1]。
- 此外，除 MSB 以外，格雷码的 g[i] 可通过异或操作求出，即 g[i] == b[i+1]^b[i]。

➤ 例 21-12　格雷计数器的描述示例

通过上述分析，可以按如下所示进行格雷计数器的实现。在下面的描述中，首先使用二进制计数器进行二进制码的生成，然后将该二进制码转换成格雷码。

```
module gray_counter #(NBITS=2)
   (input clk,reset,output logic [NBITS-1:0] q);
logic [NBITS-1:0]   binary;

   always @(posedge clk,posedge reset)
      if( reset == 1 )
         binary <= 0;
      else
         binary <= binary+1;

   always @(binary) begin
      q[NBITS-1] = binary[NBITS-1];

      for( int i = NBITS-2; i >= 0; i-- )
         q[i] = binary[i+1] ^ binary[i];
   end
endmodule
```

测试平台的描述如下所示，该测试模块是在 21.2.5 节的 Johnson 计数器测试平台的基础上稍加修改后得到的。

```systemverilog
module test;
parameter SIZE=4;
bit        clk, reset;
logic [SIZE-1:0]   q;
logic [3:0]        bin;
clocking cb @(posedge clk); endclocking
clocking cbr @(posedge reset); endclocking
gray_counter #(.NBITS(SIZE)) DUT(.*);

   initial begin
      $display("       binary   gray");
      bin = 0;
      reset = #5 1;     // 5个时钟周期后使能复位
      reset = #1 0;     // 6个时钟周期后禁用复位
   end

   always @cb print;
   always @cbr print(1);
   initial forever #10 clk = ~clk;
   initial #300 $finish;

function void print(bit rst=0);
   if( rst )
      bin = 0;
   else
      bin++;
   $display("@%3t: %b    %b%s", $time,bin,q,rst ? " *RESET*" : "");
endfunction
endmodule
```

本例的执行结果如下所示。

```
        binary   gray
@  5:   0000    0000 *RESET*
@ 10:   0001    0001
@ 30:   0010    0011
@ 50:   0011    0010
@ 70:   0100    0110
@ 90:   0101    0111
@110:   0110    0101
@130:   0111    0100
@150:   1000    1100
```

```
@170:  1001      1101
@190:  1010      1111
@210:  1011      1110
@230:  1100      1010
@250:  1101      1011
@270:  1110      1001
@290:  1111      1000
```

21.2.8 环形计数器

环形计数器是一个能够依次生成独热码的时序逻辑电路。表 21-11 给出了 8 位环形计数器的计数值随时间变化的情况。

从中可以看出，环形计数器从 1 开始计数，每计数一次，值为 1 的位就向左移动一位。当 MSB 变为 1 时，下一次计数将返回到 1，并重复相同的计数过程。环形计数器的操作可用如下所示的非阻塞赋值语句实现。

表 21-11 8 位环形计数器

t	$q(t)$
	00000001
	00000010
	00000100
	00001000
↓	00010000
	00100000
	01000000
	10000000

```
q <= {q[NBITS-2:0],q[NBITS-1]};
```

在下例中，使用上述的循环移位算法，实现了一个通用化的环形计数器。

> **例 21-13 环形计数器的描述示例**

在本例中，将环形计数器的位宽设置为参数，使其可以用作任意位宽的环形计数器。此外，本例中的环形计数器还具有异步复位功能。

```
module ring_counter #(NBITS=4)
   (input clk,reset,output logic [NBITS-1:0] q);

   always @(posedge clk,posedge reset)
      if( reset )
         q <= 1'b1;
      else
         q <= {q[NBITS-2:0],q[NBITS-1]};
endmodule
```

按如下所示，准备了一个测试平台，进行 8 位环形计数器的测试。

```
module test;
parameter SIZE=8;
bit       clk;
logic     reset;
logic [SIZE-1:0]   q;
```

```
clocking cb @(posedge clk); endclocking
clocking cbr @(posedge reset); endclocking
ring_counter #(.NBITS(SIZE)) DUT(.*);

  initial begin
    $display("      reset one-hot");
    #5   reset = 1; reset = #1 0;
  end
  always begin
    @cb print();
    if( q[SIZE-1] == 1'b1 )
      $finish;
  end
  always @cbr print(1);
  initial forever #10 clk = ~clk;

function void print(bit rst=0);
  $display("@%3t: %b    %b%s",$time,reset,q,rst?" reset":"");
endfunction
endmodule
```

本例的执行结果如下所示。

```
      reset one-hot
@  5: 1    00000001 reset
@ 10: 0    00000010
@ 30: 0    00000100
@ 50: 0    00001000
@ 70: 0    00010000
@ 90: 0    00100000
@110: 0    01000000
@130: 0    10000000
```

21.2.9 门控时钟的描述示例

以下为一个以降低功耗为目的的门控时钟设计示例。

> **例 21-14 门控时钟的描述示例（不推荐的方法）**

在本例中，将时钟信号和一个使能信号相与直接进行时钟信号的控制，结构如图 21-11 所示。

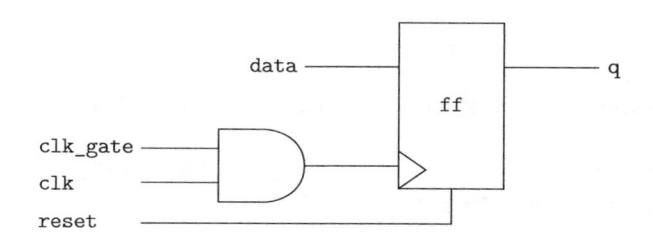

图 21-11 门控时钟的实现示例（不推荐的结构）

在这种结构中，只有当 clk_gate == 1'b1 时，才会产生时钟信号。因此，在使用门控时钟的寄存器描述中，需要按如下所示，对寄存器的时钟信号进行替换。

```
module gated_clock(input clk,reset,clk_gate,data,output logic q);
wire    clk_enable;

assign clk_enable = clk && clk_gate;

   always @(posedge clk_enable,posedge reset)
      if( reset == 1 )
         q <= 0;
      else
         q <= data;
endmodule
```

相应的测试平台如下所示，可以看出其描述也显得有些复杂。

```
module test;
bit     clk;
logic   reset, clk_gate, data, q;

clocking cb @(posedge clk); endclocking
clocking cbr @(posedge reset); endclocking
gated_clock DUT(.*);

   initial begin
      $display("      reset   clk_gate   data    q");
      fork
         #5     begin reset = 1; #1 reset = 0; end
         #20    begin clk_gate = 1; data = 1; #20 clk_gate = 'x; data = 'x; end
         #80    begin clk_gate = 1; data = 0; #20 clk_gate = 'x; data = 'x; end
      join
      @(posedge clk) $finish;
   end

   initial forever #10 clk = ~clk;
```

```
    always @cb
       $display("@%2t:    %b         %b          %b     %b %s",
                $time,reset,clk_gate,data,q,clk_gate==1?"load":"hold");
    always @cbr
       $display("@%2t:    %b         %b          %b     %b reset",
                $time,reset,clk_gate,data,q);
endmodule
```

本例的执行结果如下所示。

```
        reset   clk_gate    data    q
@ 5:     1       x           x      0 reset
@10:     0       x           x      0 hold
@30:     0       1           1      1 load
@50:     0       x           x      1 hold
@70:     0       x           x      1 hold
@90:     0       1           0      0 load
```

在本例中，由于复位信号是异步的，因此在 $time == 5$ 时，由于复位操作的执行，寄存器被复位为 0。在 $time == 10$ 时，由于 clk_gate 关闭，因此寄存器保持其当前的值。在 $time == 30$ 时，clk_gate == 1，因此可以进行数据的加载。随后的操作，均可按类似的方式逐一进行分析。

由此可以看出，只有当 clk_gate == 1'b1 时才会进行数据的加载，否则寄存器将保持当前的内容不变，即可以通过将 clk_gate 设置为 0，使寄存器的值保持不变，从而减少电路中晶体管的开关动作，以此可以达到降低电路功耗的目的。

> 例 21-15 门控时钟的描述示例（推荐的方法）

在本例中，当 reset == 1 时，寄存器会被复位；当 reset == 0 时，只有在 data_gate == 1 的情况下，才可以进行数据的加载，否则寄存器的内容保持不变，如图 21-12 所示。

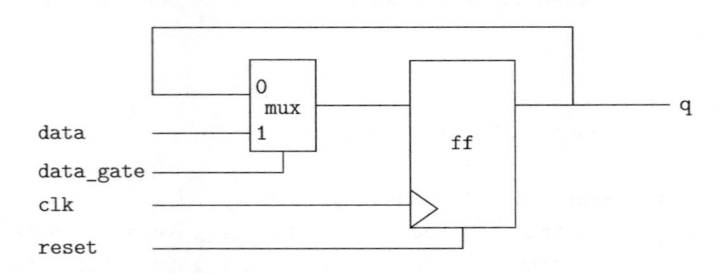

图 21-12 门控时钟的实现示例（推荐结构）

由于门控的作用，通常会使得时钟信号发生偏移。鉴于此，在本例中，没有采用门控信号对时钟信号进行直接控制，而是通过门控信号控制多路数据选择器的数据输入。在这种情况下，还必须将寄存器的输出反馈给多路数据选择器。在此，如下所示，描述了一个不完整的 if-else-if 结构，在其后一个 if 结构中不包含 else 选项。

```
module gated_clock(input clk,reset,data_gate,data,output logic q);

    always @(posedge clk,posedge reset)
       if( reset == 1 )
          q <= 0;
       else if( data_gate )
          q <= data;
endmodule
```

在上述描述中，由于后一个 if 结构中不包含 else 选项，因此当（reset! = 1）&&（data_gate! = 1）时，q 没有被赋值，从而实现了保持 q 的当前值。由于本例的测试平台和执行结果与例 21-14 几乎完全相同，因此在此加以省略。

21.3　FSM

FSM（Finite-State Machine，有限状态机）是一种具有有限个不同状态的时序逻辑电路。在该时序逻辑电路中，FSM 的状态存储在寄存器（触发器）中。计数器是 FSM 的一种特例，其电路状态与电路输出完全相同，并且计数器的电路状态是按照既定的规则变化，不会对电路状态做出选择。

21.3.1　概述

目前已知的 FSM 电路有两种不同的类型，分别为 Moore 型和 Mealy 型，见表 21-12。

表 21-12　Moore 型 FSM 电路和 Mealy 型 FSM 电路

类型	电路操作
Moore 型 FSM 电路	在 Moore 型 FSM 电路中，输出只取决于当前状态 1）组合逻辑电路根据电路的输入和当前状态计算出电路的下一个状态，并将其存储在电路的状态寄存器中 2）组合逻辑电路根据当前状态计算出电路的输出 3）电路的输出与电路的状态一一对应
Mealy 型 FSM 电路	在 Mealy 型 FSM 电路中，输出由电路的输入和当前状态共同决定 1）输入发生变化时，输出立即发生变化。因此，输出与时钟不同步 2）电路的状态发生变化时，电路的输出也随即给出响应

由此可见，计数器即为一种典型的 FSM 电路，并且是 Moore 型 FSM 电路。除此之外，最著名的 FSM 电路是奇偶校验器。其中，在奇偶校验器奇校验的情况下，如果检测到当前状态下 1 的个数是奇数，则输出 1；如果是偶数，则输出 0。图 21-13 给出了一个奇偶校验器的功能框图。

图 21-13 奇偶校验器的功能框图

显然,该奇偶校验器即为一个 FSM 电路,因为它的下一个状态和输出是由其输入和当前状态决定的。并且,该 FSM 电路只包含了两种状态,即 1 的个数是奇数或偶数的两种状态。下面将分别介绍奇偶校验器的 Moore 型 FSM 电路和 Mealy 型 FSM 电路的建模。

21.3.2 Moore 型 FSM 电路的建模

Moore 型 FSM 电路的结构如图 21-14 所示,该 FSM 电路通过组合逻辑电路根据电路状态寄存器的内容计算电路的输出。

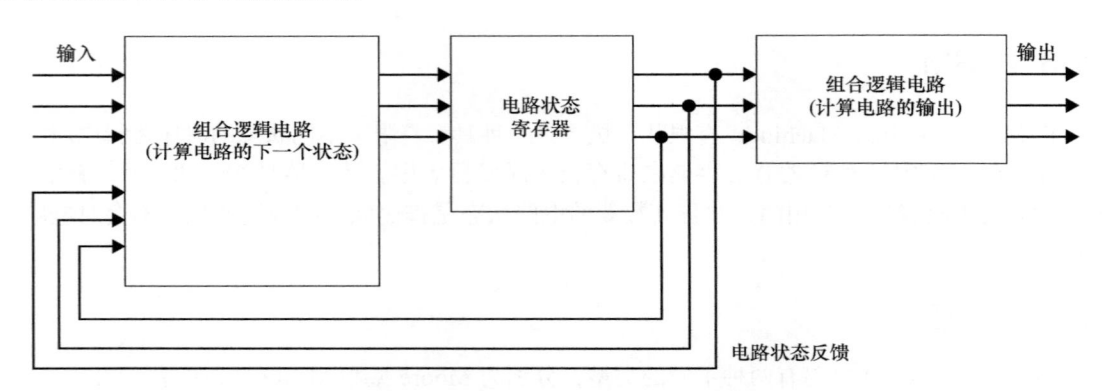

图 21-14 Moore 型 FSM 电路结构图

Moore 型 FSM 电路一般建模结构如下所示。

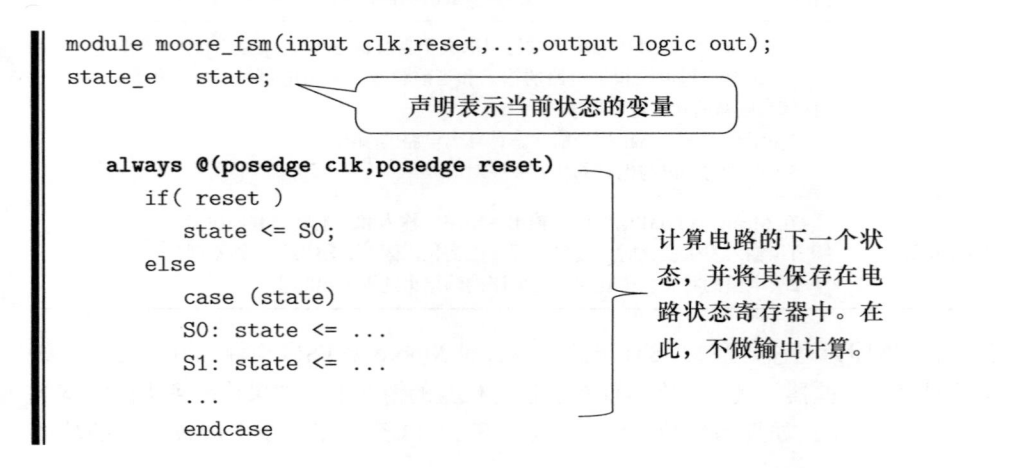

```
module moore_fsm(input clk,reset,...,output logic out);
state_e    state;         // 声明表示当前状态的变量

    always @(posedge clk,posedge reset)
        if( reset )
            state <= S0;
        else
            case (state)
                S0: state <= ...
                S1: state <= ...
                ...
            endcase
```

声明表示当前状态的变量

计算电路的下一个状态,并将其保存在电路状态寄存器中。在此,不做输出计算。

```
    always @(state)
       case (state)
       S0: out = ...;
       S1: out = ...;
       ...
       endcase

endmodule
```
根据电路的当前状态，计算电路的输出。

Moore 型 FSM 电路的建模包括以下步骤：
- 声明表示电路状态的变量。
- 在带有时钟事件的 always 过程块中进行下一个电路状态的计算。
- 在另一个 always 过程块中计算电路的输出，该计算过程只取决于电路的当前状态。

> **例 21-16 奇偶校验器的实现示例 (Moore 型 FSM 电路)**

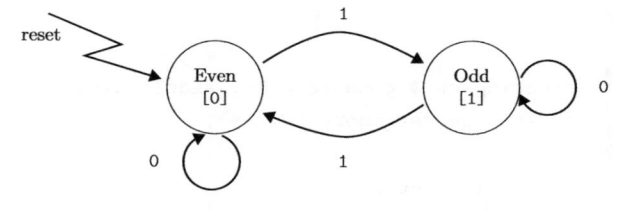

Moore 型 FSM 电路奇偶校验器的状态转换图如图 21-15 所示。

按以下步骤描述 Moore 型 FSM 电路奇偶校验器：
- 声明表示电路状态的变量 state。
- 在边缘敏感的 always 过程块中计算电路的下一个状态。
- 根据当前状态计算电路的输出。这个 always 过程块必须以边缘敏感的方式触发。

首先，定义 enum 数据类型以表示 FSM 电路的状态。

图 21-15 Moore 型 FSM 电路奇偶校验器的状态转换图

```
typedef enum bit { EVEN, ODD } checker_state_e;
```

其次，按如下所示进行 Moore 型 FSM 电路奇偶校验器的描述。

```
module parity_checker_moore(input clk,reset,a,output logic parity);
 checker_state_e   state;

    always @(posedge clk,posedge reset)
       if( reset )
          state <= EVEN;
       else
          case (state)
          EVEN: state <= a ? ODD : EVEN;
          ODD:  state <= a ? EVEN : ODD;
          endcase
```
计算电路的下一个状态

```
    always @(state)
       case (state)
       EVEN: parity = 0;
       ODD:  parity = 1;
       endcase
```
— 计算电路的输出

```
endmodule
```

  Moore 型 FSM 电路的输出在组合逻辑电路中仅根据电路状态寄存器的当前内容进行计算。由于电路状态的更新在 NBA 区域进行，因此在随后的 Active 区域进行电路输出的计算。因此可以看出，Moore 型 FSM 电路的输出可以在执行计算的同一时间片内安全地在 Observed 区域采样。与 Mealy 型 FSM 电路相比，Moore 型 FSM 电路的优势在于更容易确定输出采样的时机。

  最后，如下所示，进行测试平台的定义。

```
module test;
bit     clk, reset;
logic   a, parity;
logic [11:0] vector = 12'b1000_1000_1000;
string  inputs, checked;

clocking cb @(posedge clk); endclocking
parity_checker_moore DUT(.*);

   initial begin
      reset = 1; reset = #1 0;
      for( int i = $left(vector); i >= $right(vector); i-- ) begin
         a = vector[i];
         @(negedge clk);
      end
      $finish;
   end

   initial forever @cb begin
      inputs = {inputs,$sformatf("%b",a)};
      checked = {checked,$sformatf("%b",parity)};
   end
   initial forever #10 clk = ~clk;

   final begin
      $display("--- parity_checker_moore ---");
      $display("inputs: %s",inputs);
      $display("parity: %s",checked);
   end
endmodule
```

使用时钟块进行电路输出的确认

本例的执行结果如下所示。

```
--- parity_checker_moore ---
inputs: 100010001000
parity: 111100001111
```

从执行结果可以看到电路功能的正确性。

21.3.3 Mealy 型 FSM 电路的建模

Mealy 型 FSM 电路的结构如图 21-16 所示，该 FSM 电路的输出由电路的输入和当前状态共同决定。

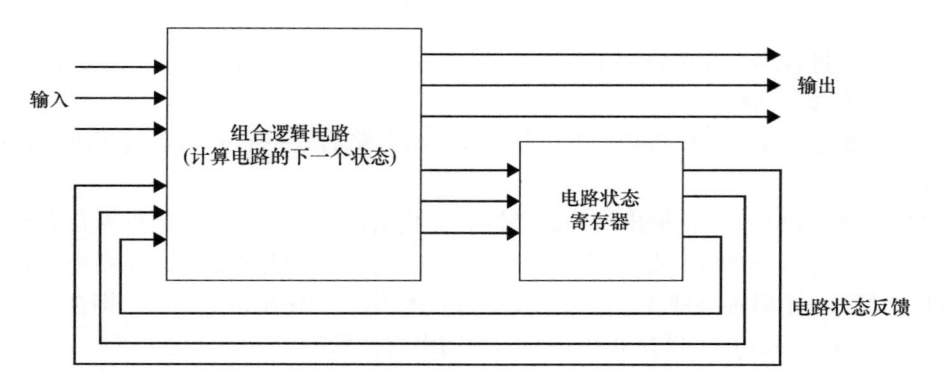

图 21-16 Mealy 型 FSM 电路结构图

Mealy 型 FSM 电路的一般建模结构如下所示。

```
module mealy_fsm(input clk,reset,...,output logic out);
state_e   state, next_state;            声明表示电路当前状态和
                                        下一个状态的变量

   always (posedge clk,posedge reset)
      if( reset )
         state <= S0;                   电路状态的更新
      else
         state <= next_state;
```

```
always @(state,other_inputs)
   case (state)
   S0: begin
      out = ...;
      next_state = ...;
      end
   S1: begin
      out = ...;
      next_state = ...;
      end
   ...
   endcase

endmodule
```
> 根据电路当前状态和当前输入，计算电路输出和下一个状态

简而言之，Mealy 型 FSM 电路的建模包括以下步骤：
- 为电路当前状态和下一个状态分配不同的变量。
- 在 always 过程块中利用时钟事件进行电路状态的更新，并且在该过程中，计算得到的新的电路状态被当作当前状态。
- 根据电路的当前输入和当前状态，在组合逻辑电路的另一个 always 过程块中计算电路的输出和下一个状态。

由于 Mealy 型 FSM 电路的输出与输入是同时变化的，因此电路输出的更新并不与时钟同步。并且，由于电路输出的计算是在组合逻辑电路中进行的，因此得到的输出结果没有延迟的产生。因此，在下一个时钟事件发生时，Mealy 型 FSM 电路的输出是稳定的，即在时钟事件发生时，可以安全地对 Mealy 型 FSM 电路的输入和输出进行采样。

> **例 21-17 奇偶校验器的实现示例 (Mealy 型 FSM 电路)**

Mealy 型 FSM 电路的奇偶校验器的状态转换图如图 21-17 所示。

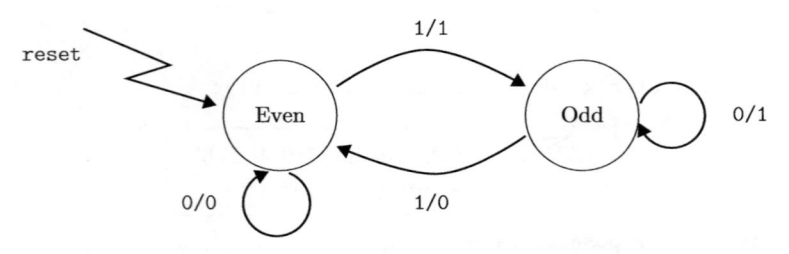

图 21-17 Mealy 型 FSM 电路奇偶校验器的状态转换图

在建立 Mealy 型 FSM 电路模型时，应注意以下几点：
- 在边缘敏感的 always 过程块中进行电路状态的更新。
- 在另一个描述组合逻辑电路的 always 过程块中计算电路的输出和下一个状态。在此过程中，应使用表示下一个状态的变量，表示当前状态的变量必须予以保持。

- 电路输出的计算只取决于电路的输入和当前状态。

接下来,如下所示,按照上述步骤进行 Mealy 型 FSM 电路的奇偶校验器的描述。

```
module parity_checker_mealy(input clk,reset,a,output logic parity);
checker_state_e    state, next_state;

   always @(posedge clk,posedge reset)            ┐
      if( reset )                                  │
         state <= EVEN;                            ├─ 电路状态的更新
      else                                         │
         state <= next_state;                     ┘

   always @(state,a)                              ┐
      case (state)                                 │
      EVEN: begin                                  │
         parity = a ? 1 : 0;                       │
         next_state = a ? ODD : EVEN;              ├─ 根据电路当前状态和
      end                                          │  当前输入,计算电路
      ODD:  begin                                  │  输出和下一个状态
         parity = a ? 0 : 1;                       │
         next_state = a ? EVEN : ODD;              │
      end                                          │
      endcase                                     ┘

endmodule
```

最后,按如下所示,进行测试平台的描述。由于电路的输出随电路的输入同时变化,因此电路的输出与时钟是不同步的。但是由于电路的输出在没有延迟的情况下计算,因此在发生时钟事件时,电路的输出是稳定的。

```
module test;
bit     clk, reset;
logic   a, parity;
logic [11:0] vector = 12'b1000_1000_1000;
string   inputs, checked;

parity_checker_mealy DUT(.*);

   initial begin
      reset = 1; reset = #1 0;
      for( int i = $left(vector); i >= $right(vector); i-- ) begin
         a = vector[i];
         @(negedge clk);
      end
      $finish;
   end
```

```
    initial forever @(posedge clk) begin           // 当时钟事件发生时，输出是稳定的
        inputs = {inputs,$sformatf("%b",a)};
        checked = {checked,$sformatf("%b",parity)};
    end
    initial forever #10 clk = ~clk;

    final begin
        $display("--- parity_checker_mealy ---");
        $display("inputs: %s",inputs);
        $display("parity: %s",checked);
    end
endmodule
```

本例的执行结果如下所示。

```
--- parity_checker_mealy ---
inputs: 100010001000
parity: 111100001111
```

根据执行结果，很容易确认电路的动作是否正确。

21.4 采用 FSM 电路的比特序列模式识别

FSM 电路可以有效地用于比特序列中出现的特定比特序列模式的识别。本节将分别介绍采用 Moore 型 FSM 电路和 Mealy 型 FSM 电路的两种比特序列模式识别电路。

21.4.1 比特序列模式识别问题

首先介绍比特序列模式识别问题。图 21-18 所示是一个进行比特序列模式识别的电路，该电路在时钟事件的同步下进行比特值的输入。如果连续输入的两个比特值相同，则电路输出 1，否则输出 0。例如，如果在三个时钟周期内电路的输入为 001，则电路的输出为 010。

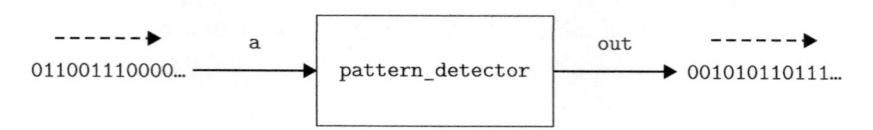

图 21-18　比特序列模式识别电路

21.4.2 Moore 型 FSM 电路的建模

Moore 型 FSM 的比特序列模式识别电路的状态转换图如图 21-19 所示。与 Mealy 型 FSM 电路相比，该电路具有更多的状态。

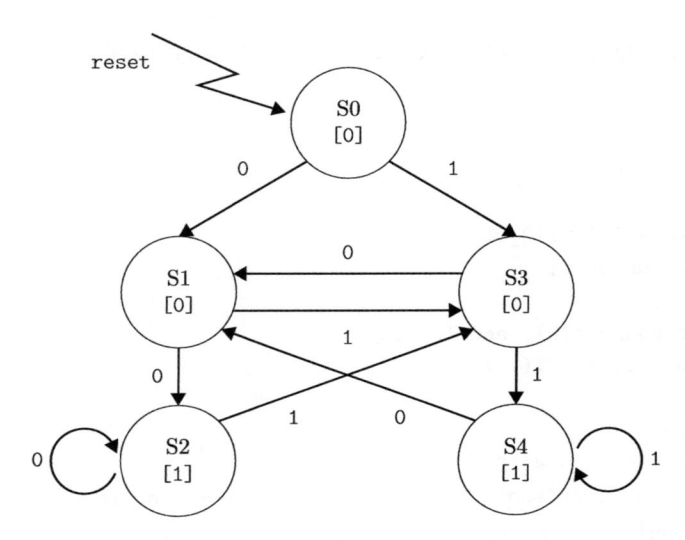

图 21-19 Moore 型 FSM 的比特序列模式识别电路的状态转换图

首先，如下所示，使用 enum 数据类型定义 Moore 型 FSM 比特序列模式识别电路的状态。

```
typedef enum logic [2:0] { S[5] }   state_e;
```

其次，如下所示，进行 Moore 型 FSM 电路的比特序列模式识别电路描述。

```
module pattern_detector_moore(input clk,reset,a,output logic out);
state_e     state;

  always @(posedge clk,posedge reset)
    if( reset == 1'b1 )
       state <= S0;
    else
       case (state)
       S0: state <= a == 0 ? S1 : S3;
       S1: state <= a == 0 ? S2 : S3;
       S2: state <= a == 0 ? S2 : S3;
       S3: state <= a == 1 ? S4 : S1;
       S4: state <= a == 1 ? S4 : S1;
       endcase

  always @(state)
     case (state)
```

```
      S0, S1, S3: out = 0;
      S2, S4:   out = 1;
    endcase
endmodule
```

最后，如下所示，准备 Moore 型 FSM 电路的比特序列模式识别电路测试平台。

```
module test;
logic    reset, a, out;
bit      clk;
bit [11:0]   seq = 12'b0110_0111_0000;
string    inputs, outputs;

clocking cb @(posedge clk); endclocking
pattern_detector_moore DUT(.*);

   initial begin
      reset = 1; reset = #1 0;
      for( int i = $left(seq); i >= $right(seq); i-- ) begin
         a = seq[i];
         @(negedge clk);
      end
      $finish;
   end

   initial forever @cb begin
      inputs = {inputs,$sformatf("%b",a)};
      outputs = {outputs,$sformatf("%b",out)};
   end
   initial forever #10 clk = ~clk;    final begin
      $display("--- pattern_detector_moore ---");
      $display("inputs:  %s",inputs);
      $display("outputs: %s",outputs);
   end
endmodule
```

本例的执行结果如下所示。

```
--- pattern_detector_moore ---
inputs:  011001110000
outputs: 001010110111
```

21.4.3 Mealy 型 FSM 电路的建模

Mealy 型 FSM 的比特序列模式识别电路的状态转换图如图 21-20 所示。与 Moore 型 FSM 电路相比，其状态数量变得更少。

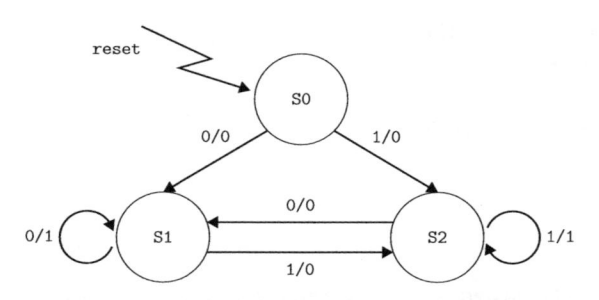

图 21-20 Mealy 型 FSM 的比特序列模式识别电路的状态转换图

首先，如下所示，使用 enum 数据类型定义 Mealy 型 FSM 的比特序列模式识别电路的状态。

```
typedef enum logic [1:0] { S[3] } state_e;
```

其次，如下所示，进行 Mealy 型 FSM 电路的比特序列模式识别电路描述。

```
module pattern_detector_mealy(input clk,reset,a,output logic out);
state_e      state, next_state;

   always @(posedge clk,posedge reset)
      if( reset == 1'b1 )
         state <= S0;
      else
         state <= next_state;

   always @(state,a) begin
      out = 0;
      case(state)
      S0: next_state = a == 0 ? S1 : S2;
      S1: begin
         out = a == 0 ? 1 : 0;
         next_state = a == 0 ? S1 : S2;
      end
      S2: begin
         out = a == 1 ? 1 : 0;
         next_state = a == 1 ? S2 : S1;
      end
      endcase
   end
endmodule
```

最后，如下所示，准备 Mealy 型 FSM 电路的比特序列模式识别电路测试平台。

```systemverilog
module test;
logic    reset, a, out;
bit      clk;
bit [11:0]    seq = 12'b0110_0111_0000;
string   inputs, outputs;

pattern_detector_mealy DUT(.*);

    initial begin
        reset = 1;
        reset = #1 0;
        for( int i = $left(seq); i >= $right(seq); i-- ) begin
            a = seq[i];
            @(negedge clk);
        end
        $finish;
    end

    initial forever @(posedge clk) begin
        inputs = {inputs,$sformatf("%b",a)};
        outputs = {outputs,$sformatf("%b",out)};
    end
    initial forever #10 clk = ~clk;
    final begin
        $display("--- pattern_detector_mealy ---");
        $display("inputs:  %s",inputs);
        $display("outputs: %s",outputs);
    end
endmodule
```

本例的执行结果如下所示。

```
--- pattern_detector_mealy ---
inputs:   011001110000
outputs:  001010110111
```

第 22 章

UVM 概述

目前，UVM（Universal Verification Methodology，通用验证方法学）已成为 IEEE Std 1800.2-2017 标准，并且在硬件验证领域的应用也越发广泛。针对这一发展趋势，为了满足这一应用需要，本章将对 UVM 验证库进行概述。首先，我们将解释什么是 UVM，并对 UVM 的基础概念进行介绍。UVM 是一个拥有庞大代码量的 SystemVerilog 包，如果想对其进行详细的介绍，其篇幅足以构成一本甚至多本书。因此，本章仅对其最重要的概念进行介绍。正因如此，要理解这些内容可能并不容易，有关 UVM 的详细介绍，请参阅本书末尾所列的相关参考文献。

22.1 什么是 UVM

UVM 是将验证领域中推荐的技术、规则、使用习惯、规范等以代码的形式进行具体的实际实施，从而形成的 SystemVerilog 类库，如图 22-1 所示。UVM 旨在增强验证技术的可重用性并提高验证的生产效率。UVM 由 Accellera Systems Initiative 开发。

UVM 是用 SystemVerilog 语言描述的，因此在可以使用 SystemVerilog 的环境中都可以使用。

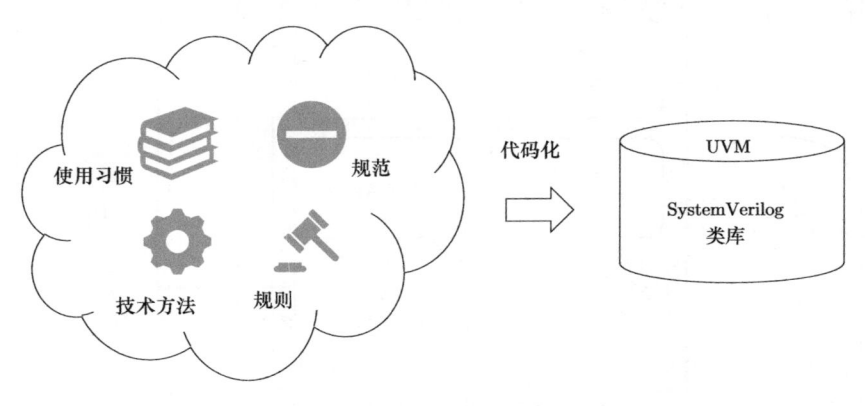

图 22-1 UVM 的形成

22.2 验证技术的发展趋势与 UVM

近年来，验证技术采用层次化测试平台描述方法（详见参考文献 [3]）。表 22-1 给出了构成分层测试平台的层次和验证要素。

表 22-1 构成分层测试平台的层次和验证要素

层次	验证目的和功能	验证结构
测试层	测试平台的顶层。生成测试激励并发送给较低层	测试平台 (Test Bench) 测试用例 (Test Cases)
方案层	根据方案生成事务序列 (Sequence)	发生器 (Generator) （相当于 UVM 的序列器 (Sequencer)）
功能层	处理高级别命令的层。例如，当接收到 DMA read/write 等命令时，将其分解为各个独立的 bus read/write 等命令，并将其发送给命令层	代理 (Agent) 记分板 (Scoreboard) 检查器 (Checker)
命令层	将事务级别的命令转换为信号级别的值并发送给信号层，以 Driver 进行 DUT 的驱动	驱动器 (Driver) 监视器 (Monitor) 收集器 (Collector)
信号层	来自 DUT 的响应被发送给上层，断言等结果也被返回给上层	DUT

在这个验证环境中，方案层、功能层、命令层都可作为可重用的验证组件，这些验证组件被统称为环境（Environment）。图 22-2 所示为 UVM 测试平台的结构，该结构给出了一个层次结构的测试平台。

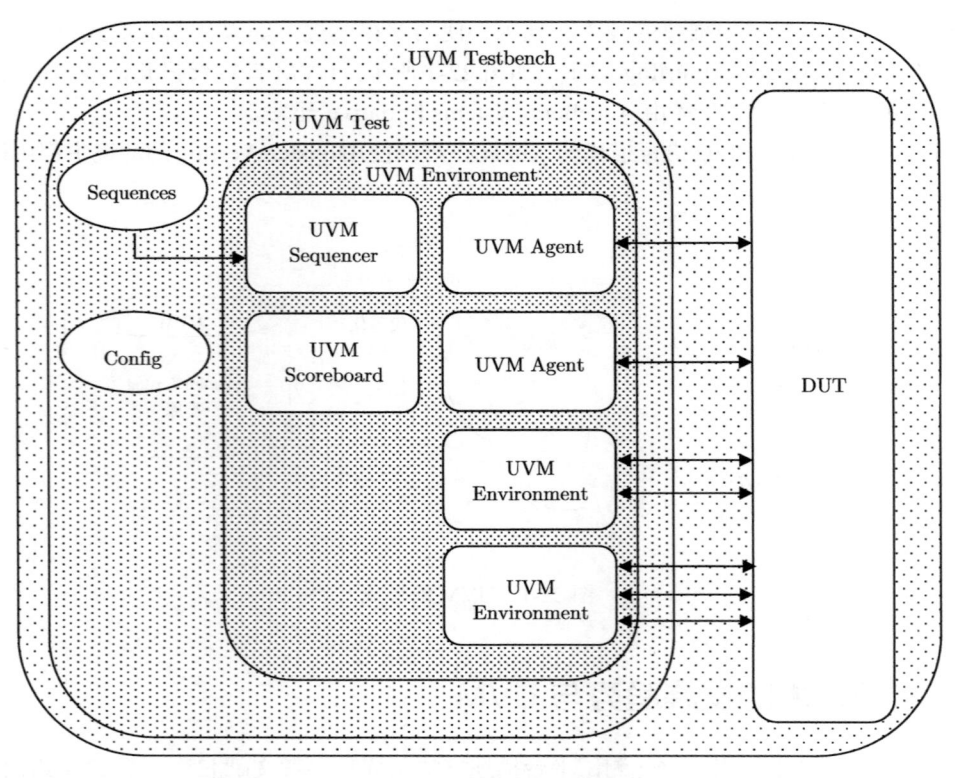

图 22-2 UVM 的测试平台结构 (详见参考文献 [2])

22.3 UVM 的验证要素

UVM 中定义了许多类，但用户直接使用的只是其中一部分，这些类大致可以分为以下两种类型。
- 用于事务和方案描述的类。
- 用于事务处理和验证的 UVM 组件。

22.3.1 与事务和方案描述相关的 UVM 类

要进行事务和方案的创建，可以使用表 22-2 中列举的类。这些类用于数据对象的定义。例如，可以如下所示使用 uvm_sequence_item 类进行事务的定义。

表 22-2 与事务和方案描述相关的类

UVM 类	功能及目的
uvm_sequence_item	用于事务描述的基类。这些类进行事务数据对象的描述，而不是进行事务处理的组件。一般来说，事务处理的描述由 uvm_sequence 生成
uvm_sequence	提供生成事务处理所需步骤的类，称为 sequence。由于步骤中可以包含对其他 sequence 的引用，因此可以构建层次化的 sequence。sequence 也是广义的数据对象。在 UVM 中，sequence 的事务生成由 sequence 控制器执行

```
class simple_item extends uvm_sequence_item;
rand int unsigned addr;
rand int unsigned data;
rand int unsigned delay;

`uvm_object_utils_begin(simple_item)
   `uvm_field_int(addr,UVM_DEFAULT)
   `uvm_field_int(data,UVM_DEFAULT)
   `uvm_field_int(delay,UVM_DEFAULT)
`uvm_object_utils_end

function new(string name="simple_item");
   super.new(name);
endfunction
endclass
```

22.3.2 方法类

在 UVM 中，uvm_component 的子类被称为方法类，典型的方法类见表 22-3，这些类用于 UVM 验证组件的开发。

表 22-3　方法类

UVM 类	功能及目的
uvm_driver	用于定义 Driver 的基类。Driver 从 Sequencer 获取事务并驱动 DUT
uvm_sequencer	用于定义 Sequencer 的基类。Sequencer 根据 Driver 的请求进行事务处理的生成。实际上，Sequence 执行事务的生成过程，Sequencer 创建 Sequence 的实例，并在 Sequence 和 Driver 之间起到中介作用
uvm_env	用于定义包含 Agent、Monitor 等验证组件的基类
uvm_agent	用于定义由 Sequencer、Driver、Monitor、Collector 组成的验证组件的基类
uvm_test	用于基础测试的构建。由于测试是根据测试用例创建的，因此将每个测试共有的功能定义为基础测试。使用 uvm_test 进行基础测试的定义，其他测试则利用基础测试进行测试的构建
uvm_monitor	用于定义 Monitor 的基类。Monitor 将 DUT 的响应发送给其他验证组件，同时对响应进行简单的解析处理。通常情况下，DUT 响应的收集功能会从 Monitor 中分离出来，作为一个单独的 Collector 组件。然而，UVM 中没有专门的 Collector 组件
uvm_scoreboard	用于提供 Scoreboard 基本功能的基类。Scoreboard 负责 DUT 响应的解析

UVM 验证组件是用于仿真的对象，因此其作用类似于设计中的模块。也就是说，在 UVM 中，组件自然就形成了组件实例的层次结构。在层次结构的顶层存在一个名为 uvm_top（uvm_root 类的实例）的实例，UVM 使用该层次结构来控制动态仿真的进行。例如，在仿真开始前，可以使用层次结构决定测试平台的构成和配置。通过这一功能，使得在一次编译中可以执行多个测试用例。层次结构在仿真开始前确定，一旦仿真开始（即组件的 run_phase() 任务开始执行），组件实例的层次结构就不会再发生变化。

22.4　TLM

UVM 采用 TLM（Transaction Level Modeling，事务层级建模），使用比信号层级更高的层次来描述验证任务。基于事务的验证是一种更加接近系统执行行为的描述方式。UVM 支持 SystemC 的 TLM 1.0，并且具有更高的执行速度。

组件之间的通信使用 TLM-port 和 TLM-export 进行。TLM-port 触发事务处理的操作，而 TLM-export 则进行事务处理所需实际操作的描述。TLM-port 和 TLM-export 的概念在事务获取（get）和事务创建（put）时是不同的。TLM-port 和 TLM-export 的概念在获取事务时和在创建事务时是不同的。TLM-port 和 TLM-export 之间建立的是一对一的关系，因此不适合诸如监视器（Monitor）那样一对 N 关系的通信。在这种一对多关系的情况下，UVM 使用 analysis-port。一个 analysis-port 可以连接多个 analysis-export。

在 UVM 仿真中，使用事务来进行数据的传递。事务表示两个组件之间进行通信所需的信息，最典型的事务处理发生在 Sequencer 和 Driver 之间，如图 22-3 所示。

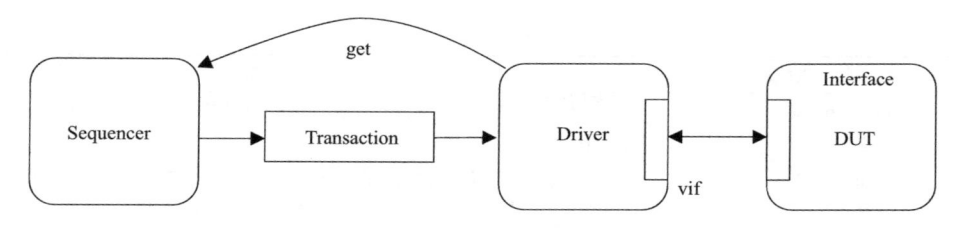

图 22-3　事务处理的典型示例

当 Driver 向 Sequencer 发起事务请求时（get），Sequencer 会创建一个满足约束条件的事务，并将其传递给 Driver，以此作为 Driver 事务请求的响应。Driver 将获取到的事务转换为信号层级的数值以进行 DUT 的驱动。在此过程中，Driver 使用了虚接口（vif）。

参考 22-1　在 RTL 描述中，通常使用线网将信号值传递给端口，而在 TLM 描述中，可通过任务或函数的调用进行端口信号的传递。

22.5　UVM 仿真

在使用 UVM 的验证环境中，仿真按照 UVM 定义的规则进行。

22.5.1　仿真阶段

仿真的执行控制完全由 UVM 负责，用户没有执行控制权。但是，作为仿真执行的启动，必须由用户在测试平台进行 UVM run_test() 方法的调用。当 run_test() 方法被调用并开始执行时，用户准备的 UVM 组件会依次被调用，仿真也随之进行，如图 22-4 所示。

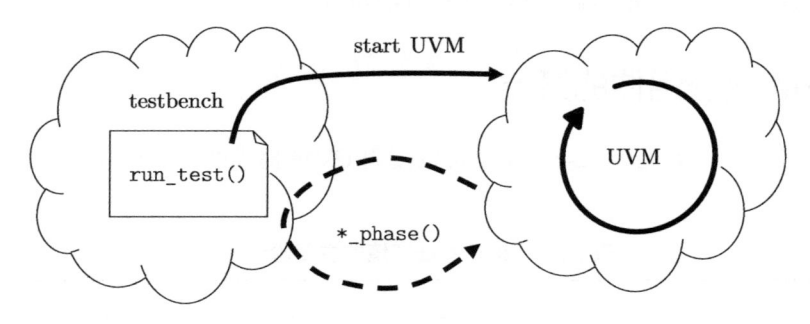

图 22-4　使用 UVM 的环境的仿真执行流程

调用 UVM 组件的时间顺序是预先确定的，并将 UVM 组件的一次调用称为一个仿真阶段，这些阶段被分别定义为相应的虚任务或函数。表 22-4 给出了仿真阶段，按其在表中出现的顺序依次由 UVM 控制执行。例如，当用户在测试平台调用 run_test() 启动仿真的执行时，所选择的顶层组件的 build_phase() 会首先被调用，并按顺序进行仿真组件层次结构的构建。在所有组件的 build_phase() 都完成后，基于所构建的层次结构，会依次进行 connect_phase() 的调用和执行。如此，在所有仿真阶段的调用和执行结束后，UVM 的仿真也随之结束。

表 22-4　仿真阶段

控制顺序	阶段方法	功能
1	build_phase 函数	构建组件层次结构的阶段。因此，从层次结构的顶层开始依次进行调用
2	connect_phase 函数	该阶段完成组件之间的连接。例如，定义 TLM 端口信号的连接，或设置虚接口等。此阶段按自下而上的顺序进行调用
3	end_of_elaboration_phase 函数	所有连接完成后，控制权将转移到该阶段。通常在此处描述用于配置确认的信息显示处理
4	start_of_simulation_phase 函数	在仿真开始前进行该阶段的调用，以进行初始化处理等
5	run_phase 任务	进行仿真的阶段
6	extract_phase 函数	仿真结束后，控制权将转移到该阶段。可以在此阶段描述进行仿真结果获取的处理
7	check_phase 函数	描述对获取的仿真结果进行确认的处理
8	report_phase 函数	描述输出仿真结果报告的处理

在这些仿真阶段中，用户只需要描述出必要的阶段即可。并且，只有 run_phase() 被定义为任务，因为这是一个耗时的仿真阶段，而其他阶段则被定义为函数。

22.5.2　run_test() 方法

run_test() 方法承担着启动 UVM 仿真执行这一重要任务。调用该方法并开始仿真时，验证组件中定义的各个阶段将依次被调用并进行仿真的执行。

22.6　UVM 验证组件的开发

构建验证环境的要素见表 22-5。用户可以使用 UVM 提供的方法类和事务类来进行这些验证环境的开发。

表 22-5　构建验证环境的主要验证组件

验证环境的要素	功能
Transaction	事务是比 RTL 更高一级的数据表示，用于 DUT 的验证
Driver	Driver 从 Sequencer 获取事务，并将其转换为信号层级的数据来进行 DUT 的驱动
Sequence	Sequence 是用于事务自动生成的方案，类似于批处理命令中的处理脚本
Sequencer	Sequencer 根据 Driver 的请求生成事务。实际上，Sequencer 通过创建和执行 Sequence 对象来进行事务的生成
Collector	Collector 对 DUT 的响应进行采样，并将其转换为事务发送给 Monitor
Monitor	Monitor 接收来自 Collector 的事务，进行功能覆盖率计算、响应检查等，并将事务转发给其他验证组件以进行更详细的解析

（续）

验证环境的要素	功能
Agent	Agent 是包含 Sequencer、Driver、Collector 和 Monitor 的基本验证组件
Environment	Environment 是包含各种 Agent 和其他 Environment 的层次化验证组件。例如，IP 和 SoC 等
Test	Test 是用于某一特定测试项目的类
Test Bench（Module）	Test Bench 是用于执行测试的顶层 Module。它可以控制多个测试用例的执行

例如，如下所示的 Driver 开发过程。在此，省略了详细内容的描述，并且由于方法类已经实现了标准功能，用户只需实现所需的特定功能即可。例如，Driver 中定义了一个 seq_item_port，即 TLM-port，用于从 Sequencer 中进行事务的获取。

```
class simple_driver extends uvm_driver #(simple_item);
virtual simple_if vif;

`uvm_component_utils(simple_driver)

function new(string name,uvm_component parent);
   super.new(name,parent);
endfunction

extern function void build_phase(uvm_phase phase);
extern task run_phase(uvm_phase phase);
extern task get_and_drive();
extern task drive_item(input simple_item item);
endclass
```

22.7 top 模块

验证环境准备完成后，在 top 模块中创建测试平台并开始测试。以下是一个典型的 top 模块描述示例。

```
`include "uvm_pkg.sv"
`include "uvm_macros.svh"          使用 UVM 时，必须进行必要文件的引用

`include "simple_if.sv"
`include "pkg.sv"                  必须进行必要的已开发验证组件的引用

module top;
import    uvm_pkg::*;
import    pkg::*;
```

```
bit      clk;

simple_if sif(clk);
dut DUT(.a(sif.a),.b(sif.b),.op_code(sif.op_code),.q(sif.q));

initial begin
   uvm_config_db #(virtual simple_if)::set(null, "*test0*", "vif", sif);
   run_test();
end

initial forever #10 clk = ~clk;

endmodule
```

通常情况下，top 模块实现以下功能：
- 创建一个接口实例和 dut 实例，并建立它们的连接。
- 创建一个接口实例和虚接口实例的对应表。
- 调用 run_test() 方法进行 UVM 仿真的启动。
- 进行时钟的生成。

如果在调用 run_test() 方法时没有指定任何内容，则可在执行时通过命令行指定测试要求。这样就可以在一次编译中实现多个测试的生成，从而提高验证作业的效率。

第 23 章

编译器预处理指令

编译器预处理指令是用于编译过程控制的指令。本章只介绍其中一些常用的编译器预处理控制指令（语句），有关所有控制指令（语句）的详细介绍，请参阅 SystemVerilog LRM（详见参考文献 [1]）。

表 23-1 所示是一些典型的 SystemVerilog 编译器预处理指令。本章将对这些编译器预处理指令的相关内容进行介绍。虽然编译器指令非常有用，但它们难以掌握，并且在实际编程中也不常用。

表 23-1 代表性的编译器预处理指令

编译器预处理指令	功能
`__FILE__	将当前文件名展开为字符串
`__LINE__	展开当前行号
`define	定义宏
`include	文件引用
`ifdef	如果定义了宏，则从该语句开始编译到 `endif
`ifndef	如果未定义宏，则从该语句开始编译到 `endif
`endif	表示 `ifdef 或 `ifndef 的结束

23.1 `include 语句

最常用的编译器预处理控制语句是 `include 语句。例如，可以如下所示使用该语句。

```
`include "fsm_package.sv"
```

另一方面，由于文件 fsm_package.sv 中定义了包 fsm_package，该包可以在任何需要的地方被引用，因此，也可能会出现重复引用的情况。重复引用会导致编译错误的发生，因此可在包 fsm_package 的定义中进行如下的控制。

```
`ifndef  FSM_PACKAGE_SVH
`define  FSM_PACKAGE_SVH

package fsm_package;
...
endpackage

`endif
```

此控制能够确保一旦对该包进行了编译，重复的编译就不会进行。

23.2 `define 语句

`define 语句已经在之前的示例中多次使用到，是进行宏定义的编译器预处理控制语句。一般来说，大多采用的都是简单的宏定义方法，这样的宏定义简单易懂。但也可以进行复杂的宏定义，复杂的宏定义需要确保宏定义的可读性，避免发生只有定义者自己才能读懂的情况。

23.2.1 常量的定义

以下是一个简单的常量定义的示例。首先，如下所示进行宏的定义。

```
`define  mh(name)  module name();
`define  me        endmodule
```

其次，进行如下所示的宏引用。

```
`mh(test)
`me
```

则有如下所示的测试平台的展开。

```
module test();
endmodule
```

在 Verilog 语法中，通常会对常量做如下形式的定义。

```
`define  RED     0
`define  YELLOW  1
`define  GREEN   2
```

或者是像下面这样的定义。

```
parameter RED = 0,
          YELLOW = 1,
          GREEN = 2;
```

这些都是正确的定义方法，并且在 SystemVerilog 中也都是正确的用法。但是，由于应用场景的不同，这些定义方法有时会无法获得最恰当的定义效果。

例如，在 RTL 逻辑综合中，由于上述常量的位数是未知的，因此很难处理 full case 的情况。也就是说，上述描述可能会生成大量不必要的逻辑。在这种情况下，如下所示的描述更为合适。

```
typedef enum [1:0] { RED=0, YELLOW, GREEN } color_e;
```

上述使用 enum 数据类型的描述效果可以通过如下的描述进行说明。

```
color_e   color;
...
if( color == GREEN )
    ...
else if( color == YELLOW )
    ...
else if( color == RED )
    ...
```

这个 if 语句包含了 color 可能取值的所有情况，也就是说，它是一个 full case 的状态。虽然这个 if 语句没有 else 分支，但不会生成任何的锁存器。如果使用 `define 或 parameter，则不能得到这样的优化处理效果。

23.2.2　具有前缀和后缀的名称创建

`define 宏的参数在宏定义中作为单独的标记存在。因此，它不能与其他字符进行组合。例如，如下所示的组合。

```
_name = name;
```

为了实现这样的字符组合，通常可能会使用如下所示的 `define 宏定义。

```
`define   set(a)  _a = a;
```

此时，`set(a) 的值实际为如下所示的字符串。

```
_a = name;
```

由此可见，这样的 `set(a) 宏定义展开后并没有达到预期的结果。之所以如此，是因为宏没有识别到参数 a 与 _a 之间的关系。SystemVerilog 解决了这个问题，并且可以将字符串添加到参数中。例如，可以通过如下所示的方式进行宏的定义。

```
`define   set(a)  _``a = a;
```

此时，`set(a) 的值将会是如下所示的字符串。

```
_name = name;
```

由此可以看出，这样的 `set(a) 宏定义展开后达到了预期的结果。

> 例 23-1　共同前缀的简化定义示例

当存在许多具有共同前缀或后缀的情况时，使用宏可以有效地减轻代码描述的负担。例如，假设有如下所示的描述，在这个描述中具有许多相似之处。

```
`uvm_object_utils_begin(adder_item)
    `uvm_field_int(a,UVM_DEFAULT)
    `uvm_field_int(b,UVM_DEFAULT)
    `uvm_field_int(sum,UVM_DEFAULT)
    `uvm_field_int(co,UVM_DEFAULT)
    `uvm_field_string(result_value,UVM_DEFAULT)
`uvm_object_utils_end
```

接下来，将尝试简化 `uvm_field_* 宏的定义。首先，定义以下的宏为 field_m(T,VAR)。

```
`define field_m(T,VAR) \
    `uvm_field_``T(VAR,UVM_DEFAULT)
```

这样，原始代码的描述可以简化为如下的形式。

```
`uvm_object_utils_begin(adder_item)
    `field_m(int,a)
    `field_m(int,b)
    `field_m(int,sum)
    `field_m(int,co)
    `field_m(string,result_value)
`uvm_object_utils_end
```

23.3　字符串中的参数展开

在使用 `define 进行宏定义时，字符串中的宏参数不会得到扩展。例如，按如下所示的方式进行宏定义。

```
`define print1(val)    $display("`val = %0d",val);
`define print2(val)    $display("val = %0d",val);
```

此时，`print1(sum) 和 `print2(sum) 的宏引用将按如下的方式展开。

```
$display("`val = %0d",sum);
$display("val = %0d",sum);
```

之所以会出现如上所示的宏展开情况，是因为在宏定义的字符串内部无法进行宏参数的识别。在 SystemVerilog 中可以通过使用 `" 来消除这一限制，将字符串用 `" 括起来，这样就可以展开字符串内部的宏参数。例如，按如下所示的方式进行宏定义。

```
`define print(val)    $display(`"**val = %0d**`",val);
```

此时，`print(sum) 的宏引用将展开为如下所示的形式。

```
$display("sum = %0d",sum);
```

23.4 `endif 语句

如果忘记 `endif 语句的描述，编译器会产生各种意想不到的出错信息。之所以会出现这样的情况，是因为编译器无法进行正确的处理，因此非常有可能给出这些意想不到的出错信息。在这种情况下，不建议进行出错信息的分析，而是直接插入 `endif 语句并重新进行编译。

23.5 `__FILE__ 与 `__LINE__ 的使用示例

这些控制语句的用处非常有限，可以用于调试或异常处理时的位置显示。
`__FILE__ 可以将文件名展开为字符串，因此，可以将其存储在字符串类型的变量中。或者，可以使用 %s 格式控制信息进行文件名的显示。`__LINE__ 则可以将行号展开为整数，从而可以使用 %d 格式控制信息进行行号的显示。

> 例 23-2　`__FILE__ 与 `__LINE__ 的使用示例

本例将验证随机数的生成是否已正确结束。如果随机数生成失败，则将显示一个出错信息，其中包含出现问题的文件名和行号。其描述如下所示。

```
class sample_t;
...
endclass
```

```
module test;
sample_t sample;

   initial begin
      sample = new;
      assert ( sample.randomize() )
         else $display("@%0t: Randomization failed at %s(%0d)",
                       $time,`__FILE__,`__LINE__);
   end

endmodule
```

如果随机数生成失败,则将显示如下所示的出错信息。

```
@1000: Randomization failed at FILE_N001.sv(12)
```

第 24 章

仿真执行模型

24.1 调度区域

当仿真在时刻 T 开始执行时,进程(或线程)将按时间顺序划分为不同的区域开始执行,前一个区域中的进程先于后一个区域中的进程执行。这种对执行顺序的约束使得仿真过程中的信号处于稳定状态,从而建立了基于稳定状态信号值的逻辑仿真。例如,赋值语句 a = b 的执行区域将位于赋值语句 q< = d 的执行区域之前。另一个示例是,program 中描述的测试模块需要在 DUT 信号值变为稳定后才得以执行。

在 SystemVerilog 中,调度区域的分类如下。

1)Preponed。
2)Pre-Active。
3)Active。
4)Inactive。
5)Pre-NBA。
6)NBA。
7)Post-NBA。
8)Pre-Observed。
9)Observed。
10)Post-Observed。
11)Reactive。
12)Re-Inactive。
13)Pre-Re-NBA。
14)Re-NBA。
15)Post-Re-NBA。
16)Pre-Postponed。
17)Postponed。

SystemVerilog 调度区域的执行顺序如上所示。虽然了解上述所有的调度区域是很有必要的,但这也肯定超出了入门篇的范围。所以在本章中,将只介绍其中的部分调度区域。

图 24-1 所示是摘自 SystemVerilog LRM(详见参考文献 [1])的调度区域执行顺序。为了使

其更加清晰，在此省略了一些内容，并在图的右侧明确给出了 SystemVerilog 的指令在何时进行执行。

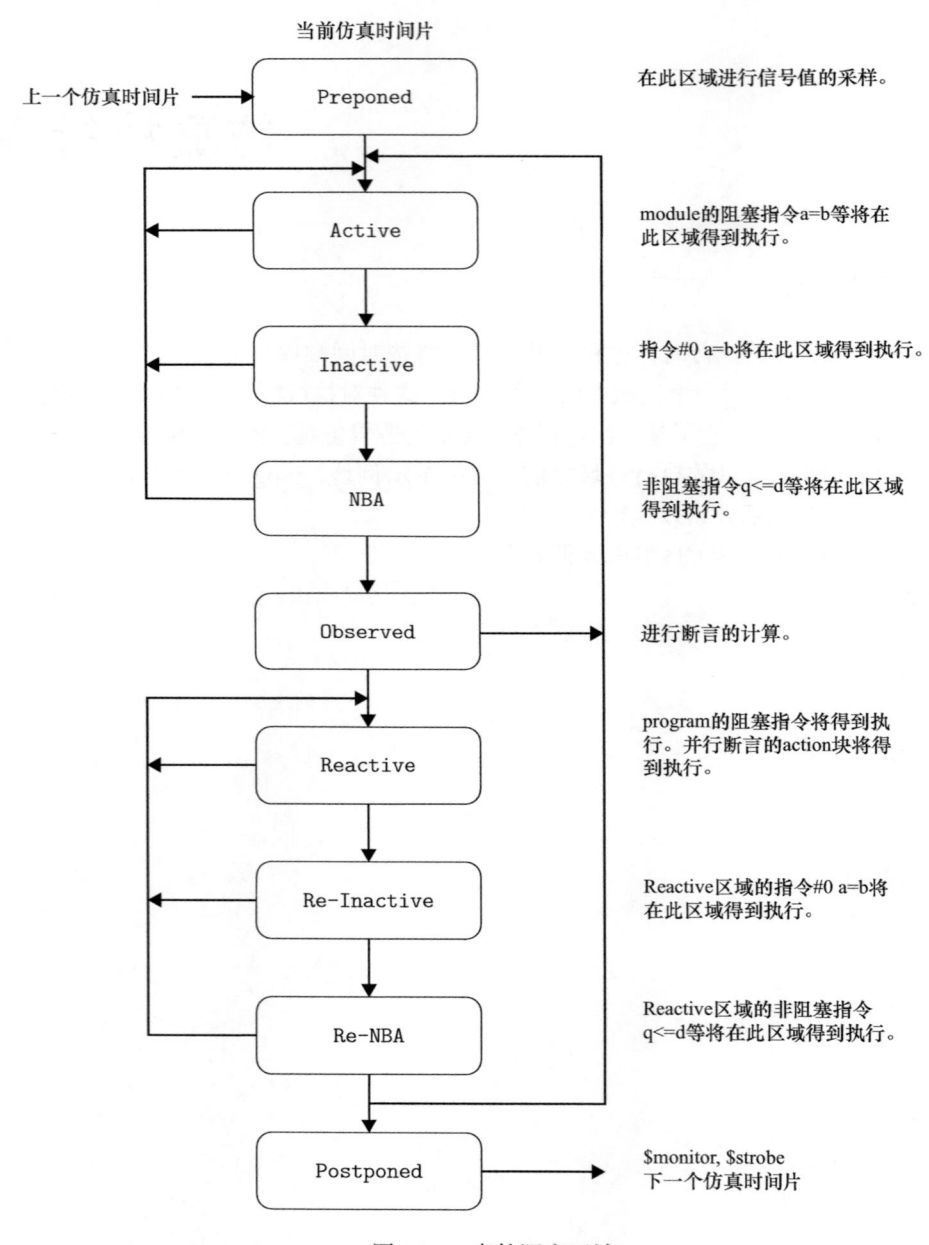

```
                    当前仿真时间片
                    ┌─────────────┐
上一个仿真时间片 ──→ │   Preponed  │       在此区域进行信号值的采样。
                    └─────────────┘
                           ↓
                    ┌─────────────┐
              ┌───→ │    Active   │       module的阻塞指令a=b等将在
              │     └─────────────┘       此区域得到执行。
              │            ↓
              │     ┌─────────────┐
              │←─── │   Inactive  │       指令#0 a=b将在此区域得到执行。
              │     └─────────────┘
              │            ↓
              │     ┌─────────────┐
              │     │     NBA     │       非阻塞指令q<=d等将在此区域
              │←─── └─────────────┘       得到执行。
              │            ↓
              │     ┌─────────────┐
              │     │   Observed  │ ────→ 进行断言的计算。
              │     └─────────────┘
              │            ↓
              │     ┌─────────────┐       program的阻塞指令将得到执
              │←─── │   Reactive  │       行。并行断言的action块将得
              │     └─────────────┘       到执行。
              │            ↓
              │     ┌─────────────┐
              │←─── │ Re-Inactive │       Reactive区域的指令#0 a=b将
              │     └─────────────┘       在此区域得到执行。
              │            ↓
              │     ┌─────────────┐
              └──── │    Re-NBA   │       Reactive区域的非阻塞指令
                    └─────────────┘       q<=d等将在此区域得到执行。
                           ↓
                    ┌─────────────┐       $monitor, $strobe
                    │  Postponed  │ ────→ 下一个仿真时间片
                    └─────────────┘
```

图 24-1　事件调度区域

在图 24-1 所示的这些调度区域中，也存在着非常容易类推的对应关系。例如，与 Inactive 区域相对应，存在着 Re-Inactive 区域，如此等等。因此，对于如下所示的语句，如果观察到其

在 Inactive 区域中执行，那么同样也会发现 program 中描述的同样语句就会在 Re-Inactive 区域中执行。如此，就可以很容易地确定语句的执行区域。

```
#0 a = b;
```

对于 $monitor 和 $strobe 系统任务，由于是在 Postponed 区域执行的，因此信号值是在完全稳定的状态下被采样的。但是，这些系统任务虽然保证了信号的稳定性，但不能确定信号值发生变化的时间。从这个意义上说，这些系统任务作为验证功能存在着验证信息不完整的问题。

24.2 #0 延时效应

从图 24-1 中可以看出，#0 的延时描述可以对进程进行有效的控制。如下所示的两种描述，其作用是不同的。

```
a = b;
```

与

```
#0 a = b;
```

之所以如此，是因为这是两种完全不同的描述。此外，这样的描述与 a< = b 也完全不同。因此，描述的差异也会表现为仿真结果的差异。在此，再次回顾一下例 6-6 的情况。

以下是一个使用 fork-join_none 生成子进程的示例。其中，通过 for 循环生成了三个子进程。

```
module test;

  initial begin
    for( int i = 1; i <= 3; i++ ) begin
      fork automatic int k = i;
        $display("@%0t: child-%0d",$time,k);
      join_none
    end

    $display("@%0t after fork-join_none",$time);
    #0 $display("@%0t: main completed.",$time);
  end
endmodule
```

根据 SystemVerilog 的仿真规则，除非父进程被阻塞，否则它不会放弃其执行的权限。在此，由于 for 循环内没有阻塞父进程的指令，所以所生成的三个子进程会被调度为等待执行的状态，并且在父进程没有被阻塞的情况下，这三个子进程不会从等待执行的状态中释放出来。

当 for 循环结束时，由于会遇到 #0 的延时控制，父进程将被阻塞而放弃其执行权限。此时，父进程将被注册（定义）到 Inactive 区域。随后，三个子进程获得执行权限并开始执行。

当三个子进程的执行结束后，如果没有其他进程的执行，则会进行 Inactive 区域的进程执行。此时，父进程得以恢复执行。上述示例执行时，将获得到如下所示的执行结果。通过执行结果可以确认，所生成的子进程不会立即得到执行。

```
@0 after fork-join_none
@0: child-1
@0: child-2
@0: child-3
@0: main completed.
```

参 考 文 献

参考文献 [1] 是描述 SystemVerilog 语言规格的官方手册，建议常备手边作为参考书。读者可根据需求选择性阅读以加深理解。对于已掌握本书内容的读者，参考文献 [1] 的阅读难度会显著降低。由于语言规范计划每隔数年修订一次，建议在下次修订前通读一遍。

参考文献 [2] 是 UVM 使用方法的用户指南。本书读者应该能够轻松理解该指南内容，建议在正式使用 UVM 前完整阅读。

参考文献 [3] 是关于 SystemVerilog 验证的优秀著作，对实践中遇到的技术问题进行了深刻剖析，具有很高的阅读价值。

参考文献 [4，5] 是专注于断言的权威资料，均包含对断言技术的详尽解析，推荐给需要系统学习断言技术的读者。

参考文献 [6] 是 UVM 实践应用的经典著作，涵盖了系统级验证的相关内容，具有重要参考价值。

参考文献 [7] 面向设计领域系统讲解 SystemVerilog，特别包含该语言发展历史的详细介绍，为理解语言演进提供了独特视角。

参考文献 [8] 深入探讨 SystemVerilog 验证功能，详细解析了本书未涉及的实践技术难题及其解决方案，并系统阐述了功能覆盖率、断言和 UVM 等验证核心要素。

参考文献 [9] 是聚焦逻辑设计的权威指南，涉及 EDA 工具应用方法，具有重要工程实践价值。

参考文献 [10] 作为编译器开发的经典著作，虽已成行业标杆但仍具研读价值。其英文技术文档的规范表达方式特别值得借鉴，是培养专业英语写作能力的优秀范本。

参考文献 [11] 是 Verilog HDL 学习的首选教材。在系统学习 SystemVerilog 之前，扎实掌握 Verilog HDL 基础是最高效的学习路径。

[1] IEEE Std 1800-2017: IEEE Standard for SystemVerilog - Unified Hardware Design, Specification and Verification Language.

[2] Universal Verification Methodology (UVM) 1.2 User's Guide, Accellera, October 8, 2015.

[3] Chris Spear: *SystemVerilog for Verification*, 2nd Edition, Springer 2008.

[4] Ashok B. Mehta: *SystemVerilog Assertions and Functional Coverage*, Springer 2014.

[5] Ben Cohen, Srinivasan Venkataramanan, Ajeetha Kumari, and Lisa Piper: *SystemVerilog Assertions Handbook*, 4th Edition, VhdlCohen Publishing, 2016.

[6] Kathleen A. Meade and Sharon Rosenberg: *A Practical Guide to Adopting the Universal Verification Methodology (UVM)*, 2nd Edition Cadence Design Systems, Inc. 2013.

[7] Stuart Sutherland, Simon Davidmann, and Peter Flake: *SystemVerilog for Design*, 2nd Edition, Springer 2006.

[8] 篠塚一也，SystemVerilog による検証の基礎，森北出版 2020.

[9] Randy H. Katz: *Contemporary Logic Design*, The Benjamin/Cummings Publishing Company, Inc. 1994.

[10] Alfred V. Aho, Ravi Sethi, and Jeffrey D. Ullman. *Compilers: Principles, Techniques, and Tools*, Addison Wesley, 1988.

[11] Verilog Hardware Description Language Reference Manual (LRM) Version 2.0, Open Verilog International, 1993.